现代高分子科学名著译丛

Physique de la matière molle

软物质科学精要

基于"当代牛顿"德热纳的研究与教学风格

弗朗索瓦丝·布罗沙尔-维亚尔（Françoise Brochard-Wyart）

（法）皮埃尔·纳瓦（Pierre Nassoy）　　　　　　　　　著

皮埃尔-亨利·皮埃什（Pierre-Henri Puech）

钱志勇　郑　静　李晓毅　严玉蓉　等译

吴大诚　李瑞霞　校

化学工业出版社

·北京·

内 容 简 介

法国著名科学家德热纳是1991年诺贝尔物理学奖得主，被誉为"当代牛顿"，是软物质科学的奠基人。基于他生前30年中在法兰西公学院对"软物质"的讲稿，由他最亲密的合作者布罗沙尔-维亚尔教授等加以整理而写成了本书。全书反映出这位科学大师与众不同的研究和教学风格，是德热纳宝贵的科学遗产，也是为初学者进入软物质科学之门必备的"工具箱"。

本书大致分为三部分。首先介绍软物质、相变和界面润湿的基础知识；然后分别讨论最重要的各种软物质——胶体（含表面活性剂和泡沫）、液晶和聚合物；最后介绍日常生活、技术和生物学中的软物质。本书内容丰富完整，叙述简明扼要，讲解深入浅出，图文并茂，许多插图由德热纳亲笔所绘，可读性甚佳。

本书可用作物理学、化学、生物学、材料学、医学和各种工程专业的大学本科生、研究生教材，也可供对软物质有兴趣的研究者和其他人员参考，尤其可以促进读者按照德热纳的特殊视角去认识软物质科学的全貌。

Originally published in France as:
Physique de la matière molle
by Françoise BROCHARD-WYART，Pierre NASSOY & Pierre-Henri PUECH
© 2018 Dunod, Malakoff
This Simplified Chinese edition is translated from the English edition published by CRC Press entitled *Essentials of Soft Matter Science* © 2019 with kind permission.
Simplified Chinese language translation rights arranged through Divas International，Paris 巴黎迪法国际版权代理（www.divas-books.com）。
本书中文简体字版由 Divas International，Paris 授权化学工业出版社独家出版发行。

北京市版权局著作权合同登记号：01-2024-1313

图书在版编目（CIP）数据

软物质科学精要：基于"当代牛顿"德热纳的研究
与教学风格/（法）弗朗索瓦丝·布罗沙尔-维亚尔，
（法）皮埃尔·纳瓦，（法）皮埃尔-亨利·皮埃什著；钱
志勇等译.—北京：化学工业出版社，2024.3（2025.1重印）
（现代高分子科学名著译丛）
书名原文：Essentials of Soft Matter Science
ISBN 978-7-122-44688-6

Ⅰ.①软⋯ Ⅱ.①弗⋯ ②皮⋯ ③皮⋯ ④钱⋯ Ⅲ.
①物质-研究 Ⅳ.①O552.5

中国国家版本馆 CIP 数据核字（2024）第 000985 号

责任编辑：傅四周　　　　　　　　　文字编辑：刘　璐
责任校对：田睿涵　　　　　　　　　装帧设计：王晓宇

出版发行：化学工业出版社（北京市东城区青年湖南街13号　邮政编码100011）
印　　装：中煤（北京）印务有限公司
787mm×1092mm　1/16　印张14¾　字数320千字　2025年1月北京第1版第2次印刷

购书咨询：010-64518888　　　　　　售后服务：010-64518899
网　　址：http://www.cip.com.cn
凡购买本书，如有缺损质量问题，本社销售中心负责调换。

定　　价：99.00元

Pierre-Gilles de Gennes 教授（1932—2007 年）和 Françoise Brochard-Wyart 教授

作者简介

Françoise Brochard-Wyart

弗朗索瓦丝·布罗沙尔-维亚尔（Françoise Brochard-Wyart）博士：软物质物理学领域中的理论物理学家，法国索邦大学（Sorbonne Université）和居里研究所（Institut Curie）教授。就读于卡尚高等师范学院（École Normale Supérieure de Cachan）。在德热纳（Pierre-Gilles de Gennes）指导下获得液晶学博士学位，她在转入生物物理学之前，研究过聚合物物理学和润湿。她是法国大学研究院（Institut Universitaire de France）的成员。1998年，她被法国物理协会授予 Jean Richard 物理大奖。

皮埃尔·纳瓦（Pierre Nassoy）：实验物理学家，法国国家科学研究中心（CNRS）高级科学家，就职于法国波尔多的光学研究所（d'Optique d'Aquitaine）。他曾于巴黎物理与化学工业高等学校（ESPCI）学习，并获得了工程学学位证书。2012年之前，曾任CNRS青年科学家，当时就对居里研究所细胞生物物理学深感兴趣。

皮埃尔-亨利·皮埃什（Pierre-Henri Puech）：实验物理学家、生物物理学家、法国国家健康与医学研究院（Inserm）青年科学家，就职于法国马赛黏附与炎症实验室（LAI）。他曾于巴黎物理与化学工业高等学校（ESPCI）学习，并获得工程学学位证书。他的研究兴趣主要围绕细胞生物物理学，尤其对 T 细胞识别中的机械力传导兴趣浓厚。

（于　艳　郑　静　钱志勇　译）

译者简介

钱志勇：四川大学二级教授、博士生导师，国家杰出青年科学基金获得者、国家"万人计划"（国家高层次人才特殊支持计划）科技创新领军人才，中国医药生物技术协会纳米生物技术分会主任委员，四川省科技青年联合会副主席，四川大学华西医院生物治疗国家重点实验室纳米生物医学研究室主任。担任 *MedComm-Biomaterials and Applications* 及 *Materials Express* 期刊的共同主编，*Chinese Chemical Letters* 期刊执行主编，*Signal Transduction and Targeted Therapy* 及 *Journal of Biological Engineering* 期刊的副主编。主要研究方向是纳米生物材料和纳米药物，以通讯/共同通讯作者身份在 *Adv Mater*、*Nano Today*、*Kidney International*、*Adv Funct Mater*、*ACS Nano*、*Acta Pharm Sinica B* 等国内外知名学术期刊发表学术论文 100 余篇，被他引 8000 余次。有 3 组专利技术实现成果转化，获得 2 项新药临床试验批件。以第一完成人身份获得 2019 年度高等学校科学研究优秀成果奖（科学技术）自然科学奖一等奖，以第一完成人身份获得成都市自然科学奖，并获得四川省青年科技奖，获得 2019 年度"药明康德生命化学研究奖学者奖"，入选《中国化学快报》（CCL）主办的第一届 CCL 优秀青年学者。

校者简介

吴大诚：1964 年本科毕业于成都工学院高分子化工系，1968 年研究生毕业于中国科学院化学研究所（师从钱人元教授）。在中国科学院化学研究所工作之后，吴大诚教授自 1974 年以来在成都工学院、成都科技大学、四川大学从事高分子科学与工程的教学和研究，曾任高分子材料系主任和纺织工学院院长等职务。1979～1981 年间，曾赴美国斯坦福大学化学系，在 Paul Flory 教授指导下进行研究工作。他的研究涉及高分子物理学、高分子工程和弹性纤维的开发等。已经发表 300 多种研究论文、书籍和专利以及大量科学经典的译著。曾获国家科学技术进步二等奖（1985 年）等奖项。

中译本校者序

1991 年 11 月 16 日，临近正午时分，瑞典科学院秘书 Carl-Olof Jacobson 电话正式通知法兰西公学院❶教授皮埃尔-吉耶·德热纳，决定授予他当年的诺贝尔物理学奖。后来宣布的授奖理由称："德热纳把在研究简单系统中有序现象而创造的方法，成功地推广到更为复杂的物质形态，特别是液晶和高分子，证明了研究简单体系而发展的数学模型，同样可以应用到如此复杂的体系，他发现物理学中仿佛完全不相关的不同领域是有关联的，过去还无人明白这些关联。"德热纳是"软物质"科学的开创者，但同时也擅长"硬物质"的研究，是一位多学科的全才，因此他们特别将德热纳誉为"当代牛顿"，这是对于其他获奖者从未有过的赞誉。

在德热纳教授赴斯德哥尔摩参加诺贝尔奖颁奖典礼的前夕，我收到了他寄到成都的宝贵礼物：一幅庆奖的彩照和准备即将宣读的获奖演讲"软物质"的初稿，我当即将此照片与他 1988 年赠我的"自画像"陈列在一起（图 0.1）。

1988 年 5 月，我们十分幸运，执行世界银行中国大学计划项目，邀请到法兰西公学院德热纳教授赴华 3 周，其中 1 周考察成都科技大学的高分子建设项目（图 0.2），另外 2 周举行"德金高分子物理讲座"（图 0.3）。德金是用他姓名英语的发音翻译的，后来按照新华社汉法姓名词典改译为德热纳。当时，全国各地的高分子物理学家赴蓉认真听讲，并与德热纳教授展开了热烈的讨论（图 0.4）。

在演讲和讨论中，德热纳教授反复向我们强调，在深入本质的简单概念的基础上，需要一种简单的标度律，其优美的价值使我们去真正理解所研究的过程和那些控制的根本因素。

德热纳的获奖，引发了软物质科学知识的"大爆炸"，远远超出经典凝聚态物理学的

---

❶ 法文名为 Le College de France。也曾译为法兰西学院，但过去同时被译为此中文名的还有另外两所法国学术机构：Le Institut de Frace（现译法兰西学会）和 Academie Francaise（现译法兰西学术院），因此容易混淆，于是不再将此法国名校按字面翻译，改译为法兰西公学院。另一方面，还有人将此校名译为法兰西公学，但从译名容易与英国有名的伊顿公学等联想，而后者只是英国私立贵族寄宿高中而已，与法兰西公学院根本不能同日而语。事实上，法兰西公学院是法国最古老的教育机构，由法国国王弗朗索瓦一世在 1530 年建立，原名王家学院（College Royal），后更名皇家学院（College Imperial），最后在 1870 年改为现名，沿用至今。目前，在全球范围内，其他国家并没有与法兰西公学院对应的学术机构，该校的特点为无注册学生，无任何证书和学位，无听课学费，是一所名副其实的开放公学；法兰西公学院由教授治校，其主体是 52 位讲座教席的教授，他们遍及知识和文化的各个领域，因人设岗，面向广大公众（学生、研究人员和大学教授为主）传授"正在创造的知识"，其校训为"教授一切"（docet omnia）。从 1971 年开始的 30 年间，德热纳教授在该校任职，并在这里创造和发展了"软物质科学"，而本书就是以德热纳教授在此期间的讲座讲稿为基础由布罗沙尔-维亚尔教授等于 2018 年整理出版的。

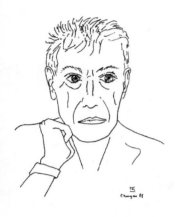

图 0.1　德热纳教授所赠庆奖彩照（1991 年）和一幅自画像（1988 年）

图 0.2　1988 年德热纳教授（左）考察成都科技大学吴大诚教授
（中）实验室，（右）为主持项目建设的黄仁杰副校长

图 0.3　1988 年 5 月在成都举办的"德金高分子物理讲座"

图 0.4   1988 年参加"德金高分子物理讲座"的部分专家合照

疆界。由于世界的统一性（unity），对于复杂性（complexity）的问题，采用简单性（simplicity）的标度公式，可以得出普适性（universality）的规律。今天，德热纳这种标度论证（scaling argument）哲学的应用已经超越了物理学、化学、生物学的"纯"科学应用，横跨了尺度巨大的空间和时间，帮助我们去理解科学、自然和社会。

1991 年德热纳正式提出"软物质"之后，国内外相关的教科书和专著如雨后春笋，无以计数。假若德热纳仍然在世，见到这样多的"粉丝"，他会由衷感到高兴。另一方面，具有好奇心的读者会向德热纳提问：我是一位初学者，看不懂您的几本大专著，能否简介一下您发明的"软物质"？虽然，现实是他已经永远离开了这个软物质的世界，但他最亲密的合作者弗朗索瓦丝等替他回报读者，写出了这本《软物质科学精要》，正是这类读者想要的一本书：软物质科学的伟大开创者是如何界定这门科学的。

正如原作者在中文版自序中所指出，本书是在德热纳教授生前 30 年中在法兰西公学院讲稿整理的基础上写成的，完全反映出这位科学大师与众不同的研究和教学风格，使读者犹如仍然在与大师对话。

在中译本出版准备过程中，布罗沙尔-维亚尔教授放弃英文版翻译为简体中文版的授权费并及时回答了我们在翻译中的众多疑惑，与德热纳教授生前一样，表达出对中国人民的友好和对中国软物质科学教育的关心。因此，我们译校全体人员愿将此中译本敬献给布罗沙尔-维亚尔教授和德热纳教授。

结束这篇译校者序前，突然回忆起一件小事。当年为庆祝德热纳教授成都讲学成功，讲座结束后，我在成都一家古老的餐馆宴请他。席间，德热纳（PGG）向我介绍了他法语姓氏中 de 的含义，原来他祖上是中世纪的贵族，现在还在奥赛（Orsay）保留有祖屋，同时送了我一张他们家徽的卡片——一只美丽的金鸭（图 0.5）。

面对丰盛的川菜佳肴，他颇有感触地说出这次访华的一段小故事：由于当时的外事制度，他的访华具体行程是由世界银行中国项目安排，我们并不知晓他已经到达北京。因等待航班赴蓉，他只好自己去天安门广场走走，午饭时分，买了只北京烤鸭，与游客一样就地吃了起来。一听此言，我当即向他道歉，说："下次我们再请您来华演讲，可一定在正宗'全聚德'请您！"散席后，他认真回应我说："下次将与一位最亲密的合作者 FBW

To professor WU Da Cheng

one of our family portraits (16th century)

in our Orsay house (now partly

Transformed into a restaurant) Hoping that you

will visit it soon! Prof PG de Gennes

May 1988

图 0.5 PGG 贵族身世的家徽（一只美丽的金鸭）的卡片（上）和题词（下）

（布罗沙尔-维亚尔）一道来访问，请她一起演讲。"后来我们得知，在此一个月之后的 1988 年 6 月，德热纳教授曾与 FBW 赴加拿大参加 ACS（美国化学会）北美大会（见本书献辞页上的照片），被授予 ACS 的高分子化学奖。可惜，由于种种原因，他的这个与 FBW 赴华的美好愿望并没有实现。但是，今天我们十分欣慰，PGG 过去的主要演讲，经 FBW 及其合作者的努力，以《软物质科学精要》中文版如此精美的形式，介绍给了我国的科学界和教育界，我们谨在此向 PGG 和他最亲密的合作者 FBW 说一声谢谢！

吴大诚
2023 年 1 月 1 日于成都

中文版自序

　　我谨以本书献给皮埃尔-吉耶·德热纳（PGG）——20世纪中期最伟大的物理学家之一，虽然他已于2007年去世，但仍持续对当代科学产生重大影响。他以整个职业生涯的成就而获得1991年的诺贝尔物理学奖，其中由液晶、高分子、毛细现象和生物物理学定义出软物质，是本书的主题。PGG发表的科学成果包括600篇论文和几本主要著作，这些著作已被翻译并在中国广泛发行❶。

我（弗朗索瓦丝·布罗沙尔-维亚尔）与皮埃尔-吉耶·德热纳（1991年）

　　理论物理学历来是非常男性化的一个领域。但是，在法兰西公学院（Le College de France）的PGG实验室，很多女性担任了领导职务（包括实验室主任）。由于PGG的推动，软物质物理学成为许多女性可能从事的学科，并发展出她们自己的研究计划项目，获得了国际知名度。而我的整个职业生涯都受到了皮埃尔-吉耶·德热纳的启发。

　　1968年到1977年，我在奥赛的巴黎南大学固体物理实验室，接受PGG的教导和培

　　❶　德热纳英文著作的各种中译本曾由高等教育出版社、化学工业出版社、贵州教育出版社、上海翻译出版公司、湖南教育出版社和台湾天下远见出版股份有限公司等出版社发行，但迄今为止，唯一重要的遗漏是：他与本书主要作者弗朗索瓦丝等合著的中译本《毛细和润湿现象——液滴、气泡、液珠和表面波》一直没有面市，然而本书第4章和第6章等内容可视为上述经典著作的简写本，由此减少了一点遗憾。——译校者注

养，在临界现象的标度律讨论的基础上，研究出一些理论模型，用其能够描述液晶相变的动力学特性，特别发展出向列-近晶相变与超导相变之间的著名类比（见第 3 章和第 5 章）。

各种动物都遵循一种标度律（皮埃尔-吉耶·德热纳，1985 年）

PGG 被任命为法兰西公学院教授（凝聚态物理学讲座教席）时（1971 年），年仅 39 岁，创下该公学院最年轻教授的纪录。六年之后，我在那里加入了他的团队。PGG 勾画出高分子统计学与临界现象的类比（"$n=0$"定理），使高分子科学发生了一次革命。对于中性和带电高分子溶液，其静态和动态性质均可由标度律进行研究，后来对强流动作用下 DNA 分子的形变我们也进行了研究（第 7 章）。

德热纳在法兰西公学院的岁月（左右图是德热纳的素描）

在 20 世纪 80 年代末，当我受命为巴黎第六大学的教授时，我意识到 PGG 在薄皂膜上的工作（第 6 章）可以扩展至基底上的任何水膜。1992 年我加入居里研究所之前，就在巴黎大学的实验室开始了润湿和脱湿的研究项目，我的"软表面"（soft surface）团队只由实验人员组成，我们的实验很简单，费用也很便宜，遵循的是 PGG 的模式。虽然如此，我们的研究还是由 Dior（迪奥）那样的奢侈品制造商资助的呢！

PGG 是许多行业的顾问，这些行业受益于他的实用意识、远见和创造力；与他一样，我始终与各行业保持紧密联系，因为它们持续不断为我们带来新的迷人课题。例如，与 Rhône Poulenc 和后来与 Rhodia 的合作，我们致力于黏附和润湿的工作；与 Michelin 合作研究水道面的积水；与 St Gobain 合作研究防结冰表面。由一个理论学家去指导做实验的学生，这是一个非常大胆的决定。这次冒险经历改变了我的职业生涯，我很幸运地从文化上互补的 4 位学生开始，他们给了我翅膀。为了回答复杂的工业问题，我寻找出一些简单的模型系统，按照皮埃尔-吉耶•德热纳所教导的精神，去建立普适规律。在建模过程中，我们通常能够推导出标度律，研究的结果被详细的计算或模拟所证实。在我与 PGG 的亲密关系中获得了一种简单性，我始终按照这种精神与我的学生们一起工作。

1996 年，Jacques Prost 成为居里研究所的物理学-化学实验室主任，他与 PGG 是那本著名教科书《液晶物理学》的合著者，而我转向了生物物理学。就此一次，我在 PGG 之前做了研究主题的转身❶，直到 2002 年 PGG 退休并加入我在居里研究所的工作，他才开始对生物物理学和神经科学产生浓厚的兴趣。根据我们以前的工作，可以对许多发生在生命物质上的过程进行分析。例如，细胞的多细胞聚集体也表现出黏弹性，与高分子熔体的黏弹性相似；细胞聚集体的散布和细胞迁移是肿瘤的一种模型，可以用润湿转变的理论框架加以解释。

1992 年我与德热纳在拉丁美洲马提尼克岛和日本举行的学术会议上的演讲

我的整个职业生涯都致力于教学。作为一名化学教师，在软物质还没有被讲授的时候，我为业界开设了关于胶体、润湿、黏附的培训课程。现代科学的传播对我来说至关重要，与 PGG 异曲同工，他在获得诺贝尔奖后认为访问 200 多所高中非常重要，可以激发（学生们的）科学使命［正如他与 Jacques Bado 合著的《软物质与硬科学》（Les Objets Fragiles）所述］。从 1977 年到 2018 年，我指导了 30 名学生和博士后，其中 12 名是女性。作为六个孩子的母亲，我设法在家庭与职业生活之间找到平衡，并在这个意义上支持我的女性合作者。在皮埃尔-吉耶这方面，他成功地将他的两种爱好传递给了我们的孩子，即科学和绘画，由此我们的孩子中现在有三个是科学家，一个是平面设计师兼插画家。

---

❶ 众所周知，德热纳在科学研究方向上有几次华丽转身：金属和合金的超电导性-液晶-高分子-胶体和界面-生物物理学和神经科学，传为科学史上的佳话，这是因为一个人即使在上述某一领域有所成就也是极其困难的。从这篇序中，我们第一次知道，最后一次转身是由本书主要作者的先导而促成的。——译校者注

PGG 多才多艺，如果我们有机会和他一起做科学研究（即使不做也无所谓），我们还会发现他是一位"启蒙大师（man of the enlightenment）"、对社会问题持开放态度的科学家和人文主义者、兜售知识的"零售商"（knowledge broker），同时也是艺术和文学的狂热爱好者。

德热纳荣获 1991 年诺贝尔物理学奖后，与其科学上的亲密朋友的合影，
前排从左至右：S. Alexander，E. Guyon，PGG，Fyl Pincus，Veyssié 夫人，K. Mycels，J. Jacques

PGG 去过全球很多地方分享他的研究，也去发现其他文化。1988 年，他去中国做了一系列的讲座，如下两幅插图所示：一幅是他在成都的一次讲座；另一幅是他在农村散步时画的素描。

1988 年德热纳教授应吴大诚教授的邀请在成都讲学及所绘成都郊区农人劳作的素描

这本书是 PGG 生前 30 年中在法兰西公学院的授课讲稿集锦，启发了一代软物质领域的研究人员，其中就有我的两位同事（以前的学生）Pierre Nassoy 和 Pierre-Henri

Puech。PGG 讲课的笔记现存于法国科学院档案馆，他的讲稿不带擦涂痕迹，其中可以辨认出他清秀而工整的字迹。Pierre-Henri Puech、Pierre Nassoy 和我都愿在本书中谦卑地布施皮埃尔-吉耶·德热纳的科学遗产。

弗朗索瓦丝·布罗沙尔-维亚尔
2022 年 11 月于巴黎
（李瑞霞　译）

致谢

本书以皮埃尔-吉耶·德热纳（Pierre-Gilles de Gennes）的精神写成。我们将尽全力尊重他的教学和研究风格。Madeleine Veyssié 的评论和建议非常有益。我们还要感谢 Erdem Karatekin 的仔细校读。我们也感谢 Olivier Sandre、Axel Buguin、Claude Redon、Liliane Léger、Fabien Bertillot、Kévin Alessandri、Aurélien Roux、Stéphane Douezan 和 David L. Hu 分享的一些未发表的照片。最后，我们诚挚地感谢 Jean-Francois Joanny 和 L. Mahadevan 对完成本书的鼓励。

本书部分正文和图照取自 *Physique de la Matière Molle*，*Dunod Editions*（法文版《软物质物理学》）一书，我们由衷地感谢 Dunod 出版社允许我们在本书中使用这些材料。

（于 艳 郑 静 钱志勇 译）

目　录

第5章　液晶 083

第 1 章　导言

1.1　软物质的诞生

德热纳（Pierre-Gilles de Gennes，1932—2007 年）（图 1.1）被公认为是"软物质"科学的创始人。在固体物理学（磁学、超导体）领域做出了令人惊叹的原创性贡献之后，他在凝聚态理论物理学中也开辟出一个非常广泛的领域，即关于液晶、聚合物、胶体、润湿和黏附的研究，以及生物物理学，由此定义出软物质。尽管德热纳在科学发现上的记录令人印象深刻，但其工作的重要价值主要得益于他的风格、与实验家和工业界的长期接触以及一种信念：所有的物理现象，均可浅显易懂地加以解释。德热纳用准确而丰富多彩的语言满怀激情地将自己的知识和发现传播给广大读者，包括小学生到研究人员，并以此促进科学事业的发展。他的研究工作获得 1991 年诺贝尔物理学奖。

德热纳 1991 年 12 月在斯德哥尔摩发表了诺贝尔奖获奖演讲，下面将以其中一些节选开始这本软物质物理学的书。

图 1.1　德热纳教授

1.1.1　何为软物质

美国人更喜欢称之为"复杂流体"。这是一个相当难听的名字，往往会让青年学生失去深入研究的勇气。但软物质确实有两大特点。

复杂性：在某种原始意义上，我们可以说，现代生物学已经从简单的模型系统（细菌）研究发展到复杂的多细胞生物（植物、无脊椎动物、脊椎动物……）研究。类似地，从 20 世纪上半叶原子物理学的爆炸式发展开始，软物质就是其中一种产物，它以聚合物、表面活性剂、液晶以及胶体粒子为基础。

柔性：我想通过一个早期的聚合物实验来解释这一点，这个实验是由亚马孙河流域的印第安人发起的：他们从三叶橡胶树上收集树汁，涂在脚上，让它在短时间内"干燥"。

这样，他们就有了靴子（图1.2）❶。

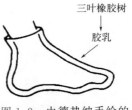

图1.2 由德热纳手绘的印第安人的"靴子"

从微观角度来看，"靴子"的起点是一组独立的柔性聚合物链。空气中的氧在分子链之间架起一些"桥"键，这带来了一个惊人的变化：液体转变为一种能够抵抗拉伸的网络结构——我们现在称为橡胶（法语 caoutchouc，是印第安语的音译）。在这个实验中，令人震惊的是，一个非常温和的化学作用导致了力学性质的急剧变化——这是软物质的一个典型特征。

1.1.2 软物质研究风格

1.1.2.1 简单实验

我现在想花几分钟思考一下软物质研究的风格。第一个主要特点是有可能进行非常简单的实验。让我以表面活性剂为例，其分子有两部分：亲水的极性头和憎水的脂肪族尾。富兰克林用表面活性剂做了一个很好的实验；在 Clapham 公园的一个池塘里，他倒入少量油酸（这是一种天然表面活性剂），往往会在水-空气界面形成一层致密的薄膜。他测量了覆盖整个池塘所需油酸的体积。知道了面积，于是他就求出了膜的厚度，以我们目前的单位计算，大约是 3nm。据我所知，这是对分子尺寸的第一次测量。今天的时代，核反应堆或同步辐射源这些极其复杂的研究工具，被我们偏爱，因而我特别喜欢向我的学生讲述富兰克林这种风格的实验。

让我列举两个例子。第一个是关于纤维的润湿。通常，纤维在浸入液体后会显示出一连串的液滴，因此，在一段时间内，人们认为大多数普通纤维是不可润湿的。F. Brochard 从理论上分析了曲面上的平衡，并假定在许多情况下，液滴之间在纤维上应该有一层润湿膜。J. M. di Meglio 和 D. Queré 以一种非常优雅的方式确定了这种膜的存在和厚度[1]。他们创造了一对相邻的液滴，一个小一个大，并证明：小的液滴慢慢地淌空而流入大的液滴（正如毛细作用所希望的那样）。测量过程的速度，他们可以反过来求出纤维上连接两个液滴的薄膜的厚度：薄膜中的泊肃叶流速对厚度非常敏感。另一个关于润湿的优雅实验涉及接触线的集体模式，即滴在固体的边缘上。如果一个人通过某种外部手段使这条线畸变，它就会回到平衡状态，而弛豫速率取决于畸变的波长，这是我们想要研究的。但我们怎么能扭曲这条线呢？我想到了非常复杂的笨方法，即使用蒸发金属梳产生的电场，或者还有其他更糟糕的方法。但 Thierry Ondarcuhu 想出了一个简单的方法。

① 他首先通过在固体上滴一个大液滴来制备未受干扰的接触线 L。

② 然后，他将一根纤维浸入同一种液体中，再将其拔出，并从瑞利不稳定性中获得一个非常周期性的液滴串。

③ 他将纤维平行于 L 放置在固体上，并在固体上生成一行液滴。

④ 他推动线 L（通过倾斜固体），直到 L 接触到水滴的那一刻；然后聚结发生了，得到一条单一的波浪线，由此可以测量弛豫速率[2]。

---

❶ 原书不包含此图，它由德热纳亲手绘制，摘自 P. -G. de Gennes and J. Badoz. Object，Copernicus，New York，1966:4。—译校者注

1.1.2.2 理论

1.1.2.2.1 复杂问题应简化为本质

德热纳与实验科学家和工业界的工程师合作，后来又与生物学家合作，当面临涉及大量参数的情况时，他表现出具有揭秘物理现象核心的艺术。我们习惯于将这种方法与毕加索的风格进行比较，尤其是著名的"公牛"素描画系列，其中毕加索用越来越少的细节画了一头公牛，最后只画了几笔。这些素描画深刻地影响了德热纳（图1.3）。

每个人都有自己珍爱的电影片，我们只是观看过一遍，却永生难忘。对我有一个例子：毕加索在窗玻璃上画了几条大白线，由 Clouzot 拍摄成了纪录片，我后来煞费苦心地所画的一切，均从此刻而生（Pierre-Gilles de Gennes in L'émerveillement[3]）。

图1.3　1983年德热纳在佛罗伦萨逗留期间绘制的《萨宾斯的绑架》（左图）；
兰齐长廊中的 Giambologna 雕塑（右图）
左图和右图为 FBW 的私人收藏和雕塑照片

1.1.2.2.2 使用量纲分析讨论和标度律表述问题

德热纳努力为他的发现给出简单的解析表达式，即使它们通常是复杂计算的结果。他总是给出物理解释，并且插入图形来阐明，例如关于链滴❶或蛇行模型的示意图，这为广大公众打开了高分子物理学的大门。

1.1.2.2.3 不同学科之间类比的广义科学文化

我强调实验重于理论，当然，我们在思考软物质时需要一些理论。事实上，软物质和

---

❶　原文为 blob，名词审定委员会公布的英汉《高分子化学名词》并无此名词。这个英语术语是德热纳首先命名的，他将链中的一部分定义为 blob，是某一尺寸的统计单元，可以看成部分链段组成子链的线团。英语词典字面上"blob"解释为"a drop of something，especially a liquid"，因此可以将 blob 译为链滴，与现通用译名如链节［链单（体单）元］、链段等风格一致。在良溶剂中整条链形成溶胀的无规线团（random coil），而转移至劣溶剂中因溶剂移出而塌缩（collapse），结果形成的紧密小球（globule），则译为"链球"（见第7.3.1节）。——译校者注

其他领域之间有时会出现一些有趣的理论类比。一个主要的例子是 S. F. Edwands[4] 提供的。他证明了柔性链的构象与非相对论性粒子轨迹之间的完美对应；链的统计权重对应于粒子的传播函数。在存在外部势场的情况下，两个系统都由完全相同的薛定谔方程控制。这一观察结果是聚合物统计学中所有后续发展的关键。另一个有趣的类比是将近晶与超导体联系起来。它是由已故的 W. McMillan（一位伟大的科学家，我们都怀念他）和我们同时发现的。后来，T. Lubensky 及其同事对此进行了艺术家式的开发[5]。在这里，我们再次看到一种新形式的物质正在被发明。我们知道Ⅱ型超导体以量子化涡旋的形式引入磁场，这里与此类比的是近晶 A，我们在其中加入手性溶质，它起到了场的作用。在一些有利的情况下，正如 Lubensky 在 1988 年预测的那样，这可能会产生螺旋位错的近晶相，即所谓的 A* 相。仅仅一年后，Pindak 及其同事[6] 通过实验发现了这一点，这是一个美丽的壮举。

我们可以举出许多其他例子，例如，德热纳使用二维相变球形模型模拟的"封闭"柔性膜（红细胞、泡囊等）形变的分析[7]。

1.1.2.3 做科学与好玩

德热纳为结束他的诺贝尔演讲而选择了一首法国小诗，在这里也以此来结束我们导言的这一部分。以下是 François Boucher 的一首四节诗 [《吹肥皂泡的女士》（*La souffleuse de savon*）]：

　　游戏海洋，游戏陆上；

　　不幸啊，一举天下名扬。

　　富贵世上，虚假闪亮；

　　到头啊，都是皂泡一场。

参考文献

[1] J. M. di Meglio, *CR. Acad. Sci.*, 303 Ⅱ, 437(1986).

[2] T. Ondarcuhu, M. Veyssié, *Nature*, 352, 418(1991).

[3] T. de Wurstemberg. *L'émerveillement*. Saint-Augustin Edition(1998).

[4] S. F. Edwards, *Proc. Phys. Sot.*, 85, 613(1965).

[5] S. R. Renn, T. Lubensky, *Phys. Rev. A*, 38, 2132(1988).

[6] J. W. Goodby, M. A. Waugh, S. M. Stein, E. Chin, R. Pindak, J. S. Patel, *J. Am. Chem. Soc.*, 111, 8119(1989).

[7] M. N. Barber, M. E. Fisher, *Ann. Phys.*, 77, 1-78(1973).

1.2 概述

在这本书中，我们讨论软物质的物理学。我们相信，本书将是软凝聚态物理学这一领域已有书籍的补充。这门学科应该如何讲授，每一位作者或每一组作者可能有特定的看法。我们力图尽可能忠实地阐述德热纳对其所创建学科的展望。德热纳和本书作者之一（FBW）为研讨会、科学报告会、本科生和研究生的讲座备课准备有许多笔记，这些笔记经整理后演化成为本书。

在概述主要定义并总结了有关物理相互作用（第2章）和相变（第3章）的基本知识之后，我们在本书的第一部分介绍软物质的主要经典子领域，即界面（包括胶体、润湿、脱湿——第4章）、液晶（第5章）、表面活性剂（第6章）和聚合物（第7章）。在所有这些章节中，我们不仅使数学细节极小化，而且更偏爱数量级、粗略估算和标度律讨论。在第二部分中，我们旨在通过从我们的日常生活（第8章）、技术（第9章）和生物学（第10章）中精炼的案例，具体举例说明上一部分引入的概念。我们讨论并解释了一些重要的过程或成就，例如在分子烹饪中制作风味珍珠奶茶、绘画的魔力以及火蚁群的集体行为。

（郑　静　译）

第 2 章　软物质

2.1　介观复杂体系

软物质是物质的一个类别，包括聚合物、液晶和洗涤剂在内，同样也被称为复杂体系或复杂流体。它们的共同特征是存在于介观尺度，该尺度支配着体系的绝大多数性质。

2.1.1　介观尺度

介观尺度指的是介于宏观物体和原子大小之间的中间尺度。这个尺度范围在几埃（Å❶）到几千埃之间，是我们将要研究的软物质体系大多数成员的典型尺度。

图 2.1 列举了此类体系的一些示例。一层皂膜沿膜厚度方向堆积着数百个水分子，或者一条聚合物链由超过 1000 个单体组成，这一事实确保了连续性理论在描述这些系统时仍然有效。由于粒子数 N 大（$N > 100$），因此可以应用统计力学。

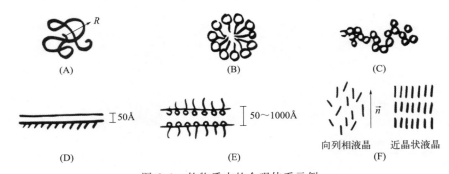

图 2.1　软物质中的介观体系示例

（A）聚合物链（$N = 1000$，$R = N^v a$）；（B）表面活性剂胶束（$N = 100$）；
（C）絮凝团聚体（$N = 500$）；（D）润湿膜；（E）肥皂膜；（F）液晶

2.1.2　无序

无序是软物质的一个重要特征。让我们举两个例子来说明这个性质：

① 和晶体一样，液晶也有取向序。然而，与晶体相比，液晶分子的重心呈现出平移无序的现象，它们像液体一样流动。

② 聚合物常被比喻为一盘缠结在一起的意大利面条[1]。由于热扰动，长链在其他许

---

❶　$1\text{Å} = 10^{-10}\,\text{m}$。

多链中间蛇行 ❶（图 2.2），就像大草原上的蛇一样。

蛇行

像一团意大利面条
图 2.2 聚合物链的蛇行

2.1.3 拓扑学和几何学

2.1.3.1 连通性

当水分散在油中时，就形成了一种油包水的乳液。增加水的量会导致相反的构型，即形成水包油的乳液。这两种状态之间的转变对应于逾渗转变[2]，这是一种阈值现象。

逾渗是一个适用于各种各样系统的概念。你准备咖啡的时候就有逾渗发生。从咖啡机中流出的第一滴咖啡就可追查出咖啡粉中形成了一条连续的水迹。在另一个领域，群岛的岛屿在涨潮时彼此分开，但当退潮时，它们就变成了半岛，允许旅行者来徒步探索。传染病（如流行性感冒）或森林火灾的蔓延也显示了这种逾渗现象。

回到复杂体系，当液体乳胶通过桥接聚合物链变成固体（橡胶）时，发生的聚合物硫化过程（图 2.3）中就存在一个逾渗转变的特征：当交联点（节点）达到临界数量时，液体系统变为固体。

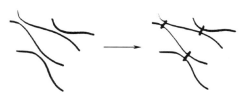

图 2.3 聚合物的硫化：从乳胶（液体）变成橡胶（固体）

2.1.3.2 自相似性

有些系统，例如乳胶粒子，可以用单一特征尺寸来表征；而另一些系统则是多尺度或分形的[3]。

一般来说，分形结构是自相似的：在放大时，物体的结构特征保持全同。具有这些结构的例子有罗马卷心菜、雪花或英国区域的不列颠海岸（图 2.4）。

分形系统用分形维数 D_f 表征。以分形线为例说明：它的长度 L 取决于尺度 ε，以此为前提进行测量。因此，用 $\varepsilon = 1\text{km}$ 或 $\varepsilon = 1\text{m}$ 的刻度单位测量英国区域的不列颠海岸不会得到相同的结果。关系式 $L(\varepsilon)$ 可以定义 D_f：

$$L(\varepsilon) = \left(\frac{L}{\varepsilon}\right)^{D_f} \varepsilon$$

式中 L 是总长度。类似的定义也可以应用于分形曲面（表 2.1）。分形维数 D_f 小于或等

---

❶ 原文为 reptation，这个术语是德热纳根据拉丁文 reptae 而创造的英文术语，主要用于浓体系中高分子链的动力学，包含有像蛇一样运动的意思，详见第 7 章 7.6 节。这个英语名词的中文译文"蛇行"是钱人元先生 20 世纪 80 年代介绍德热纳理论时建议的，值得注意的是：尽管有英语词典字面上将 reptation 译为 snake-like，钱先生仍然定译名为"蛇行"而不是"蛇形"，可见他对德热纳理论内涵的深刻理解。这个译名目前已经通用，但未包含于正式出版的词典。——译校者注

(A)　　　　　　　　(B)　　　　　　　(C)

图 2.4　分形结构示例

（A）卷心菜；（B）雪花；（C）英国区域的不列颠海岸
（版权归 Shutterstock 所有）

于空间维数 d。

表 2.1　分形维数 D_f

项目	点	直线	平面	分形线	分形面
D_f	0	1	2	$1 < D_f < 3$	$2 < D_f < 3$
	$D_f \in \mathbf{N}$			$D_f \in \mathbf{Z}$	

Koch 曲线或雪花是分形线的一个经典数学例子（图 2.5）。通过作图，我们可以看出，如果 ε 除以 3，长度则乘以 4/3，结果为：

$$L\left(\frac{\varepsilon}{3}\right) = \left(\frac{4}{3}\right)L(\varepsilon)$$

利用定义 D_f 的方程，我们发现分形维数为：

$$D_f = \frac{\ln 4}{\ln 3}$$

在线形聚合物的情况下，单体单元数为 N 的链被切割成称为"链滴"的单元（图 2.6）。每个链滴的尺寸是 ε，含有 g 个单体单元。

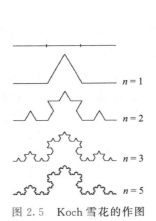

$n=1$

$n=2$

$n=3$

$n=5$

图 2.5　Koch 雪花的作图

R_F

ε

"链滴"
g 个单体单元

图 2.6　聚合物链分成"链滴"亚单元

在第 7 章 7.3 节中，我们将定义指数 v，它表征了聚合物链的构象，我们将证明，单体单元的尺寸与其数量之间的关系在所有尺度下都是有效的。

$R = N^v$，$\varepsilon = g^v a$，这种关系允许我们写出如下算式：

$$L(\varepsilon) = \left(\frac{N}{g}\right)\varepsilon = \left(\frac{R}{\varepsilon}\right)^{1/v}\varepsilon$$

可以得到聚合物链的分形维数:

$$D_f = \frac{1}{v}$$

表2.2给出了不同链构象的 D_f 值。

表 2.2 聚合物链的分形维数 D_f

参数	理想链	塌缩链	溶胀链
v	1/2	1/3	3/5
D_f	2	3	5/3

实践问题:地铁网络的分形维数能告诉我们关于城市发展的什么信息?

分形是由法国数学家 Benoît Mandelbrot 在 20 世纪 70 年代提出的。我们可以用数学方法构建分形对象(例如图 2.5 的 Koch 曲线),但我们也发现物理分形对象是"自然"形成的,如蕨类植物、海岸或血管和神经元网络。有时,我们只是好奇地想知道一个结构是否真的是分形的,因为它不规则或分枝的性质似乎是自相似的,这吸引了我们的注意。然后,就引申出一个关于计算出的分形维数的意义的问题。

L. Benguigui 和 M. Daoud[4] 在探讨法国巴黎的地铁和区域快车(RER)网络是否分形时采用了这种方法。这一网络从 20 世纪初开始发展,从 6 条城市内部线路开始,然后延伸至郊区。研究巴黎网络的好处是巴黎的城市布局相对为圆形,这便简化了分析。图 2.7(A)显示了这些线的示意图,其中的圆点代表车站。通过计算位于半径 R 不断增大的圆内的 $N(R)$ 个站点的数量,我们可以预测两种极端情况。如果城市被车站均匀地覆盖,它们的密度 $\rho(R) = N(R)/[4\pi R^2]$ 是恒定的,因此 $N(R) \sim R^2$❶。

相反,如果站点之间沿径向方向线等距分布,我们可能期望 $N(R) \sim f$,$R/d \sim R$。对于随机分布,我们有 $N(R) \sim R^{D_f}$,它定义了分形维数 D_f。

研究结果如图 2.7(B)所示,以对数刻度表示。这里有两个区域:当距离 $R < R_0 = 6.5$km 时,$N(R) \sim R^2$,即 $D_f = 2$;对于 $R > R_0$,$N(R) \sim R^{0.47}$,即 $D_f \sim 0.5$。巴黎市区被环城公路所限制(不包括郊区),其半径恰好为 6.5km。而当内部地铁网络的分形维数为 2 时,这意味着它是紧凑的,但它在环路以外变为分形的,甚至非常稀疏(因为 $D_f < 1$),这意味着遥远的郊区城市仍然服务不足。

同样,作者已经表明,连接巴黎市中心和郊区的 RER 线的总长度 $L(R)$ 也具有分形维数,$D_f = 1.47$[图 2.7(C)]。

通过关注地铁网络,可知巴黎、莫斯科和柏林都具有分形维数 $D_f = 1.7 \sim 1.8$ 的特征[5],这对应一个最优值。无论巧合与否,1.7 也是胶体颗粒聚集体的分形维数,其形成受扩散的限制[6]。

此外,人们还可以用交通网络的分形维数来表示城市的增长。例如,在韩国首尔,从

---

❶ "~"在英文的物理学文献中十分普遍,通常表示:①正比;②近似相等;③量在数量级上相当;④标度关系。——译校者注

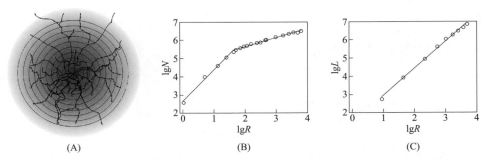

图 2.7　(A) 巴黎铁路网图 (地铁和区域快车)；(B) 车站数量 N 对于到市中心距离 R 的函数图；
(C) 直线的总长度 L 对于到市中心距离 R 的函数图

1980 年（标志着第一条地铁线的建设）到 21 世纪初，地铁网络的分形维数从 1.15 增加
到了 1.35[7]。显然，首尔的地铁网络还没有达到饱和。

参考文献

[1] P. G. de Gennes, Jacques Badoz, *Fragile Objects*. Springer, 1996.

[2] P. G. de Gennes, *La Recherche*. Sophia Publications, 1976.

[3] A. Lesnes, M. Laguës, *Scale Invariance : From Phase Transitions to Turbulence*. Springer, 2012.

[4] L. Benguigui, M. Daoud, *Geogr. Anal.*, 23, 362-368(1991).

[5] L. Benguigui, *Environ. Plan*. A, 27, 1147-1161(1995).

[6] T. A. Witten, L. M. Sander, *Phys. Rev. Lett.*, 47, 1400(1981).

[7] K. S. Kim, L. Benguigui, M. Marinov, *Cities*, 20, 31-39(2003).

2.2　破碎结构物体❶

软物质物体或复杂流体可形成破碎结构，由于其相互作用微弱，仅为热动能的数量
级，因此这种结构很容易形成或破裂。

2.2.1　弱相互作用

固态物理学是强键（离子键、共价键、电子键）的领域，其键的能量为电子伏特数量
级（$1eV=1.6 \times 10^{-19}$J）。

软物质是弱键的领域，其特征是在热动能数量级的相互作用为 $k_B T$（k_B 为玻尔兹曼
常数，T 为热力学温度）。室温下（$T=300K$），$k_B T=1/40eV=4 \times 10^{-21}$J。

---

❶ 原文为 fragile objects，直译应为破碎物体，其意不太明了。译文小标题中的"结构"二字是译校者加的。十
分有启发的是：德热纳在全法高中的巡回演讲集成书后，采用这个书名，中译者也是因其易于误解，改译书名为《软
物质与硬科学》。——译校者注

弱相互作用的四种主要类型如下：

① 范德华相互作用［图 2.8(A)］。无处不在，是一种远程作用，而且一般是吸引力。例如，通过范德华相互作用，发生相互作用的微粒的结合能为 $U \approx (R/d)k_{\mathrm{B}}T$，其中 R 为微粒的半径，d 为接触距离。对于半径 R 为 $1\mu m$ 和 d 约为 $1nm$ 量级的微粒，U 为 $1000k_{\mathrm{B}}T$ 量级，热扰动不足以使其分离。

② 静电相互作用。是存在于水介质中带电粒子之间的相互作用，其范围由盐的浓度和反离子的价态控制。性质相同的粒子之间相互排斥，图 2.8(B) 所示的反离子云由于静电相互作用，阻止了粒子之间的接触和黏合在一起。

③ 空间相互作用。在聚合物基体系或表面活性剂组合的情况下，这种相互作用非常重要，是一种远程的并相互排斥的作用。图 2.8(C) 所示单体的"毛状"云组成的晕环，阻止微粒进一步靠近。

④ 溶剂化和氢键相互作用。它们是由某些液体（特别是水）的特定结构产生的，其作用范围较短，且具有方向性［图 2.8(D)］。

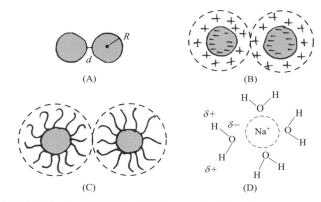

图 2.8 （A）范德华相互作用；（B）静电相互作用；（C）空间相互作用；（D）溶剂化和氢键相互作用

2.2.2 强烈的响应

在复杂系统中，微小的扰动可能会产生巨大的效应。

（1）液晶（第 5 章）

它们对电场（$\vec{E}$）和磁场（$\vec{B}$）敏感。液晶显示器通过非常弱的电场作用工作，电场可以改变液晶分子的方向，从而调节显示的图像。

（2）泡沫（第 6 章 6.3 节）

将微量的洗涤剂（或表面活性剂）分散在水中，在摇晃后则产生泡沫。

（3）溶胶-凝胶转变（第 3 章）

空气中的微量氧气可将橡胶树的汁液变成固体橡胶。但是氧气活性过大，最终会切断分子。印第安人用橡胶树的乳胶制成的胶靴（图 2.9）使用时间不长；它们会破裂，最终在脚上腐烂。1830 年，Goodyear 证明用硫取代氧，橡胶可以保持多年的稳定性。这一发现促进了轮胎的制造，为汽车提供了装备。

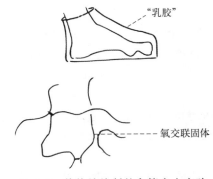

图 2.9　德热纳绘制的印第安人实验
上图：乳胶包覆脚；
下图：氧交联（法语为"ponts"）固体

（4）胶体絮凝（第 4 章 4.1 节）

少量的盐会引发胶状悬浮液的絮凝。这种工艺可特别用于废水的处理中。1800 年，法拉第用金胶体做了实验（图 2.10）。他注意到，由于溶液的盐度（或离子强度）增加而引起了絮凝，悬浮液的红色变成了蓝色。相反，通过添加明胶，溶液则保持稳定，突出了由于空间相互作用达到稳定体系的效果。

（5）表面活性剂薄膜（第 6 章 6.2 节）

在古代，水手们在暴风雨中航海时，通过倾洒油类来平息波浪。只要水面上有一层油分子的单分子层，就会降低水的表面张力（第 4 章），改变界面流体动力学，并导致波浪起伏幅度的降低（德热纳在他的诺贝尔奖演讲中评论了富兰克林的实验，图 2.11 为其示意图）。但表面张力的降低还会有其他后果：像鸭子的羽毛不再"防水"，水蜘蛛这样的昆虫不能再在水上行走（第 8 章 8.3 节）。

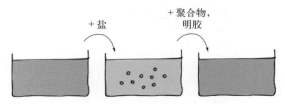

图 2.10　法拉第实验：盐诱导金胶体絮凝，加入聚合物使其稳定

图 2.11　表面活性剂单分子层所致界面流体动力学变化：从波涛汹涌的海面到无波涛海面的原理

在摘自文献[1] 的"软物质：概念的诞生和成长"这一章中，德热纳写道：

如果让凝聚态物理学家想象一个对某些微扰有强烈响应的系统，他的第一反应往往涉及临界现象，例如，在铁磁体的居里点 T_c 附近，其磁化率 χ 非常大。

让我们探讨另外一些证据充分的例子，如在二元混合物中的液-气转变和分层。

这种特性是在软物质中发现的，因为这些系统是由细小的力组装起来的，具有巨大的涨落，类似于临界现象。为此，我们专门用一整章来讨论相变和临界现象（第 3 章）。例如，在拉伸聚合物链（第 7 章 7.2 节）中，链的长度 L 正比于末端距涨落的幅度 $\langle \vec{R}^2 \rangle$（图 2.12）。

$$\langle \vec{R} \rangle = \vec{0}, \langle \vec{R}^2 \rangle^{1/2} = R_F, L \sim \langle \vec{R}^2 \rangle f$$

2.2.3　软物质与生物学

软物质的概念也适用于生物学。所有的生物结构，包括作为遗传密码、蛋白质和细胞膜的主要物质的 DNA 分子，都是由弱相互作用控制的，并且它们在不断更新。没有软物质就没有生命。

举个例子，通过碱基对之间氢键的连续断裂，可以分离两条 DNA 链，并能够在非常弱的力下实现，力的数量级为皮牛顿（$f \sim 10^{-12}$N）[图 2.13(A)]。同样，红细胞可以潜

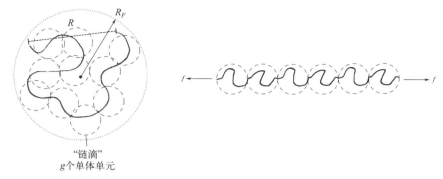

图 2.12 在两端施加力 f 拉伸聚合物链

入微血管，显示出其特殊的弹性（小应力产生大变形）［图 2.13(B)］。

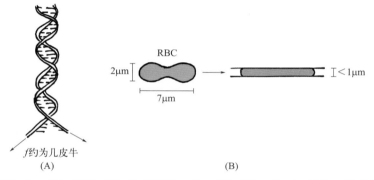

图 2.13 （A）两条 DNA 链的解开；（B）将红细胞（RBC）挤压入微血管

参考文献

［1］L. M. Brown，A. Pais，Sir B. Pippard，eds.，*Twentieth Century Physics*. IOP Publishing Ltd，AIP Press Inc.，1995，vol. Ⅲ，pp. 1593-1616.

2.3 范德华力

范德华力是无所不在的，通常是吸引力，其起源是偶极相互作用。

2.3.1 范德华相互作用的分类和范围

范德华力，由 van der Waals（1837—1923 年）发现，有三个物理起源：此种力可能发生在极性分子之间（Keesom），极性和非极性分子之间（Debye），以及非极性分子之间（London）。它们都导致相互吸引作用，但都随着距离 r 变化并按照 $1/r^6$ 而衰减。

让我们以非极性分子为例。分子 A 电子云的涨落产生瞬时偶极子 $\vec{\mu}_i$。分子 B 在由 $\vec{\mu}_i$（$\langle\mu\rangle=0$）形成的电场 $\vec{E}_B$ 的作用下发生极化：

$$E_B \approx \frac{\mu_i}{r_{AB}^3} \times \frac{1}{4\pi\varepsilon_0}$$

式中 r_{AB} 为 A 与 B 之间的距离（图 2.14）。

因此，分子 B 获得了诱导偶极子 μ_B，定义为：

$$\mu_B = \alpha_B E_B$$

式中 α_B 为 A 的极化系数。

A 和 B 之间的相互作用能 ε 为：

$$\varepsilon = -\frac{1}{2}\mu_B E_B = -\frac{1}{2}\alpha_B \langle E_B^2 \rangle$$

而 $\vec{E}_B$ 的涨落与分子 A 的极化系数 α_A 成正比，可得：

$$\varepsilon = -k\frac{\alpha_A \alpha_B}{r^6}$$

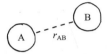

图 2.14 分子 A 的瞬时偶极子 μ_i
对分子 B 产生诱导偶极子 μ_B，
A 与 B 距离为 r_{AB}

2.3.2 两介质之间的范德华相互作用

了解了分子起源及知道了两个分子之间范德华相互作用的表达式，据此可以求得两个介质 1 和 2 之间相互作用的表达式。介质 $i (i = 1, 2)$ 中分子的密度记为 ρ_i；介质 i 单位体积的极化率为 $\rho_i \alpha_i$。

2.3.2.1 Hamaker 常数

Hamaker 常数定义为：

$$A = \pi^2 C \rho_1 \rho_2$$

式中 C 为前一节中讨论的范德华势系数 $C = k\alpha_1\alpha_2$。

通过数量级计算可知，$A \approx k_B T$。将所有分子之间的相互作用相加，我们将使用 Hamaker 常数来描述两种介质之间的相互作用（图 2.15）。

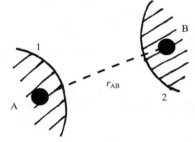

图 2.15 两种介质 1 和 2
在真空中的相互作用

2.3.2.2 真空分隔的两个半空间的相互作用

从计算一个分子与无限半空间之间的相互作用能 U 开始（图 2.16），这包括所有对相互作用（pair interaction）的求和。考虑介质 2 中宽度为 dr、厚度为 dz、半径为 r 的一个圆环，其能量 U 为：

$$U = -C\int_h^\infty dz \int_0^\infty \rho_2 \frac{2\pi r\, dr}{(r^2 + z^2)^3} = -C\rho_2 \int_h^\infty \frac{\pi}{2} \times \frac{dz}{z^4} = -C\frac{\pi\rho_2}{6h^3}$$

欲求在真空中间隔为 D 的两个半空间 1 和 2 之间的能量密度（单位面积能量），可以通过介质 1 中变量 z 从 D 到 ∞ 的积分得出：

$$E = -C\rho_1\rho_2 \frac{\pi}{6}\int_D^\infty \frac{dz}{z^3} = -C\frac{\pi}{12}\rho_1\rho_2 \times \frac{1}{D^2}$$

根据 Hamaker 常数的定义，E 为：

$$E = -\frac{A_{12}}{12\pi} \times \frac{1}{D^2}$$

这表明两个介质之间的范德华相互作用是远程的，按 $1/(距离)^2$ 变化，并不按 $1/(距离)^6$ 而变化。

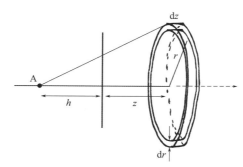

图 2.16 一个分子 A 与无限半空间之间范德华相互作用的计算标记体系

2.3.2.3 被介质隔开的两个平板的相互作用

这种配置对应于一种实际情况，即厚度为 e 的液体（L）膜沉积在固体（S）表面上，与气体（V）接触（图 2.17）。由于界面张力是对半无限介质定义的，我们将在这里详细介绍微观厚度薄膜的校正项。

我们使用第 4 章定义的符号标记体系。

在极限 $e = 0$ 时，系统单位面积能量为：

$$E = \gamma_{S0}（裸固体的表面能）$$

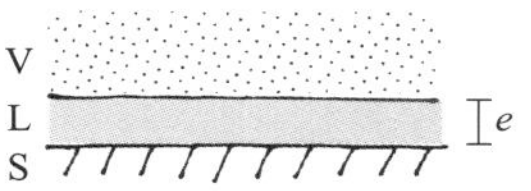

图 2.17 被介质材料（L）隔开的两种介质（S，V）之间的相互作用

在膜厚极限 $e \to \infty$ 时，系统的表面能为固体与液体接触的表面能 γ_{SL} 和液体与气体接触的表面能 γ_{LV} 之和：

$$E = \gamma_{SL} + \gamma_{LV}$$

在一般情况下，当液膜厚度 e 具有介观尺寸时，我们设：

$$E = \gamma_{SL} + \gamma_{LV} + P(e)$$

式中 $P(e)$ 是由于远程力而产生的校正项，并且服从边界条件 $P(\infty) = 0$ 和 $P(0) = \gamma_{S0} - (\gamma_{SL} + \gamma_{LV}) = S$（式中 S 被定义为铺展参数）。$P(e)$ 表示远程相互作用的贡献，如果 L 与 V 或 L 与 S 相同，则贡献相互抵消。因此，我们可以将 $P(e)$ 表示为所有可发生极化量的二次型：

$$P(e) = -k(e) \times (\alpha_L - \alpha_S)(\alpha_L - \alpha_V)$$

式中 $k(e)$ 对于给定的厚度 e 是常数。

现在，如果 S 和 V 在真空中，我们知道：$P(e) = -(A_{LL}/12\pi)(1/e^2)$。因此得出：

$$P(e) = \frac{A}{12\pi} \times \frac{1}{e^2}$$

式中 A 为有效 Hamaker 常数，定义为：

$$A = -(A_{LL} - A_{LS} + A_{SV} - A_{LV})$$

在液体膜的特殊情况下，介质 V 为空气，与液体 L 和固体 S 相比，空气的密度可以忽略不计。考虑 $A_{SV}=A_{LV}\approx 0$，则上式为：

$$P(e)=\frac{A_{LS}-A_{LL}}{12\pi e^2}=\frac{A}{12\pi e^2}$$

如果 $A>0$，即固体比液体更可极化，则液体膜（厚度<100nm）将是稳定的。反之，当 $A<0$ 时，膜将不稳定。

$P(e)$ 的一阶导数定义了分离压力 Π：

$$\Pi=-\frac{\mathrm{d}P(e)}{\mathrm{d}e}=\frac{A}{6\pi e^3}$$

引入一个分子长度：$a=[A/(6\pi\gamma)]^{1/2}$（式中 γ 为液体的表面张力），典型的数量级为 Å，则前面的关系式为：

$$\Pi=\frac{\gamma a^2}{e^3}$$

式中 Π 表示膜中液体化学势的减小。因此，可以计算出在液体储层上方高度 H 处冷凝的膜的厚度 e $[\Pi(e)=\rho gH]$。

2.3.2.4 两个相同球体之间的相互作用

与上文相似的计算表明，两个半径为 R、距离为 D 的球之间的范德华相互作用能为：

$$U=-\frac{A}{12}\times\frac{R}{D}$$

相互作用力 $F_{vdW}(D)=-(\partial U/\partial D)$ 为：

$$F_{vdW}(D)=-\frac{A}{12}\times\frac{R}{D^2}$$

对于两个半径为 $R=1\mu m$、距离为 $D=1nm$（$R/D\approx 100$）的胶体粒子，我们可知有 $U\gg k_BT$，F_{vdW} 为 100pN 量级，即大于粒子重量的 1000 倍。

2.3.2.5 采用表面力仪进行的实验验证（Israëlachvili）

第一个可以直接测量范德华相互作用力的仪器，是由 Jacob Israëlachvili 等人设计的表面力仪（本章 2.5 节）。原理包括探测两个弯曲和光滑（云母）表面之间施加的引力。两个表面中的一个与弹簧相连（图 2.18），而另一个则在 1Å 到数百纳米的距离范围内移位。

2.3.2.6 两种相同的介质总是相互吸引

在 $P(e)$ 的一般表达式中，令下标 S（固）和 V（气）为 1，而 L（液）为 2，可得：

$$P(e)=-\frac{(A_{11}+A_{22}-2A_{12})}{12\pi e^2}=-k\,\frac{(\alpha_1-\alpha_2)}{12\pi e^2}<0$$

作为一种应用，如果只有范德华力，两种聚合物 A 和 B 是不混溶的。

设 u 为单体-单体相互作用能。对于含有 N 个单体单元的一条链（图 2.19），其相互作用能远远大于热能：

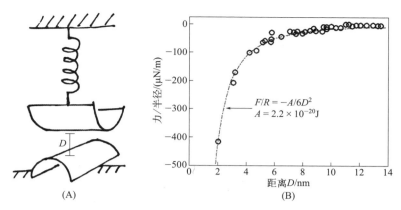

图 2.18　Israëlachvili 表面力仪

（A）正交半圆柱体与弹簧的示意图，力作为距离 D 的函数测量；（B）力/半径随距离变化的典型曲线（摘自文献［1］）

$$\frac{Nu}{k_B T} \gg 1$$

这导致了两种聚合物之间的相分离。

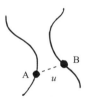

图 2.19　如果单体之间的能量 u 是吸引的（范德华型），
u 是单体 A 和单体 B 之间的相互作用，则两种聚合物 A 和 B 是不混溶的

参考文献

［1］J. Israëlachvili, *Intermolecular and Surface Forces*. Academic Press, 1985.

2.4　静电相互作用

在介电常数为 ε 且距离为 r 的介质中，两个电荷 q_1 和 q_2 之间的静电相互作用由库仑定律给出：

$$V(r) = \frac{q_1 q_2}{4\pi\varepsilon} \times \frac{1}{r}$$

因此，两个点电荷之间的排斥是远程的（$1/r$）。

这里，我们将再探讨浸没在水溶液中的两个带电表面之间的相互作用。

2.4.1 表面电荷的起源

在水溶液中，有两种主要机制促使表面电荷的产生：

① 表面基团被电离。位于表面的分子经过修饰，导致带电原子基团的解离，形成带电表面。玻璃或二氧化硅便是这样的情况。在体积中，二氧化硅是由 SiO_2 基团构成的，但在表面上，存在硅醇基团（—Si—OH），在接触酸性或中性水时，这些基团失去一个质子成为带负电的—Si—O$^-$（图 2.20）。

$$SiOH \Longrightarrow SiO^- + H^+ \quad \text{在酸性介质中}$$
$$SiOH + H_2O \Longrightarrow SiOH_2^+ + OH^- \quad \text{在碱性介质中}$$

图 2.20 玻璃表面硅醇基团的电离

② 溶液中的带电离子或物质基团与表面结合。聚电解质或离子表面活性剂 [如 SDS(十二烷基硫酸钠)] 可吸附在玻璃上。小离子（Ca^{2+}）可以与两亲性分子或脂质的极性端结合。

2.4.2 静电双层

让我们讨论一个带负电荷的表面，这些电荷产生了表面电势。在水中（添加或不添加电解液），反离子（这里指正电荷）被吸引到负电荷表面。在平衡状态下，表面电荷被附近的反离子所补偿。但是这些反离子在热扰动下运动，不黏附在表面，而是形成一个扩散区。当盐存在时，水中反离子云的厚度用德拜长度 κ^{-1} 来表征，这一长度定义了静电相互作用的区域，并且与盐的浓度 c 有很大的关系。

静电势 Ψ 与电荷密度 ρ 之间的关系由泊松定律给出：

$$\Delta\Psi = -\frac{\rho}{\varepsilon}$$

式中 ε 为介质的介电常数。例如，对于水，$\varepsilon = 80\varepsilon_0$，$\varepsilon_0$ 为真空介电常数（$\varepsilon_0 = 8.85 \times 10^{-12} F \cdot m^{-1}$）。

总电荷密度 ρ 是两种离子密度的和。单位体积内反离子（或共离子）的数量为 n_+（与 n_- 相对应），反离子（与同离子相对应）的价态为 z_+（与 z_- 相对应），电子的电荷为 e，我们可得：

$$\rho = n_+ z_+ e - n_- z_- e$$

此外，每种离子的分布服从玻尔兹曼分布：

$$n_+ = n_+(\infty)\exp\left(-\frac{z_+ e\Psi}{k_B T}\right)$$

$$n_- = n_-(\infty)\exp\left(+\frac{z_- e\Psi}{k_B T}\right)$$

例如，如果添加的盐是单价的，则 $n_-(\infty) = n_+(\infty) = n_0$ 为溶液中离子的密度（以数量计）（图 2.21）。

给出的 $\Psi(x)$ 的方程是泊松-玻尔兹曼方程，它的一般形式是非线性的。在低表面

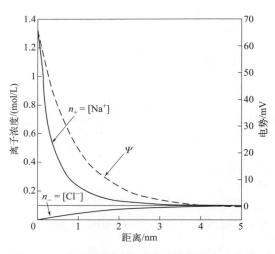

图 2.21 负电荷表面附近的反离子分布（实线）和静电势 Ψ（虚线）（摘自文献 [1]）

势极限（通常<25mV）下，它可以线性化为：$d^2\Psi/dx^2=\kappa^{-2}\Psi$，式中 $\kappa^2=\sum n_i z_i^2 e^2/(\varepsilon k_B T)$。

其解 Ψ 必须同时满足边界条件：$\Psi(\infty)=0$ 和 $\Psi(0)=\Psi_S$，则 $\Psi(x)=\Psi_S\exp(-\kappa x)$。根据高斯定理，表面电位 Ψ_S 与表面电荷有关，$E_S=-d\Psi/dx(x=0)=\sigma/\varepsilon$，得到：

$$\kappa\Psi_S=\sigma/\varepsilon$$

相互作用在德拜长度 κ^{-1} 上受到屏蔽。

当以加入电解质（如 NaCl）的浓度 c（$c=n_0/N_A$，$N_A=6.02\times10^{23}$，N_A 为阿伏伽德罗常数）设定出电荷密度时，κ^{-1} 与 $c^{-1/2}$ 成正比。因此，随着盐浓度的增大，静电相互作用的尺寸范围减小（见表 2.3）。

表 2.3　单价盐（$z=1$）的屏蔽长度值 κ^{-1} 与浓度的函数关系

$c/(\text{mol}\cdot\text{L}^{-1})$	10^{-1}	10^{-3}	10^{-5}
$\kappa^{-1}/\text{Å}$	10	100	1000

2.4.3　荷电板之间的斥力

当两个带电表面之间的距离为 $D\gg\kappa^{-1}$ 时，它们表现为中性表面，与范德华相互作用相比，静电相互作用通常可以忽略不计。另一方面，当 $D<\kappa^{-1}$ 时，反离子云发生重叠和收缩（图 2.22）。两个平板互相排斥。

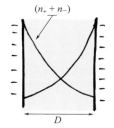

图 2.22　负表面电荷密度相同的两个带电表面之间的排斥

当 $D<\kappa^{-1}$ 时，过量的反离子增大了平板间离子浓度，导致产生高的渗透压，并将平板推开

我们发现：平板感受到的压力 $P(D)$，与充满介质平板间离子浓度的增加（即渗透压的过量）成正比。对泊松-玻尔兹曼方程分解可得：

$$P(D)=64n_0 k_B T\gamma_0^2\exp(-\kappa D)$$

式中 $\gamma_0=\tanh[e\Psi_S/(4k_B T)]$，由平板的表面静电势 Ψ_S 定义。

与此压强相关的静电自由能 $U_{el}(D)$ 定义为：

$$U_{el}(D)=-\int_\infty^D P(x)dx=64n_0 k_B T\gamma_0^2(1/\kappa)\exp(-\kappa D)$$

$P(D)$ 和 $U_{el}(D)$ 可以直接从使用 Israëlachvili 表面力仪的实验测量中得到（图 2.23，本章 2.3 和 2.5 节）。

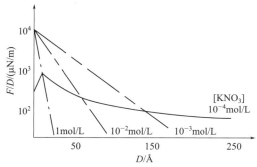

图 2.23　以浸没在电解液（KNO_3）中的两块云母板之间的距离为函数所测量的相互作用力

2.4.4 DLVO 理论：胶体悬浮液和皂膜的稳定性

2.4.4.1 胶体粒子

让我们从探讨一种悬浮液开始，比如说带负电的胶体粒子。相互作用能 $U(D)$ 是排斥静电能 U_{el}（见上文）和吸引范德华能 U_{vdW}（本章 2.3 节）之和。为了明确这个概念，我们假设胶体粒子的半径为 $R \gg D$。

$$U(D) = -\frac{A}{6} \times \frac{R}{D} + \frac{64 n_0 k_B T \gamma_0^2}{\kappa} e^{-\kappa D}$$

式中 A 是 Hamaker 常数（本章 2.3 节）。

吸引的范德华项只取决于距离 D，排斥能则随 $\kappa^{-1} \exp(-\kappa D)$ 的变化而变化，因此被 $\exp(-\kappa D)$ 的指数变化所支配。

图 2.24 定性表示出不同盐浓度下 U 随距离的变化，因此屏蔽长度 κ^{-1} 的值也不同。

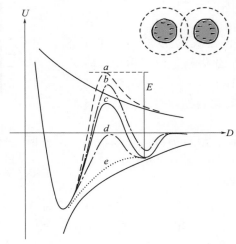

图 2.24 DLVO 理论应用于胶体稳定性（或聚沉）

a—稳定；b—次级极小值处稳定；c—缓慢聚沉；d—次级极小值处快速聚沉；e—快速聚沉

① 在弱离子力下，静电斥力起主导作用。势 $U(D)$ 有一个初级极小值和一个次级极小值，被一个能垒 $E \gg k_B T$ 隔开。胶体悬浮液是稳定的，粒子之间的平均距离由次级最小值的位置决定。

② 随着介质盐度的增加，静电斥力的范围减小，激活势垒 E 也减小。当 $E \sim k_B T$ 时，胶体粒子在热扰动作用下可能会逃离被范德华相互作用控制的次级势阱。这就是聚沉过程。

③ 在非常高的离子强度下，静电屏蔽只发生在原子距离上，相互作用势由范德华力的吸引力决定，这时聚沉非常快。

注意，在后一种情况下，我们得到了"分形"聚集（本章 2.1 节和图 2.25）。半径为 r 的球体内胶体的数量为：$n(r) = r^{D_f}$，其中 D_f 为分形维数（本章 2.1 节）[2]。

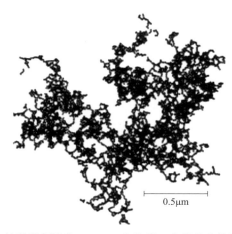

图 2.25　通过 DLA（扩散限制聚集）（4739 个粒子）获得的胶体聚集的电子透射显微图
$D_f = 1.77$（摘自文献 [3]）

2.4.4.2　皂膜

同样的 DLVO 方法可以应用于讨论皂膜的稳定性。皂膜由两层单层表面活性剂组成，由厚度为 e 的水膜隔开（图 2.26）。

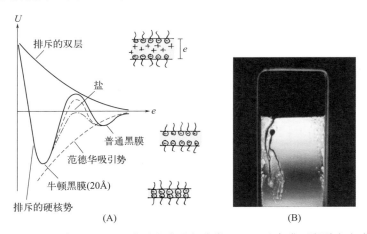

图 2.26　（A）根据 DLVO 理论对皂膜进行分类；（B）垂直膜逐渐脱水变成黑膜
（摄影：K. Mysels）

① 较厚的皂膜（$e > 100$nm）可以在较低的电解质浓度下获得，其静电斥力超过了范德华引力。由于在每个界面上反射的白光之间的干涉，这些薄膜呈现出彩虹色。

在中等盐度下，"普通黑膜"在 $10 \sim 100$nm 量级的厚度是稳定的，对应于次级极小值。

② 如果盐度增加或有脱水，范德华力就占主导地位。这便可以得到厚度为 2nm 量级的"牛顿黑膜"，通过近程硬核相互作用进行稳定化（DLVO 理论中并没有明确提出这一点）。

参考文献

[1] J. Israëlachvili, *Intermolecular and Surface Forces*. Academic Press, 1985.

[2] T. A. Witten, L. M. Sander, *Phys. Rev. Lett.*, 47, 1400(1981).

[3] D. A. Weitz, M. Oliveria, *Phys. Rev. Lett.*, 52, 1433-1436(1984).

2.5 精密控制和微流体

人们已经开发了许多技术，用以分析和操作从纳米到微米尺度的软物质对象。芯片实验室是利用微电子学的方法建立起来的。这促使了一门新学科的创立，即微流体学。对于微观和介观世界的某些微操作实验方法，我们在此仅简要描述，当然并不详尽。

2.5.1 力探针

2.5.1.1 表面力仪（SFA）[1-2]

该装置用于测量两个表面之间的相互作用，表面在原子尺度上是光滑的，并装饰着分子（聚合物、表面活性剂和胶体）。用干涉测量技术可以控制和测量分离距离，其精度可达 Å～μm。这种方法可用来表征范德华相互作用和静电或空间排斥。Israëlachvili 装置（图 2.27）操作精细，其使用大多局限于学术团体。

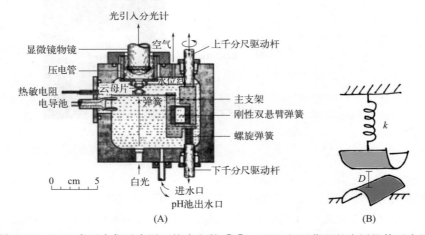

图 2.27 （A）表面力仪示意图（摘自文献[2]）；（B）相互作用的半圆柱体示意图

2.5.1.2 原子力显微镜（AFM）[3]

原子力显微镜广泛应用于学术界和工业界。该技术可以测量连接到悬臂和衬底的尖端之间的法向力和切向力 [图 2.28(A)]。AFM 是一种原子分辨率显微镜，使得尖端扫描能够实现底物形貌的重建以及吸附蛋白质的可视化，并跟踪它们在光或药物作用下的构象变化。

一个"宏观"版本的 AFM［图 2.28（B）］，其中尖端被毫米弹性珠取代，已开发用于研究珠子在空气中或浸入液体中的黏附和摩擦，以及非常薄的液体膜的脱湿，从而模拟轮胎和潮湿路面之间的水层效应。从悬臂的挠度可推出力的测定，而采用反射干涉对比显微镜（RTCM）可以监测接触的演进，二者可以结合在一起。

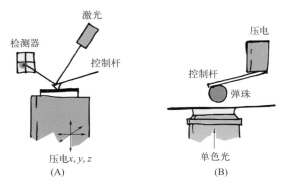

图 2.28 （A）AFM 的主要部件；（B）宏观 AFM 版本（A. Buguin，居里研究所）

2.5.1.3 光镊[4]

由于激光强度梯度产生的力与辐射压力之间的平衡，一个折射率大于水折射率、直径在 $10nm \sim 10\mu m$ 之间的珠可以被捕获在激光束的焦点处［图 2.29（A）］。这种光学捕获可以操纵聚合物、蛋白质或微生物。例如，图 2.29（B）显示了一个 DNA 链嫁接到捕获珠上。随着样品的移动，聚合物在均匀流速 $\bar{v}$ 的流动下发生变形。光学捕获可以测量 $1 \sim 100pN$ 范围内的弱力。也有磁捕获，磁珠受磁场梯度的操纵。

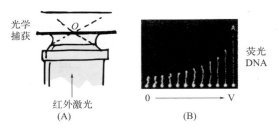

图 2.29 （A）光镊；（B）DNA 伸长（由 Steve Chu 提供）

2.5.1.4 微移液管和生物膜力探针（BFP）[5]

将附着蛋白 A 的珠子黏在作为力传感器的红细胞上（图 2.30）。另一个珠子上装饰着与 A 结合的互补蛋白 B（键-锁）。这项技术可以用来研究两种蛋白质之间的相互作用，更重要的是测量 AB 复合体的强度。

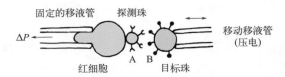

图 2.30　微移液管和生物膜力探针

移动移液管使用压电转换器移动，并持有涂有蛋白 B 的"测试"珠子

一个红细胞从第二个移液管中吸入（吸入压力 ΔP）。带有蛋白 A 功能化的珠子就被黏在了红细胞上

2.5.2　微流体-MEMS 和芯片实验室

该领域描述了亚微米尺度的机电和流体系统的小型化，具有两个重要的优势：减小体积和缩短分析时间。在 20 世纪 80 年代，MEMS（微电子机械系统）可以检测和处理芯片上的信号，该信号可以复制数百万份。例如，汽车安全气囊中的传感器就是 MEMS 加速计。自 20 世纪 90 年代以来，MEMS 已被用于化学和生物学，并促使一门新学科的出现："微流体"，它通常处理人工微系统中简单或复杂液体的流动。

这些系统可以进行多种操作（图 2.31），例如检测生物分子或细胞，根据化学反应动力学将它们从原始样品中置换和分类。Steve Quake 的实验室（斯坦福大学）率先设计了这些微流体系统[6]。管道、泵和阀门的微加工是基于弹性体（如 PDMS）的使用。芯片比一枚硬币大不了多少。它们包含多达几百个隔间和阀门，可以来驱动液体。

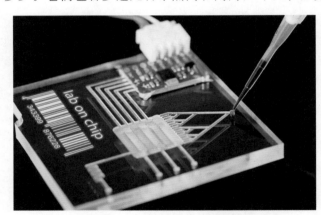

图 2.31　芯片实验室显微图

微流体可能还有更多令人惊讶的应用，比如在儿童游戏中，当我们还是孩子的时候，我们都玩过这些迷宫游戏，即帮助老鼠找到通往奶酪的正确路径。图 2.32（A）所示的方法特别简单。当它变得更加复杂时，微流体则可以帮助我们。

George Whitesides 是制造微流体网络的软光刻技术的先驱，他和他的合作者用 PDMS（聚二甲基硅氧烷）制造了一个迷宫。软光刻原理如图 2.32（B）所示。他们首先在玻片或硅片（不太粗糙）上沉积一层经过烘烤和凝固的液态树脂膜。然后在树脂膜上沉积有印刷图案（金属沉积）的二氧化硅遮光板。用紫外线照射表面，如果未受保护的树脂在展开剂（developing solvent，或显影溶剂）中变得可溶，则展开剂被称为"正"（如果不溶，展开剂则称为"负"），因此，在光敏树脂中形成浮雕面。最后，通过注入含有化学交联剂的液体 PDMS，形成符合打印形状的透明柔性弹性体，用得到的 PDMS 模具复制出初始三维形状的底片，产生的图案是线条的微流体迷宫[7]。在图 2.32(C) 的情况下，在输入（顶部）和输出（底部）之间只有一条可能的路径。为了更好地可视化，研究人员首先用湿润 PDMS 的液体堵塞所有通道（第 4 章 4.3、4.4 和 4.5 节）。如果一个通道有一个死角，最初被困住的空气最终会扩散（因为 PDMS 对气体是可渗透的），液体会充满整个迷宫。然后，注入另一种不混溶（与第一种液体）并着色的液体，其可移动第一种液体，除非是在死角，因为液体不可压缩，因此其会选择通向出口的路径。

更困难的是，如果有几种可能的路径，液体将遵循"最好的一条"，或者更准确地说是"阻力更小的一条"。微流体学和电流确实有直接的相似之处。与电子运动有关的电流 i 对应于流体 Q 的（体积）流速。以同样的方式表示为 $i = \iint_S \vec{j} \times \mathrm{d}\vec{S}$（$j$ 是电流密度，S 是导体的部分），$Q = \langle v \rangle \cdot S$，$\langle v \rangle$ 是流体的平均速度（这个有 Poiseuille 给出的描述：在通道的中心最大而在墙面上则变为零）。电压 U 的模拟物为输入输出之间的压降或压差 ΔP。最后，我们知道了定义电阻 R_E（$U = R_E i$）的欧姆定律。微流体模拟为 $\Delta P = R_H Q$，式中 R_H 为水力阻力。

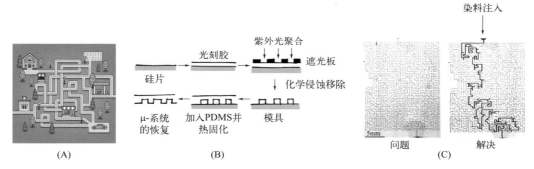

图 2.32 （A）儿童迷宫游戏（摘自文献 [7]）；（B）基于 PDMS 的软光刻原理；（C）微流控迷宫

根据哈根-泊肃叶定律，对于长度为 L，圆截面半径为 R 的通道，以及黏度为 η 的液体，我们有：$\Delta P = \dfrac{8L\eta}{\pi R^4} \times Q$。这个公式表明，对于固定的压差，通道的长度越小或半径越大，流量越高（或在通道中停留的时间越短）。回到我们的迷宫，有人可能会认为，通过确定一条较短的路径来猜测最佳路径相对容易。然而，与电阻器一样，可能有平行的"分流器"或电阻器影响主路径上的流量。另一方面，通道截面的作用（高度×宽度为矩形截面通道）不太容易把握。考虑到波士顿道路和高速公路网络中通过通道宽度的车道数量，这种流体方法被用来寻找最快的路径，而不必使用 GPS。

微流体的局限性之一是：在三维微流体结构的制造中，这需要不同层的精确对准。近年来，随着 3D 打印机的大量使用，模具都是 3D 制造的。其可以设计非常复杂的形状，并允许多个模块以实现不同的微流体功能。为了实现模块的大组合，加州大学欧文分校的 A. P. Lee 团队[8] 从乐高®游戏中获得灵感，创建了微流体平台。通过打印乐高积木底片的模具，他们制作了 PDMS 结构，其可以水平和垂直组装（同时由于 PDMS 的弹性和疏水性确保了良好的密封性），以得到复杂的流体电路。

参考文献

[1] J. Israëlachvili, D. Tabor, *Proc. R. Soc. Lond. A*, 331, 19-38(1972).

[2] J. Wong, A. Chilkoti, V. T. Moy, *Biomol. Eng.*, 16, 45-55(1999).

[3] G. Binnig, C. F. Quate, Ch. Gerber, *Phys. Rev. Lett.*, 56, 930(1986).

[4] Ashkin et al. *Opt. Lett.*, 11, 288-290(1986).

[5] E. Evans et al. *Biophys. J.*, 68, 2580-2587(1995).

[6] J. W. Hong, S. R. Quake, *Nat. Biotechnol.*, 21, 1179-1183(2003).

[7] M. J. Fuerstman et al. *Langmuir*, 19, 4714-4722(2003).

[8] K. Vittayarukskul, A. P. Lee, *J. Micromech. Microeng.*, 27, 035004(2017).

（史 琨 郑 静 钱志勇 译）

第 3 章   相变

3.1 纯物质的物理转变

加热时，冰块融化，水蒸发。固体变成液体，然后再变成蒸汽，所有这些转变都是可逆的。按照定义，物质的"相"，是指化学上和物理上都均匀的物质状态。一种物质有固相、液相和气相，通常还会有多晶形固相，例如石墨和金刚石都是碳的固相。相变是指由一种相向另一种相的自发转变。在压强一定的情况下，相变只在特定的温度下发生。在一个大气压（atm❶）下，冰融化发生在 0℃，水沸腾发生在 100℃。相变温度定义为给定组分在两相中化学势相等时的温度。相图是表示不同相的存在或共存的条件或者物理参数（如温度和压强）的图，如图 3.1 所示。

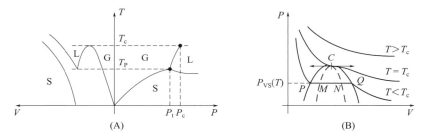

图 3.1 （A）（T，P）坐标和（T，V）坐标下的相图；（B）在（P，V）坐标下气体的等温压缩
T—温度；P—压强；V—体积；S—固相；L—液相；G—气相

所有的相图都遵循一个普适的原则，由 J. W. Gibbs 推导得出[1]，称为相律：

$$v = C + 2 - \varphi$$

式中 v 是独立变量数，即可以独立变化而不改变相的数目的强度变量（如压强，温度等）数；C 是组分数，即化学组分的数目；φ 是相的数目。

3.1.1 单组分体系

我们从简单的单组分体系（$C=1$）开始，根据相律，单组分体系只有三个相。

晶相：分子晶体是一种凝聚态固体，其特征是其组成分子的位置长程有序，分子只在平衡位置附近振动。晶体结构在离散的转动和平动下是不变的。

液相：液相也是凝聚态，但是其组成分子的质量中心是无序的。液体结构在连续的转动和平动下是不变的。

气相：气相是一种非紧致的流体态，其对称性和液相一样。

---

❶ 1atm＝101325Pa。

3.1.1.1 相图（P，V，T）

对图 3.1 所示相图的讨论如下：

两相共存时（$\varphi=2$），根据相律，变量 $v=1$。

在 P，T 坐标下：如图 3.1(A) 所示，$v=1$ 表示压强 P 是温度 T 的函数。$P(T)$ 曲线就是共存线。在共存线上，所有的热都用来发生恒定温度下的相变。固-液共存线（融化）的斜率通常是正的，只有 H_2O 除外，这是因为冰的密度比水小。气-液共存线（沸腾）的斜率通常是正的，如富兰克林的汤锅实验（见本章后文 3.1.1.3 节）所描述的一样。固-气共存线对应升华。

在 P，V 坐标下：如图 3.1(B) 所示为一种初始态是气态的化合物在恒定温度下的等温压缩 $P(V)$。当 $T<T_c$ 时，在体积减小到 $V=V_Q$ 时形成了一滴液滴核。在 $V_P<V<V_Q$ 时，气体逐渐转变为液体，即液化。注意，在 G-L 共存时，饱和蒸气压 $P=P_{VS}(T)$ 是固定的。当体积减小到 $V=V_P$ 时，所有气体都液化了。当 $V<V_P$ 时，化合物完全处于液相。当 $T=T_c$ 时，相图上的 P-Q 平台收缩成为一个点 C，称为临界点，此时气相和液相完全相等，这种状态被称为超临界流体。在临界点体系呈乳白色，这是由于此时系统的密度涨落很大。当 $T\gg T_c$ 时，气体变成理想气体。每摩尔气体满足方程 $PV\cong RT$。

相图中有两个重要的点：

三相点：此时三相共存且 $v=0$。三相点是三相的边界。水的三相点是 $T_t=273.16K=0.01℃$；$P_t=6\times10^{-3}atm$。

临界点：此时，有一个均匀液相到 L-G 双相的连续相转变。在临界温度 T_c 以上，有一个叫作超临界流体的单一均匀相，此时，相的界面消失。水的临界点是 $T_c=374℃$；$P_c=218atm$。

3.1.1.2 相分离的热力学：自由焓和化学势

对于 P、T 恒定的体系（在一个大气压下发生的很多转变属于这种情况），其转变的自由焓 $G=U-TS+PV$ 在平衡时达到极小。

考虑一个纯物质体系，T、P 恒定，容器里有两相（相 1 和相 2）。自由焓是一个广延量（自由焓原文是 free entralpy，由于历史的原因，在物理化学和高分子科学中将此自由焓惯称为 Gibbs 自由能，甚至简单直称自由能），$G=G_1+G_2$。n_1、n_2 分别是相 1 和相 2 的分子数且有 $n=n_1+n_2$，则 G 可以写成：

$$G(P,T,n_1)=n_1\mu_1+n_2\mu_2=n_1(\mu_1-\mu_2)+n\mu_2 \tag{3.1}$$

式中 μ_i 是相 $i=1$，2 的化学势。化学势的定义是每摩尔自由焓。热力学平衡时有：

$$dG/dn_1=0$$

即：

$$\mu_1(P,T)=\mu_2(P,T)$$

这个方程导出了如下定律：平衡时，一种物质在所有相里的化学势都相等。

利用热力学关系：

$$d\mu_i=v_i dP-s_i dT$$

式中 v_i 是分子体积；s_i 是分子熵。

在共存线上有$d\mu_1 = d\mu_2$，所以有：

$$dP/dT = (s_2 - s_1)/(v_2 - v_1) \tag{3.2}$$

潜热$L_{1\to2}$是指恒温下，质量为m的相1转变为相2时所交换的热。由热力学第二定律可知，$s_2 - s_1 = L_{1\to2}/T$。L的单位可以写成$J \cdot kg^{-1}$或$J \cdot mol^{-1}$。冰的融化潜热和水的蒸发潜热分别是$L_f = 334kJ \cdot kg^{-1}$（或每融化1g冰需334J），$L_v = 2257kJ \cdot kg^{-1}$（或每蒸发1g水需2257J）。因此，夏天水从皮肤上蒸发可以降低我们的体温。

从式（3.2）可以得到Clapeyron公式：

$$dP/dT = L_{1\to2}/T(v_2 - v_1) \tag{3.3}$$

在液-气共存线上，$s_{vap} > s_{liq}$且 $v_{vap} > v_{liq}$，从而有 $dP/dT > 0$。

结果是，L-V共存线的斜率dP/dT总是正的。富兰克林（1706—1790年）的实验解释了这个现象，后面有详细描述。

S-V共存线的斜率总是正的，因为$v_{vap} > v_{sol}$。

S-L共存线的斜率也总是正的，但水是例外。丁达尔（1820—1893年）的实验解释了这个现象，如图3.2(B)所示，后面有详细描述。

大部分情况下，在S-L共存线上，$v_{liq} > v_{sol}$，其斜率是正的。但水是例外，因为水的$v_{sol} > v_{liq}$。这解释了一瓶水因为结冰会爆裂，也解释了冰块可以漂浮在水面上。这也导致了$dP/dT < 0$。在温度低于0℃时，冰块压缩会融化（$P_f = 3atm$，$T = -5℃$）。

3.1.1.3　富兰克林的沸腾水：如何使冷水沸腾[2]

这个实验可以在厨房里用一个玻璃容器（如一个果酱广口瓶）和一把小勺来做，如图3.2(A)。

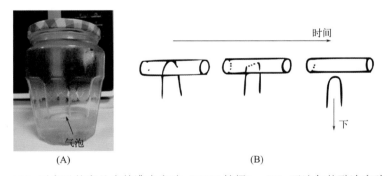

图3.2　(A) 厨房里的富兰克林沸水实验（FBW拍摄）；(B) 丁达尔的融冰实验示意图

在广口瓶里装一半的水，加热并使其沸腾3min，再把它从加热盘上移开。将广口瓶盖上盖子，快速翻转一下，水停止沸腾。用湿海绵擦拭广口瓶顶端，水又开始沸腾。拿走湿海绵，沸腾停止。一旦再次冷却，水又再次开始沸腾。当水沸腾时，液态水转变为水蒸气，排除了容器里原来的空气，占据了容器一半的空间。当热源移走，沸腾停止，水温降至100℃以下。而湿海绵使得水蒸气冷却，从而又凝聚成液态。当广口瓶被盖上，瓶的上半部分几乎是空的，意味着水面上的压强非常低。

这个实验表明，水面上的压强越低，沸腾温度就越低。当沸腾温度降得足够低时，它就会又一次沸腾，但是一旦你停止继续凝聚水蒸气，沸腾就会立即停止。

3.1.1.4 融化冰的丁达尔实验[3]

金属丝两端系上重物并放在一冰块上面,如图 3.2(B) 所示。在压力作用之下,融化温度局部降低,冰融化,使金属丝慢慢沉入冰块中。去除压力,水立即凝固结冰。因此金属丝穿过了这一整块冰而并没有切割冰块。丁达尔是一位爱尔兰物理学家,研究兴趣集中在冰河问题。他对冰的融化和水的凝固的研究使得他可以解释冰川的移动(1871 年)。

3.1.2 二元混合物

包含两组分 A 和 B 的系统($C=2$),$v=4-\Phi$。当压强保持恒定,相图的坐标是温度-组成。考虑一个大气压下 A(水)和 B(苯酚)混合体系的相图。Φ 是水的体积分数,定义为 $\Phi=ca^3$,其中 c 为 A 的浓度,a^3 是分子体积(图 3.3)。

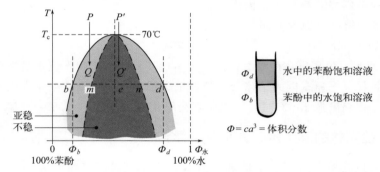

图 3.3 苯酚-水混合物相图

共存线是单相和双相(深灰色区域)的分割线。亚稳相(spinodal)线是亚稳态和不稳态的分割线
b 点—水在苯酚中的溶解度极限;d 点—苯酚在水中的溶解度极限;e 点—分离组成为 Φ_b 和 Φ_d 的两相
当 $T>T_c$ 时,苯酚和水能以任意比例混溶
① 当体系从 P 点冷却至 Q 点,可以通过成核和液滴的生长观察到相分离
② 当体系从 P' 冷却至 Q' 时,浓度的涨落被放大(亚稳相分离)

接近临界点(T_c, Φ_c)时,大的浓度涨落使得光散射强度提高,这种现象被称为临界乳光。当温度低于 T_c 时,可以观察到两相(浓相和稀相)的界面逐渐消失。这是二级相变的一个例子,将在 3.2 部分讨论。

3.1.3 液-气转变和 A-B 相分离的比较

图 3.4 是气体压缩的范德华等温线 $P(V)$ [图 3.4(A)]和 A-B 二元混合物的化学势-组成曲线 [图 3.4(B)]的比较。在图中两种情况下,液-气相的共存平台和溶液中稀相浓相的共存平台,可以由为了满足两相的化学势相等和压强相等,使得阴影区面积相等而给出。

气相热力学稳定性的条件是 $dP/dV<0$,A-B 混合物热力学稳定性的条件是 $d\mu/dc>0$:在 MN 曲线上不稳定,体系分为两相。气相在 NQ 线上是亚稳态(超饱和蒸汽),液相在 PM 线上是亚稳态(过热液体)。

图 3.4 的等温线最开始是范德华用来描述单组分体系的,后来 Flory-Huggins 用来描

述二元组分体系。他们都属于平均场理论，忽略体系在临界点附近的大涨落。

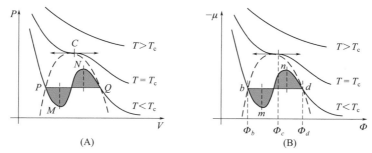

图 3.4 （A）气相压缩的范德华等温线；
气相液化发生在温度低于 T_c 时；（B）二元组分混合物化学势变化-组分
温度高于 T_c 时，溶液在任何比例都是均相的。温度低于 T_c，溶液分离成两相。两相的界面能在 T_c 衰减为零

3.1.3.1 液-气转变的范德华模型[4]

理想气体的状态方程式为 $PV=RT$，R 是气体常数（$R=8.31441J \cdot K^{-1} \cdot mol^{-1}$）。理想气体模型的假设是气体粒子没有体积，也没有相互作用。如果引入分子间的相互作用势能，这个势能是长程吸引短程排斥的（硬球势能），就必须做出两个修改。

V 减小至 $V-b$，其中 b 是分子体积。压强由于范德华相互作用变为 $P+A/V^2$。所以，状态方程变为：

$$(V-b)\left(P+\frac{A}{V^2}\right)=RT$$

等温线 [图 3.4(A)] 表明，当 $P'=\left(\dfrac{\partial P}{\partial V}\right)_T$ 为正时，体系不稳定，分离成两相。在临界点，我们有：$P'=P''=0$，$\left(\dfrac{\partial P}{\partial V}\right)\Big|_T=\left(\dfrac{\partial^2 P}{\partial V^2}\right)\Big|_T=0$

$$\left(\frac{\partial P}{\partial V}\right)\Big|_T=\frac{-RT_c}{(V_C-b)^2}+\frac{2A}{V_C^3}=0$$

$$\left(\frac{\partial^2 P}{\partial V^2}\right)\Big|_T=\frac{2RT_c}{(V_C-b)^3}-\frac{6A}{V_C^4}=0$$

所以有：

$$T_c=\frac{8A}{27BR}$$

$$V_C=3B$$

$$P_C=\frac{A}{27B^2}$$

对于水：$T_c=647K$、$V_C=56cm^3$、$P_C=218atm$。

3.1.3.2　A-B 二元混合物的 Flory-Huggins 模型 [5-6] ❶

当 N_A 个分子 A 和 N_B 个分子 B 混合时,混合自由能 G 既有熵的贡献又有焓的贡献(如图 3.5)。这两项可以用格子模型来计算:每个格点或者被一个 A 分子占据,或者被一个 B 分子占据,如图 3.5 所示。定义 Φ 是分子 A 占据的格点的比例,它与浓度的关系是 $\Phi = ca^3$,其中 a^3 是单个格点的体积。熵项描述的是给定 $\Phi = N_A/(N_A + N_B)$ 时,分子 A 在格子上有多少种排布;能量项描述的是相邻分子的相互作用。可以得出:

$$G(\Phi) = (N_A + N_B)k_B T[\Phi \ln \Phi + (1 - \Phi)\ln(1 - \Phi) + \chi \Phi (1 - \Phi)] = (N_A + N_B)G_{site}$$

式中 $\chi k_B T = z \Delta h$;z 是配位数;G_{site} 是每个格点的自由焓;Δh 的定义见图 3.5。

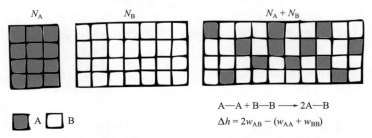

$$A{-}A + B{-}B \longrightarrow 2A{-}B$$
$$\Delta h = 2w_{AB} - (w_{AA} + w_{BB})$$

图 3.5　AB 混合物的格子模型(计算混合熵和混合焓)
Δh 是 A—A 键和 B—B 键断裂并形成一个新的 A—B 键而产生的焓变

已知 $G(\Phi)$,利用变量 N_A 和 N_B,可以计算 A 和 B 的化学势 μ_A 和 μ_B:
$$dG = \mu_A dN_A + \mu_B dN_B$$
同时满足 $\mu_A = (\partial G/\partial N_A)|_{N_B, T, P}$ 和 $\mu_B = (\partial G/\partial N_B)|_{N_A, T, P}$。

或者,利用变量 N_a 和体积 $V = (N_a + N_b)a^3$,定义 $\mu = \mu_a - \mu_b$ 为化学势变化,Π 为渗透压,有:

$$dG = \mu dN - \Pi dV$$

同时满足 $\mu = (\partial G/\partial N_A)|_{V, T, P} = \dfrac{\partial G_{site}}{\partial \Phi} = \mu_A - \mu_B$ 且 $\Pi = -(\partial G/\partial V)|_{N_A, T, P} = \dfrac{1}{a^3}$

$\Phi^2 \dfrac{\partial (G_{site}/\Phi)}{\partial \Phi}$。

根据混合自由能 G,我们可以推出相图。稳定条件是 $G'' > 0$。当 $G'' = 0$ 时,可以得到亚稳线。

$\mu' = \mu'' = 0$ 定义了临界点,如图 3.4(B) 所示。

$$\frac{\mu'}{k_B T} = \frac{1}{\Phi} + \frac{1}{1 - \Phi} - 2\chi = 0$$

$$\frac{\mu''}{k_B T} = -\frac{1}{\Phi^2} + \frac{1}{(1 - \Phi)^2} = 0$$

---

❶　Flory-Huggins 模型(平均场理论)是经典高分子物理学的基石之一,已经广泛应用于各种高分子体系的分子机理解释中,在教科书和各类文献中出现极其频繁。但是,十分有戏剧性的情况是,这个理论的两位发明者都不同意这个名称。历史上 Flory 论文比 Huggins 论文发表晚约三个月,因此他承认 Huggins 的优先权,认为若用人名,该理论应命名为 Huggins-Flory 理论,他在自己的论文中则一直只把这种理论称为 lattice model。——译校者注

临界点用 $\Phi_C = 1/2$ 和 $\chi_C = 2$ 来表征。亚稳线为：

$$\frac{1}{\Phi} + \frac{1}{1-\Phi} = 2\chi$$

由平衡关系导出了共存线：

$$\left. \begin{array}{l} \mu_A(\text{I}) = \mu_A(\text{II}) \\ \mu_B(\text{I}) = \mu_B(\text{II}) \end{array} \right\} \text{和} \left. \begin{array}{l} \mu(\text{I}) = \mu(\text{II}) \\ \Pi(\text{I}) = \Pi(\text{II}) \end{array} \right\}$$

参考文献

[1] W. J. Gibbs, *Transactions of the Connecticut Academy*, Ⅲ, 108-248(1876).

[2] B. Franklin, *The Complete Works of Benjamin Franklin V5: Including His Private as Well as His Official and Scientific Correspondence(1887)*. Kessinger Publishing, LLC(2010).

[3] J. Tyndall, T. H. Huxley, *Proc. R. Soc. Lond.*, 8, 331-338(1857).

[4] J. D. van der Waals, On the Continuity of the Liquid and Gaseous States, PhD thesis, University of Leiden(1873).

[5] M. L. Huggins, *J. Phys. Chem.*, 46, 151(1942).

[6] P. J. Flory, *Principles of Polymer Chemistry*. Ithaca, NY: Cornell University Press, 1953.

3.2 临界现象：从铁磁性到液晶

自从发现了二氧化碳的液-气转变的临界点，在很多体系中都发现了类似的现象，例如磁性材料、超导体、氦的超流体和液晶。对磁性转变的研究使得我们发现了相转变的普适描述，并使我们进入了固体物理学的辉煌时代。每一种转变都可以用序参数的维数 n 来表征。参考文献［1］和［2］对临界现象和液晶的相转变有很好的介绍。

3.2.1 磁性转变：序参数和临界指数

让我们把一个铁棒加热成红色：这个铁棒是没有磁性的，它处于顺磁态。从微观上看，每个铁原子的磁矩 $\vec{\mu}$ 是随机取向的［如图 3.6(A)］。如果外加一个磁场 $\vec{H}$，单位体积的磁化向量 $\vec{M} = \chi_T \vec{H}$，其中 χ_T 是磁化率，是由 Curie 首先计算的（$\chi_T \propto T^{-1}$）［如图 3.6(A)］。

冷却样品，在低于材料的临界温度 T_c 时，体系发生磁化。微观上看，每个单元磁矩在给定方向上定向排列［如图 3.6(A)］，材料具有了长程的磁性有序，这种状态可以用序参数来表征。对于这种铁磁性转变，我们用磁化向量 $\vec{M}$ 来表征，因为 $\vec{M}$ 是一个向量，由三个方向的分量组成，所以其序参数维数 $n = 3$，空间维数 $d = 3$，对应 Heisenberg 模型[1]。

变量 M 随温度的变化如图 3.7(A) 所示。$M(T)$ 随温度升高而衰减，到 T_c 时衰减

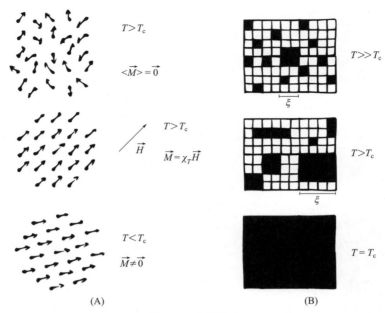

图 3.6　磁性转变

(A) 顺磁-铁磁转变：$\vec{M}$ 是向量（$n=3$）。在 T_c 温度以上，$\vec{M}=0$，$\vec{M}$ 可以由磁场 $\vec{H}$ 导出。在 T_c 温度以下，磁矩按自发顺序排列。(B) Ising 模型（$n=1$）。在高于 T_c、接近 T_c 和低于 T_c 时，黑色（白色）方块表示自旋向上（向下）。Ising 模型是描述相转变的简化的数学模型。模型由表示自旋的格子组成，每个格子与它相邻的格子相互作用。这个模型经历了一个在特定温度下，从无序（自旋格子或多或少随机排列）到有序（自旋格子定向排列）的转变，此温度称临界温度

为 0，这个转变是一个二级相转变。在临界点附近，体系可以在几种状态之间任意切换：可以是零磁化，也可以是有限磁化。结果是，体系对外界的干扰非常敏感。与磁化作用相耦合的场就是磁场。降低温度，接近临界温度时，磁化率变得很高并在 T_c 点发散。从微观上看，某些区域内的磁矩相互平行。这些区域的尺寸叫相关长度 ξ，可以通过中子散射实验测量。相关长度 ξ 在 T_c 发散（如图 3.8）。

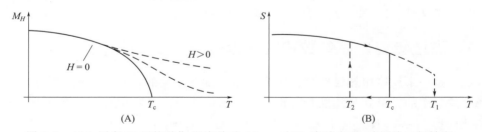

图 3.7　(A) 固定 H 下的磁化-温度关系，$M_{H=0}$ 在 T_c 衰减为 0，表示为二级转变；(B) 向列液晶序参数 $S(T)$，$S(T)$ 在 T_c 时是有限的，表示为一级转变，磁滞是一级转变的特征

总之，在高于 T_c 的无序状态，铁磁转变可以用磁化率和相关长度来表征，这两个量都在 T_c 发散。在低于 T_c 的有序状态时，铁磁转变可以由序参数来表征，序参数在 T_c 衰减为零。

传统磁性材料的磁化可以指向空间的三个方向，且 $n=3$。Heisenberg 的名字与此相关，他是第一个提出单元磁矩耦合的量子理论的人。但是，在有些材料中，磁化向量 $\vec{M}$

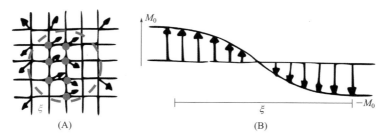

图 3.8　相关长度

（A）序参数尺寸在高于 T_c 时涨落；（B）低于 T_c 时，边界尺寸在（↑）和（↓）之间

被限制在一个平面内，它只有两个组分，且 $n=2$，这种情况可以用 XY 模型表示，在理论文献中，这种模型也可以用来描述 $n=2$ 的其他转变。最后，在一些材料体系中，磁化被限制在一个单一方向（自旋 $+1/2$，$-1/2$），且 $n=1$〔如图 3.6(B)〕。这些体系叫 Ising 模型，具有重要的意义，因为它们还可以用来描述液-气和液-液转变。如图 3.5 所示，在表示二元混合物的格子模型中，每个格点有两种状态：自旋体系为上旋和下旋，液-气转变为占据和空缺，二元混合物是分子 A 和分子 B。

3.2.2　临界指数的定义

临界指数是标度律 $f(x)$ 的特征量。定义为：

$$\lambda = \lim_{\varepsilon \to 0} \left[\ln f(x) / \ln \varepsilon \right], \varepsilon = (T - T_c)/T_c$$

表 3.1 给出了磁性体系和流体体系的临界指数的定义。

表 3.1　磁性体系和流体体系临界指数的定义

临界指数	磁性体系	流体体系
β	$M \sim (-\varepsilon)^{\beta}$	$\rho_L - \rho_G \sim (-\varepsilon)^{\beta}$
γ	$\chi_T \sim (-\varepsilon)^{-\gamma}$	$K_T \sim (-\varepsilon)^{-\gamma}$
	$\chi_T \sim \varepsilon^{-\gamma}$	$K_T \sim \varepsilon^{-\gamma}$
ν	$\xi \sim (-\varepsilon)^{-\nu}$	$\xi \sim (-\varepsilon)^{-\nu}$
	$\xi \sim \varepsilon^{-\nu}$	$\xi \sim \varepsilon^{-\nu}$

表中变量 M、ξ 和 χ 可以写成 ε 的幂律函数，而 ε 可由临界温度推导出来。

这种幂指数叫作临界指数，对序参数来说是 β，$M \sim (-\varepsilon)^{\beta}$ 在 T_c 衰减为零，对相关长度来说是 ν，$\xi \sim \varepsilon^{-\nu}$，对等温磁化率来说是 γ，$\chi_T \sim \varepsilon^{-\gamma}$，都由自由能 $G = U - TS - MH$ 导出。

$$M = -(\partial G / \partial H)|_T, \chi_T = -(\partial M / \partial H)|_T = -(\partial^2 G / \partial H^2)|_T$$

3.2.3　大涨落给出大响应：涨落耗散理论

对小扰动给出大响应是临界现象和软物质的明显特征，两者均可以大涨落来表征。线性响应理论证实，体系对小的外界干扰的线性响应，可以用热力学平衡时体系的涨落来表示。有：

$$\chi_T = \frac{1}{k_B T}\left[\langle M^2 \rangle - \langle M \rangle^2\right]$$

这个公式可以导出表示高温下磁矩的 Curie 公式。如果 N 是磁矩 μ 的数量，有：

$$\langle M \rangle = \sum_i \langle \mu_i \rangle = 0, \langle M^2 \rangle = \sum_{i,j} \langle \mu_i \mu_j \rangle = N\mu^2$$

$$\chi_T = \frac{N\mu^2}{k_B T}$$

3.2.4　扩展到其他转变

3.2.4.1　液-气转变

对于第 2 章 2.5.1 节所描述的液-气转变，序参数是液相和气相的密度之差（$\rho_L - \rho_G$）。序参数只有 $n = 1$ 个分量。

$$\rho_L - \rho_G \sim (-\varepsilon)^\beta$$

与密度相关联的变量是压强 P。等温压缩 K_T 由自由焓 $G = U - TS + PV$ 来定义。注意，流体和磁性体系的对应关系是 $V \to -M$，$P \to H$。

$$K_T = -\frac{1}{V} \times \left.\frac{\partial V}{\partial P}\right|_T = -\frac{1}{V} \times \left.\frac{\partial^2 G}{\partial P^2}\right|_T$$

密度-密度相关函数 $g(r)$ 是密度偏离 $\vec{0}$ 点平均值的涨落相关函数，$\vec{r}$ 定义为：

$$g(r) = \langle \rho(\vec{0})\rho(\vec{r})\rangle - \rho^2 \approx \frac{1}{a^2 r}\exp\left(-\frac{r}{\xi}\right)$$

$g(r)$ 的傅里叶变换可以由光散射或中子散射测量，从而导出 $\xi(T)$。

3.2.4.2　液晶转变

一些棒状分子会表现出介于液态和晶态之间的有序状态，如图 3.9 所示。

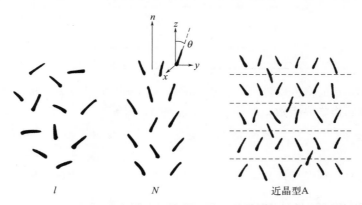

图 3.9　液晶转变：各向同性-向列液晶转变和向列液晶-近晶型 A 转变

3.2.4.2.1　向列液晶-各向同性转变

在向列液晶中，分子沿指定方向 $\vec{n}$ 有序排列（如图 3.9），状态 n 和 $-n$ 是等同的，

序参数 S 是一个张量[2]：

$$S_{ij} = \langle n_i n_j \rangle - \frac{1}{3} \delta_{ij}$$

在参考坐标系中，指定方向 $\vec{n}$ 平行于 z 轴，因此有：

$$\overset{=}{S} = S(T) \begin{bmatrix} -\dfrac{1}{3} & 0 & 0 \\ 0 & -\dfrac{1}{3} & 0 \\ 0 & 0 & \dfrac{2}{3} \end{bmatrix}$$

且有 $S(T) = (1/2)\langle 3\cos^2\theta - 1 \rangle$

式中 $S(T)$ 表示沿 $\vec{n}$ 的排列，叫作标量序参数。曲线 $S(T)$ 如图 3.7 所示。在向列液晶-各向同性转变中，$S(T)$ 没有衰减为零，而且是不连续的。这个转变是一级转变，不能用临界指数来表征。但是，这是一个弱一级转变，在邻近 T_c 时，在方向上有相对较大的涨落。这些沿指定方向涨落的分子集团叫作分子群（swarm）[3]。

3.2.4.2.2 近晶型 A-向列液晶转变

高温向列相具有相同的密度。低温近晶型 A 相具有层状结构，意味着其密度在空间上是调制的。为了表征近晶型的有序程度，需要知道两个参数：调制幅度和相。近晶型-向列液晶序参数有 2 个成分（$n=2$），在 T_c 衰减为零（如图 3.9）。

在接近 T_c 时，能观察到序参数有巨大的涨落，这是二级转变的标志。这个转变在理论上是由德热纳（1972 年）提出的，得益于他把超导体与近晶型 A 进行了一种引人注目的类比[4]。

3.2.4.3 超流体氦

氦-4 的超流转变是一个量子现象。这个相转变两边的液体通常叫作 He I 和 He II。高温时（He I）是正常液体。低温时（He II），它在流动中没有摩擦，即超流体。He I 和 He II 的转变点是临界点，因为氦的比热-温度曲线与希腊字母 λ 相似，因此被称为 λ 点。这个转变的根本原因是 He-4 是玻色子，其原子核包含两个质子和两个中子。在玻色统计中，每个态可以有任意数量的粒子。高温时，每个态有尽量少的粒子数，He I 是常规液体。低温时，所有的粒子都在更低能级的同一个态。态可以用波函数来描述，用振幅和相来定义，在临界温度 T_c 衰减为零。这种情况下，序参数有 $n=2$ 个组分，类似于当 $\vec{M}$ 有两个组分的磁性转变。

3.2.5 结论

所有的相转变都可以用序参数来表征：

如果这个参数在 T_c 不连续，这个转变是一级相转变。

如果这个参数在 T_c 衰减为零，这个转变是二级相转变，可以观察到临界现象和巨大的涨落。临界指数是序参数组分数 n 和体系维数 d 的函数。n 和 d 是独立的：我们可以在

$d=3$，2，1 时定义 Ising 模型（$n=1$）。具有相同（n，d）值的体系，无论其相互作用和局部结构是什么，都具有相同的临界行为和相同的临界指数。这种普适性就是临界现象之美。

下一部分，我们将介绍近百年来描述这些特点的理论模型，并且计算临界指数。

参考文献

[1] H. Eugene Stanley，*Introduction to Phase Transitions and Critical Phenomena*. Oxford，UK：Clarendon Press.

[2] P. M. Chaikin，T. C. Lubenski，*Principles of Condensed Matter Physics*. Cambridge University Press.

[3] P. -G. de Gennes，Leçon Inaugurale au Collège de France. November 10，1971.

[4] P. -G. de Gennes，*Solid State Communications*，10(9)，753-756(1972).

3.3 相转变模型：静态理论

我们先介绍平均场理论。平均场理论可以定性理解临界现象的特征，但是不能正确计算临界指数的值。

然后我们介绍标度律和 Wilson 的重整化群理论，能够仅利用两个变量 n 和 d，就准确计算出临界指数。

3.3.1 唯象理论

3.3.1.1 分子场

1907 年，P. Weiss 给出了铁磁性的第一个统计描述，引入了分子场的概念[1]。相似的概念已经出现在范德华简单流体的状态方程中（1873 年）。在顺磁性材料中，不同原子的磁偶极子是独立的。如果施加一个外磁场，就会出现介质的磁化，由 Curie 定理得：

$$M=\frac{N\mu^2 H}{k_B T} \tag{3.4}$$

式中 N 是磁偶极子 μ 的密度。

不同原子的磁偶极子因为相互作用而耦合，呈平行排列，Weiss 假设每一个偶极矩不仅取决于外磁场，也取决于与它相邻的偶极子所形成的磁场，而且这个磁场，随着相邻偶极子平行排列程度增加而增大。分子场正比于磁化 M：$H_m=\lambda M$。

将 $H+H_m$ 代入式(3.4)，有：

$M=(N\mu^2/k_B T)(H+\lambda M)$，也可以写为：

$$M/N\mu=\mu/k_B(T-T_c)，且有 k_B T_c=\lambda N\mu^2$$

数值应用：计算铁的 λ，式中 $T_c=1000\text{K}$；$\mu=9.2\times10^{-24}\text{J}\cdot\text{T}^{-1}$，$N=9\times10^{28}$ 个·m^{-3}。

还有人提出了其他一些模型，但是一致认可的版本是苏联物理学家 Landau 在 1937 年提出来的。平均场理论在数学上很简单，可以解析计算相图和临界性质。

3.3.1.2 Landau 理论：二级磁转变

Landau 理论基于自由能在序参数 M 上的幂级数展开式[2]。定义一个无量纲的参数 $m=M/M_s$，其中 $M_s=N\mu$，是饱和磁化量。

$$F\big|_{m^3}=\frac{1}{2}r_0m^2+\frac{1}{4}u_0m^4+\frac{1}{2}K(\nabla m)^2$$

式中 $r_0=r_0^*(T-T_c)$ 很小，并在 T_c 衰减为零。$u_0\sim k_BT/a^3$ 和 $K\sim k_BT/a^3$ 在转变时是恒定的。特征长度 ξ 定义为 $\xi^2=K/r_0$。注意 F 是关于 M 的偶函数，因为 $F(M)=F(-M)$。当施加一个外磁场时，自由焓定义为：

$$G\big|_{m^3}=\frac{1}{2}r_0m^2+\frac{1}{4}u_0m^4+\frac{1}{2}K(\nabla m)^2-mM_SH$$

不同温度下的 $F(M)$ 和 $G(M)$ 见图 3.10。

（1）序参数 M_{eq}

$$\partial F/\partial M=0,\text{所以 } r_0^*(T-T_c)m+u_0m^3=0$$

$$\text{且 } M=M_S\sqrt{r_0^*/u_0(T-T_c)},\text{即有 } M\sim(-\varepsilon)^{1/2}$$

Landau 指数 $\beta=0.5$。

状态方程 $H=(\partial F/\partial M)|_T$

由 F 对 M 的导数得到等温线 $H(M)$，如图 3.10(C) 所示。

$$H=r_0^*(T-T_c)\frac{M}{M_S}+u_0\left(\frac{M}{M_S}\right)^3$$

（2）磁化率 χ

由定义：$\chi^{-1}=(\partial H/\partial M)|_T=(r_0^*/M_S)(T-T_c)+3(u_0/M_S^2)M^2$

有：

$$T>T_c：\chi=(M_S/r_0^*)(T-T_c)^{-1},\text{即 }\chi=\varepsilon^{-1}$$

$$T<T_c：\chi=(M_S/2r_0^*)(T_c-T)^{-1},\text{即 }\chi=(-\varepsilon)^{-1}$$

Landau 指数 $\gamma=1$。低于 T_c，$G(M)$ 有两个被能垒分开的极小值，产生了磁滞现象，如图 3.10(A)～(C) 所示。

（3）M 的热涨落

我们在傅里叶分量中来分析 M（或者无量纲的变量 m），定义 m_q：

$$m_q=\int m(r)e^{\overrightarrow{iq}\cdot\overrightarrow{r}}d_3\overrightarrow{r}$$

在傅里叶空间，利用二次近似，F 为：

$$\text{当 }T>T_c,F\cong\sum_q\frac{1}{2}r_0m_q^2+\frac{1}{2}Kq^2m_q^2$$

$$\text{当 }T<T_c,F\cong\sum_q-r_0m_q^2+\frac{1}{2}Kq^2m_q^2$$

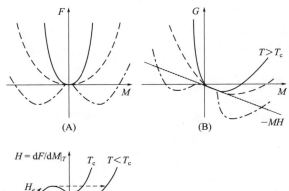

图 3.10 （A）临界点附近、临界温度上和临界温度下的自由能密度 F 与序参数 M 的关系；
（B）恒定外加磁场 H 下的自由焓密度与序参数关系；
（C）H-M 等温线（H 是 F 在 T 恒定时的导数），显示当 $T < T_c$ 时的磁滞现象
H_e 是矫顽场（coercive field）

我们可以从能量均分定理（每个自由度贡献能量 $k_B T/2$）推导出 M_q^2 的热力学平均，从而得到 Ornstein-Zernike 公式：

$$当 \ T > T_c, M_q^2 = M_S^2 \frac{k_B T}{r_0^*(T - T_c) + Kq^2} = \frac{M_S^2}{r_0^*(T - T_c)} \times \frac{1}{1 + q^2 \xi^2}$$

$$当 \ T < T_c, M_q^2 = M_S^2 \frac{k_B T}{2r_0^*(T - T_c) + Kq^2}$$

磁相关函数定义为：

$$g(r) = \langle m(r)m(0) \rangle - m^2$$

M_q^2 是 $g(r)$ 的傅里叶变换，有：

$$g(r) \sim \frac{e^{-r/\xi}}{r}$$

式中 ξ 是相关长度，在 T_c 点发散：

$$\xi = \sqrt{\frac{K}{r_0^* |T - T_c|}}$$

Landau 指数 v 的值为 $v = \frac{1}{2}$。

由耗散涨落理论，我们可以把磁化率 χ 表示成 g 的函数：

$$\chi = \frac{1}{k_B T} \int g(r) d_3 r = \frac{1}{k_B T} M_q^2(0)$$

$$当 \ T > T_c, \chi = \frac{1}{r_0^*(T - T_c)}$$

$$当 \ T < T_c, \chi = \frac{1}{2r_0^*(T_c - T)}$$

总之，Landau 理论用简单定律解释了临界现象的主要特征。因为自由能作为序参数的函数 $F(M)$ 在临界温度时的变化很平缓（$F'=F''=F'''=0$），但是其涨落是巨大的，而且对微小扰动的反应也是巨大的。如第 2 章所示，对微小扰动的巨大反应正是软物质的特征。

3.3.1.3　Landau-de Gennes 理论：各向同性相-向列液晶的一级转变

Landau 理论被德热纳在 1972 年扩展到液晶领域[3]。

在接近相转变时，自由能被展开成向列序参数标量 S 的函数：

$$F\big|_{m^3}=\frac{1}{2}r_0 S^2-\frac{1}{3}w_0 S^3+\frac{1}{4}u_0 S^4$$

式中 $r_0=r_0^*(T-T_c)$。注意 T_0 并不是相转变温度 T_c。第三项是由于 $F(S)\neq F(-S)$。

$S>0$ 对应于分子排列在平行于 $\vec{n}$ 的方向，而 $S<0$ 对应于分子排列在垂直于 $\vec{n}$ 的方向。

不同温度下的自由能 $F(S)$ 如图 3.11（A）所示。在给定温度下，S 的平衡值对应自由能 F 的最小值。平衡值 S 随温度的变化如图 3.11（B）所示。这个转变是一级转变（序参数在转变点不连续）。

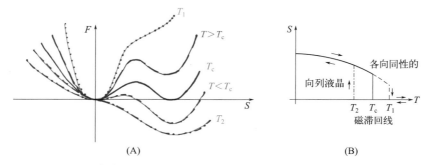

图 3.11　（A）自由能 F-序参数 S 等温线；（B）序参数 S 与温度 T 关系曲线，显示是一级转变

临界温度 T_c 可以从这两个等式推导出来：

$$\frac{\partial F}{\partial S}=0,\text{即有 }r_0-w_0 S_C+\frac{1}{4}u_0 S_C^2=0$$

$$F=0,\text{即有 }\frac{1}{2}r_0-\frac{1}{3}w_0 S_C+\frac{1}{4}u_0 S_C^2=0$$

从而有 $S_C=2w_0/3u_0$ 和 $T_c=T_0+(2w_0^2/9u_0 r_0^*)$。

与一级相转变相关的一个普遍现象是在转变循环中的磁滞现象，因而导致了过热相和过冷相。如图 3.11（B）所示。磁滞的原因是体系在自由能极小点（即亚稳态）受阻，只有这个局部自由能极小点消失，体系才能转变到另一个状态。

当 $T_2<T<T_1$ 时（如图 3.11），被能垒分开的各向同性相和向列液晶相共存。实际上，向列液晶相中包含了各向同性相（或者相反），两相之间有清晰的界面。

3.3.2　标度律：重整化群理论

分子场理论在理论上和实验上都不能确定临界指数，如表 3.2 和表 3.3 所示。1944

年，Onsager 发现了二维 Ising 模型（$n=1$，$d=2$）的精确解。磁化率和相关长度都完全不符合 Landau 指数。从 1958 年开始，新的技术如核磁共振、光散射和中子散射使得临界指数可以精确测量[4]。

表 3.2　不同物理体系的临界指数值

参数	Xe	二元混合物	β-黄铜	^{4}He	Fe	Ni
n	1	1	1	2	3	3
β	0.35 ± 0.15	0.322 ± 0.002	0.305 ± 0.005		0.37 ± 0.01	0.358 ± 0.003
γ	1.3 ± 0.2	1.239 ± 0.002	1.25 ± 0.02		1.33 ± 0.015	1.33 ± 0.02
δ	4.2 ± 0.6				4.3 ± 1	4.29 ± 0.05

表 3.3　作为序参数维数 n 和空间维数 d 的函数的不同模型的临界指数[4]

参数	平均场	Ising $d=2$	Ising $d=3$	Heisenberg	球状模型
(n,d)		$(1,2)$	$(1,3)$	$(3,3)$	$(\infty,3)$
β	$1/2$	$1/8$	0.326 ± 0.004	0.38 ± 0.03	$1/2$
γ	1	$7/4$	1.239 ± 0.003	1.38 ± 0.02	2
δ	3	(15)	4.80 ± 0.05	4.65 ± 0.29	5

3.3.2.1　平均场理论的失效：Ginsburg 判据

如表 3.2 所示，Landau 理论没有给出临界指数的普适表达式。平均场理论用空间上不变的"平均序参数"代替"局部涨落序参数"。如果这个序参数的涨落相对于它的平均值来说很小的话，这是一个很好的近似。

定量的判据最先由 V. L. Ginsburg 在 1960 年提出来[5]。在 d 维空间，磁化 M 振幅的涨落可以通过考虑 M 在特征体积 ξ^d 内的能量涨落等于热能 $k_B T$ 来估算：

$$\langle \delta M^2 \rangle r_0 \, \xi^d \sim k_B T$$

如果 $d>4$，则有 $\dfrac{u_0 \delta M^4}{r_0 \delta M^2} = \dfrac{u_0}{r_0^2} \times \dfrac{k_B T}{\xi^d} \sim r_0^{d/2-2} \sim \varepsilon^{d/2-2} \ll 1$

因此，通常情况下三维空间 $d=3$ 时，这个涨落不能被忽略。

3.3.2.2　普适性和相似性：标度律

1960 年，物理学家们被临界指数的繁盛所迷惑。幸运的是，从计算和实验的累计结果中浮现出了两个经验定律。

第一个定律是临界指数的普适性：临界指数只依赖于 n 和 d。Ising 模型可应用于液-气转变和二元化学组分的相分离。这就是分子场论之美。

第二个定律是相似性：B. Widom 和 L. Kadanoff[6-7] 引入了热力学相似和空间相似的概念。在临界点附近，温度的变化等同于在测量尺度下磁化、相关长度和所有与巨大涨落相关的物理变量的变化。如果你在两个接近 T_c 的不同的温度下给体系画像，虽然涨落的尺度不同，但是如果放大或缩小尺度的话，这两张图像是无法区分的。最终，标度定律建立了临界指数之间的关系。只需要 2 个临界指数，就能把全部临界指数表示出来（所有临界指数只有两个独立变量)。

然而,这些定律还不能计算临界指数。1972 年,普林斯顿的 K. G. Wilson 设计了一种方法来计算这些临界指数。

3.3.2.3 Wilson 重整化群理论

Wilson 方法[8] 是基于标尺的变化,示意如图 3.12 所示。

他们不去讨论每个单独的磁矩(细箭头)的统计学,而首先用大的方块把这些小磁矩分组。代表每个方块的大磁矩(粗箭头)与每个单独的磁矩遵循同样的定律,只需改变温度的标尺。Wilson 由此证明,这个方法可以计算给定体系的所有临界指数。

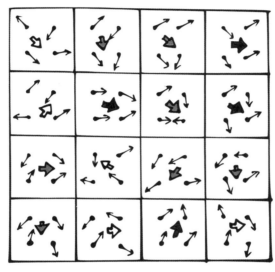

图 3.12 自旋方块示意图

Ginsburg 判据解释说,由于涨落太大,对序参数的展开并不收敛,除非空间维数大于 4($d>4$)。所以 K. Wilson 和 M. Fisher 研究了当空间维数略小于 4 的情形,$d=4-\varepsilon$,ε 是一个很小的量。1972 年,Wilson 和 Fisher 能够计算当 $\varepsilon=4-d$ 时的不同阶的临界指数。对于零阶,如愿找到了 Landau 指数,通过设定 $\varepsilon=1$,我们可以研究真实的三维体系。3-D 体系的数值结果是引人注目的,因为他们给出了所有的临界指数,而且精确度在百分之几。表 3.4 给出了不同 n 值和序参数维数的 Wilson 指数(重整化群 RG)。

表 3.4 三维重整化群(RG)的临界指数和级数[9]

n	指数	重整化群	e-展开	级数
$n=0$	β	0.302 ± 0.0015	0.305	$1.615\sim1.617$
	γ	1.1615 ± 0.0020	1.163	0.60
	υ	0.588 ± 0.0015	0.589	
$n=1$	β	0.325 ± 0.0015	0.330	$0.303\sim0.318$
	γ	1.241 ± 0.00020	1.242	$1.241\sim1.250$
	υ	0.630 ± 0.0020	0.632	0.638

n	指数	重整化群	e-展开	级数
$n=2$	β	0.3455 ± 0.0020	0.357	
	γ	1.316 ± 0.0025	1.324	
	v	0.669 ± 0.0020	0.676	
$n=3$	β	0.3465 ± 0.0025	0.379	$1.315\sim1.333$
	γ	1.386 ± 0.0040	1.395	$0.670\sim0.678$
	v	0.705 ± 0.0030	0.713	

德热纳通过设定 $n=0$，把 Wilson 理论扩展到高分子物理学领域。原本研究临界现象的技术宝藏完全改变了高分子物理学的研究，尤其是标度律的应用。

参考文献

[1] P. Weiss, *J. Phys. Radium*, 6, 667(1907).

[2] L. D. Landau, E. M. Lifshitz, *Statistical Physics*, 3rd Edition. Elsevier, 1980.

[3] P. -G. de Gennes, *The Physics of Liquid Crystals*. Oxford University Press, 1974.

[4] H. E. Stanley, *Introduction to Phase Transitions and Critical Phenomena*. Oxford University Press, 1971.

[5] V. L. Ginzburg, *Fiz. Tverd. Tela*, 2, 2031(1960).

[6] L. P. Kadanoff, *Phys. Physique Fiz.*, 2, 263(1966).

[7] B. Widom, *J. Chem. Phys.*, 43, 3898(1965).

[8] K. G. Wilson, *J. Kogut*, *Phys. Rep.*, 12, 75-199(1974).

[9] J. C. Le Guillou, *J. Zinn-Justin*, *Phys. Rev. Lett.*, 39, 95(1977).

3.4 临界现象动力学："z"指数

当体系接近临界点时，静态特征和动态特征都会出现异常，序参数 ψ 的涨落变得很大，由在 T_c 发散的相关长度 ξ 来表征，它们的运动变慢，特征时间 τ_ψ 在 T_c 发散，这个现象叫作临界慢化（critical slowing down）。这是由于热力学势能函数 $F(\psi)$ 的形状在临界温度处变得很平坦，导致驱动力很小。它诠释了所谓的"信天翁❶定理"（albatross theorem），即"大就是慢"，由德热纳在研究大分子动力学的时候引入，参照 Baudelaire 的诗句 "Sesailes de géant l'empéchent de marcher"（译文：他以巨大的翅膀，阻止了他的前行）。

动力学性质可以利用非弹性光散射或中子散射实验测量，可以导出时间依赖的相关函数和涨落的弛豫速率。动力学性质的描述比静态性质更复杂，因为它不是普适的。例如，

---

❶ 信天翁是一种白色长翼的大型海鸟，生活于太平洋和南半球海洋，通常只在海面上缓慢盘旋。—译校者注

液-气转变和磁 Ising 模型（$n=1$，$d=3$）具有同样的临界指数，但是它们的动力学规律完全不同，前者的ψ是守恒的，而后者不是。

但是，我们可以看到，在体系接近或就在临界点的时候，其动力学性质可以用指数"z"来表征，称为动态指数。

当研究长度小于相关长度（或者波向量 $q\xi<1$）而且时间大于特征时间 τ_ψ 时，可以用流体力学理论来研究，这两个量都在 T_c 发散。通过计算波向量 q 的协同模式的弛豫时间 $\tau_\psi(q)$，在低于或高于 T_c 相的流体力学极限下，我们可以用动态标度律将结果扩展到临界区域。特别是，在极限 $q\xi>1$ 时，对相关长度ξ的依赖消失了。另外，即使在流体力学区域 $q\xi<1$ 且 $t>\tau_\psi$ 时，序参数的涨落也会使得一些特定的反应和耗散参数产生奇点。

为了描述临界现象的动力学，发展了三种方法：
① Van Hove 近似。
② 动态标度律（Halperin，Hohenberg）。
③ 模式-模式耦合（Kawasaki，Ferrell，Kubo）。

我们将简单介绍这三种方法，这三种方法在解释超流体、磁性体系、二元混合物和流体的动力学性质时都很适用。

3.4.1 Van Hove 近似

历史上，相转变的动力学性质可以用"传统理论"或 Van Hove 近似来描述[1]。

3.4.1.1 非守恒序参数（磁化、向列有序等）

如果序参数ψ不守恒，ψ的弛豫可以用时间依赖的 Landau 方程来描述。

$$\gamma_v \frac{\partial \psi}{\partial t} = -\frac{\partial F}{\partial \psi} \tag{3.5}$$

式中$-(\partial F/\partial \psi)$ 是 ψ 的共轭力。

当 ψ 很小时，有 $F=(1/2)a\psi^2=(1/2\chi)\psi^2$，其中 χ 是磁化率，在 T_c 点发散。时间常数 τ_ψ 与 ψ 的弛豫相关：

$$\tau_\psi = \gamma_v \chi$$

Van Hove 假设系数 γ_v 在不同温度里都保持恒定，因为这个系数反映的是微观摩擦，仅依赖于短程相关性。这个现象导致了当 T 趋于 T_c 且具有与 χ 相同的指数时，τ_ψ 的发散。在平均场理论中，$\tau_\psi \sim \varepsilon^{-1}$。$\tau_\psi$ 的发散被称为"临界慢化"。

3.4.1.2 守恒序参数（二元混合物、液-气等）

当ψ守恒时，式(3.5) 被下式替代：

$$C\frac{\partial \psi}{\partial t} = \nabla^2\left(-\frac{\partial F}{\partial \psi}\right) = r_0 \nabla^2 \psi \tag{3.6}$$

式中 C 是摩擦系数。

ψ 遵循扩散方程，扩散系数为 $D=r_0/C$。波向量 q 的涨落的弛豫时间是：

$$\tau_\psi(q) = \frac{1}{Dq^2}$$

在 Van Hove 近似中，我们假设 C 恒定且 $D \sim r_0 \sim T - T_c$。

为了说明式（3.6）背后的物理学原理，我们应用 Van Hove 近似来描述临界点附近的二元混合物的动力学。

考虑在溶剂 B 中溶质 A 的浓度 c 的涨落，如图 3.13 所示，把浓度 c 设定为一个弱的正弦调制将会更方便：

$$c(x,t) = c + \delta c_q(t) \cos(qx)$$

在 $c(x)$ 分布剖面曲线中，我们可以看到有高密度区域（M，M'）和低密度区域（P，P'）。从 M 到 P 有一个弹性力 f 来使浓度相等：浓度的涨落引起了化学势 μ 的调制，从而产生了流动：

$$\xi_0 v = -\frac{\partial \mu}{\partial x} \tag{3.7}$$

式中 $\xi_0 = \eta a$ 是尺寸为 a 溶剂黏度为 η 的分子 A 的摩擦系数。式（3.7）描述了每个分子的摩擦力 $\xi_0 v$ 和驱动力 $-(\partial \mu / \partial x)$ 的平衡。

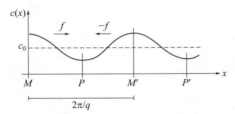

图 3.13　在波向量为 q 的 A-B 混合物中分子 A 浓度的涨落

A 的流量是 $J = cv$：

$$J = \frac{c}{\xi_0} \times \frac{\partial \mu}{\partial x} = -\frac{c}{\xi_0} \times \frac{\partial \mu}{\partial \Pi} \times \frac{\partial \Pi}{\partial c} \times \frac{\partial c}{\partial x} = -D \frac{\partial c}{\partial x} \tag{3.8}$$

式中 Π 是渗透压。

由热力学关系 $\partial \mu / \partial \Pi = 1/c$ 和渗透压缩系数的定义 $\chi = \partial c / \partial \mu$，可以得到扩散系数：

$$D = \frac{1}{\xi_0 \chi} = \frac{k_B}{\eta a}(T - T_c) \tag{3.9}$$

加入守恒方程：$(\partial c / \partial t) + (\partial J / \partial x) = 0$，我们得到了模式的特征时间与 T_c 的函数关系：

$$\frac{1}{\tau_\psi(q)} = Dq^2 \sim T - T_c$$

Van Hove 近似是静态 Landau 理论的动力学扩展。它能够很好地描述某些转变，例如近晶 A—近晶 C 转变，或者由磁场导致的向列液晶的二级 Frederick 转变的动力学，满足 $\varepsilon = (H - H_C)/H_C$[2]。但是，对于很多转变来说，例如二元混合物的相分离，Van Hove 近似不正确，它必须被限制性更少的假设所取代，最有力的工具是动力学相似性假设。

3.4.2　动态标度律

3.4.2.1　临界指数的普适性

描述特定量在临界点发散的临界静态指数和临界动态指数是普适的，因为它们不依赖于微观的相互作用[3-4]。

（1）静态性质

临界指数只依赖于序参数维数 n 和空间维数 d。不同的指数被线性方程联系起来，只需要知道其中两个指数，就可以计算其他所有指数。这些关系是基于两个假设的静态标度律的直接结果：①热力学相似性假设，假设热力学函数是齐次的，从而导出指数定律；②空间相似性假设，基于一个描述序参数的相关性的长度 $\xi(T)$ 的存在。

（2）动态性质

仅知道 n 和 d 是不够的。虽然临界行为依赖于对称性和守恒定律，但是并不依赖于微观相互作用的细节。更多限制的普适性原理依然保持。因此，超流体氦和各向同性的磁性转变具有相同的动力学性质，而 Ising 转变却有着完全不同的动力学行为。正是由于动力学行为的复杂性，所以对静态性质非常有效的重整化群方法只能推出少量动力学性质。成果最丰富的工具依然是动态标度律。

3.4.2.2　动态标度律的陈述

对动态性质，有两个假设：一是空间相似性（相关长度），二是时间相似性（相关时间）。

动态和静态相关函数定义为：

$$g(r,t)=\langle\psi(r,t)-\langle\psi(r,t)\rangle\rangle-\langle\psi(0,0)-\langle\psi(0,0)\rangle\rangle$$

$$g(r,t)=\int\frac{d_3q}{(2\pi)^3}\int\frac{\mathrm{d}\omega}{2\pi}e^{i(\vec{q}\cdot\vec{r}-\omega t)}g(q,\omega)$$

$g(q,\omega)$ 可以写为：

$$g(q,\omega)=\frac{g(q)}{\omega(q)}f\left(\frac{\omega}{\omega(q)}\right)$$

静态标度律假设 $g(q)$ 是关于 q 和 ξ 的齐次函数，可以写为：

$$g(q)=q^x G(q\xi) \tag{3.10}$$

动态标度律假设特征频率 $\omega(q)$ 也是关于 q 和 ξ 的齐次函数（如图 3.14）：

$$\omega(q)=q^x\Omega(q\xi) \tag{3.11}$$

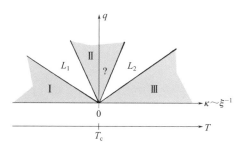

图 3.14　在 (q,ξ^{-1}) 平面上的三个阴影区域 Ⅰ、Ⅱ、Ⅲ，
分别由条件 $(q\xi\ll1,\ T<T_c)$，$(q\xi\gg1,\ T=T_c)$，$(q\xi\ll1,\ T>T_c)$ 所定义

在图 3.14 的三个区域 Ⅰ、Ⅱ、Ⅲ 中，空间和时间的相关函数的行为不同；标度律假设外推到线 L_1 和 L_2（$q\xi=1$，$T<T_c$ 和 $T>T_c$）渐进形式必须合并。Ⅰ 和 Ⅲ 代表流体动力

学理论有效的区域，这使得我们可以计算弛豫速率。

Ω 和 f 是齐次函数，我们可以从一个区域的性质（例如图 3.14 的 I 或 III）推导出另一个区域的性质（例如图 3.14 的 II）。从区域 I 和 III 中 $\omega(q)$ 的求导，可以得到动态标度假设［式(3.11)］条件：

$$\omega^{I}(\xi^{-1})=b_1\omega^{II}(\xi^{-1})$$
$$\omega^{III}(\xi^{-1})=b_3\omega^{II}(\xi^{-1})$$

式中 b_1 和 b_3 是一阶单位的数值常数。

3.4.2.3 动态标度律的应用

动态标度律表示，如果我们通过流体动力学论证知道了区域 I（有序相）的序参数涨落行为，那么也能推测出区域 II 或 III 的序参数涨落行为。当对应模式是传播型的（低阻尼的），其行为只与热力学参数相关，那么就有可能用静态指数来表示动态指数 "z"。这对超流体氦、Heisenberg 铁磁体、近晶 A-向列液晶等体系都适用。这些体系在有序相都有一个连续的对称破缺（例如磁矩的转动、近晶层法线方向的平移）。可以定义"准守恒"变量，如超流体的相、铁磁体的磁化方向、向列液晶的方向 n、近晶层之间的位移 u，代入流体力学方程，从而产生协同模式（氦的二级声模、自旋波、近晶相 A 的二级声模）。模式的频率取决于图 3.14 中区域 I，它包含了一个恒定的刚度，而刚度又依赖于已知指数的温度。标度律可以把结果扩展到其他区域。

我们将用两个例子来说明这个方法：①超流体氦的 λ 转变[4]，与近晶 A-向列液晶的转变[5] 类似；②液-气转变。

【例 1】液氦的 λ 转变

序参数是波函数 $\psi=\rho_s e^{i\varphi}$，其中 ρ_s 是超流体密度，φ 是相。超流体速率 v_s 正比于 φ 的梯度。

序参数的动态相关函数主要由二级声模决定，其频率为：

$$\omega(q)=\pm c_2 q+iD_2 q^2$$

式中 $c_2^2\sim\rho_s\sim\xi^{-1}$。

当温度高于 T_c 时，ψ 的涨落在有限时间 $\tau(T)$ 内弛豫。

二级声模的离散关系使得我们可以确定动态指数 z 和 $\tau(T)$：

$$\omega(q)\sim\xi^{-1/2}q\sim q^{3/2}\Omega(q\xi),\text{即有 }z=\frac{3}{2}$$

动态标度律给出：

① 临界区域的特征频率为：

$$\omega(q,T_c)=Aq^{3/2}$$

② 二级声模的衰减：

$$D_2\sim c_2\xi\sim\xi^{1/2}$$

③ 高于 T_c 时，ψ 的涨落的特征时间为：

$$\tau_\psi(T)\sim\xi^{3/2}$$

向列液晶-近晶 A 的转变的动态行为可以用同样的方法来描述，在转变时，二级声模在近晶相减慢，而在向列相则扩散。

【例2】液-气转变

在临界点，液-气转变的密度涨落谱主要取决于热扩散模式 $\omega = D_T q^2$。

动态标度律仅仅使我们推断出 $a = a'$ 和 $z = 2 - a$，但是我们不能推出 a 的值。我们可以看出，模-模式耦合方法可以推出 "z"。

3.4.3 线性响应理论

线性响应理论可以导出耗散涨落理论，就给定体系对外界扰动的线性响应而言，该理论可以将此表示为这个体系在热力学平衡中的涨落。这个方法导出了模式-模式耦合理论，已经被 Kawasaki 和 Ferrell 成功地应用于接近临界点的二元混合体系中[6]。不需要任何低温相性质做参考，转变系数的异常现象可以由高温相下序参数的临界涨落来确定。具有尺寸 $\xi(T)$ 的相关区域和有序相的性质短暂出现［时间寿命 $\tau(T)$］。Kubo 公式[7] 建立了转变系数与流量相关函数的关系，从而可以解释转变系数在临界温度发散的异常。

这个方法被用来计算描述二元混合体系临界涨落的弛豫的扩散系数 D，被称为 Kawasaki-Eistein-Stoke 公式[8]。

已经看到，如图 3.13 所示，浓度的调制，引起了流动 J，可以写为：

$$v = -s\,\nabla\mu$$

$$J = -cs\frac{\partial\mu}{\partial\Pi}\times\frac{\partial\Pi}{\partial c}\nabla c = -\frac{s}{\chi}\nabla c = -D\,\nabla c \tag{3.13}$$

式中 s 是迁移率。在 Van Hove 假设里，$s = (\eta a)^{-1}$ 被近似成一个常数，它忽略了溶质分子之间的流体力学相关性。把环境分子的反流动考虑进去，则有：

$$s = \int \frac{1}{6\pi\eta r}g(r)\mathrm{d}r$$

式中 η 是溶剂黏度。

同时，也可以把渗透压缩系数 $\chi = \dfrac{\partial c}{\partial\Pi}$ 和对相关函数 $g(r)$ 联系起来：

$$\chi = \frac{1}{k_B T}\int g(r)\mathrm{d}r$$

利用 Orstein-Zernike 公式 $g(r) \cong (1/a^2 r)e^{-r/\xi}$ 和 D 的定义（式 3.13），有：

$$D = \frac{k_B T \displaystyle\int \frac{1}{6\pi\eta r}g(r)\mathrm{d}r}{\displaystyle\int g(r)\mathrm{d}r} = \frac{k_B T}{\eta\,\xi} \tag{3.14}$$

临界涨落的频率谱为：

$$\omega(q) = \frac{k_B T}{\eta\,\xi}q^2 = q^3 \times \frac{k_B T}{\eta(q\,\xi)}$$

这导出了动态指数 $z = 3$。在图 3.14 的临界区域 Ⅱ，$q\xi > 1$，$\omega q \sim q^3$。在单相区尺寸为 ξ 的小滴的弛豫时间为 $\tau \sim \eta\xi^3/k_B T$。

P. Berge 和 M. Dubois[9] 从实验上证实了 Kawasaki 公式 $D = k_B T/6\pi\eta\xi$，如图 3.15(A) 所示。通过测量接近 T_c 时的环己烷-苯胺混合物的浓度涨落的光散射的光谱宽度，得到了 D。从而确定了 $v = 0.60 \pm 0.01$［如图 3.15(B)］。

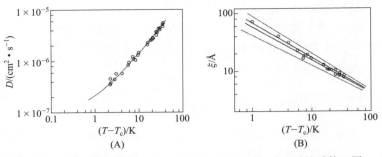

图 3.15　（A）扩散系数随（$T-T_c$）变化：三角形，测量系数；圆，由公式 3.14 计算的结果；（B）ξ 随（$T-T_c$）变化（源自文献［9］）

我们在第 7 章 7.7.2.2 节中可以看到，式(3.10) 适用于聚合物溶液：$D_{coop}=k_B T/\eta\xi$，式中 ξ 是亚浓溶液的相关尺寸，聚合物溶液的动态指数是 $z=3$。

参考文献

［1］L. Van Hove,*Phys. Rev.*,93,268(1954).

［2］P. Pieranski,F. Brochard,E. Guyon,J. Phys.,34,35(1973).

［3］B. I. Halperin,P. C. Hohenberg,S. -K. Ma,*Phys. Rev. Lett.*,29,1548(1972).

［4］R. Perl,R. A. Ferrell,*Phys. Rev. Lett.*,29,51(1972).

［5］F. Brochard-Wyart,*Phys. Lett.*,49,315(1974).

［6］R. A. Ferrell N. Menyhard, H. Schmidt, F. Schwabl, P. Swepfalusy, *Ann. Phys.*,47,565(1968).

［7］R. Kubo,*J. Phys. Soc. Jpn*,12,570(1957).

［8］A. F. Kholodenko,J. F. Douglas,*Phys. Rev. E*,51,1081(1995).

［9］P. Bergé,M. Dubois,*Phys. Rev. Lett.*,27,1125(1971).

（李晓毅　译）

第 4 章 界面

4.1 胶体体系：分类和制备

4.1.1 一般特点

在人类日常生活中，胶体体系无处不在。在食品工业和农业领域，胶体体系存在大量的实例，它们也是涂料和化妆品配方的关键。

胶体态的特征如下：

① 物质（分子、大分子、粒子）在连续介质（气体、液体或固体）中的分散。

② 介观尺寸（范围为 1～100nm——第 2 章 2.1 节）"不连续性"的存在，可能来自分散相（如粒子的粒度）或连续相（孔径大小）。

这两个判据隐含胶体系统具有较高的表面积与体积比(S/V)。为清晰阐述，可将边长为 1cm 的立方块破碎成边长为 10nm 的粒子，这会导致 S/V 增加 100 万倍，这些粒子将铺满两个网球场地表面。因此，分散相和连续相之间界面上所发生的物理化学现象和过程，本质上控制了这些分散系统的性质。双电层的重要性已十分明晰（第 2 章 2.4 节），它支配胶体系统的稳定或絮凝。界面同时也受到分子吸附的影响，因此，与界面具有高亲和力的大量分散的微量杂质，最终可能聚集在界面单分子层中，并明显改变胶体系统的物理性质。那些对界面具有高亲和力的分子通常被称为表面活性剂（第 6 章 6.1 节）（图 4.1）。

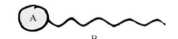

图 4.1 表面活性剂分子：极性（亲水）端 A 连接到一个（或两个）碳氢（疏水）链 B

4.1.2 分类

将胶体分类，有几种不同的方法，有时采用亲水胶体和疏水胶体的分类。此处，我们将重点放在基于胶体系统"组织"水平的分类。

4.1.2.1 随机体系

胶体悬浮液由至少一维尺度为亚微米的粒子组成。这些粒子受到热扰动，并在连续相内随机分布。粒子的性质（液体或固体）和形状（球状、细长）各不相同（图 4.2）。

多孔系统属于同一类别（图 4.3），它们是含有相互连接的空穴（直径在几纳米到几微米之间的孔隙）的固体，例如：海绵、纸张、蛋白酥饼（meringue）、砂岩、水泥和吸收剂。它们还广泛用于色谱、多相催化、过滤和超滤领域。

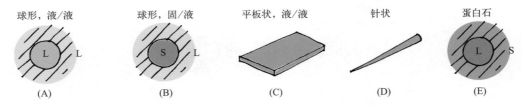

图 4.2　不同胶体悬浮液实例

（A）球形液-液体系：油中的水滴或水中的油滴、牛奶、化妆品、药品或食品；（B）球形固-液体系：炭黑、乳胶（涂料）；（C）平板状：黏土（高岭土、纸涂层）；（D）针状：棉、纸；（E）蛋白石：二氧化硅中含有微滴

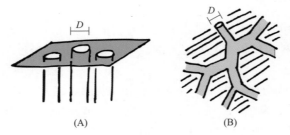

图 4.3　多孔系统

（A）核膜（直径 D 为 1～100nm 的校准孔）；（B）海绵状多孔岩石

4.1.2.2　自组装体系

当不采用水稀释时，表面活性剂会形成近晶相（例如肥皂）。在水溶液中，表面活性剂在低浓度下形成聚集体（如胶束），在高浓度下形成有组织的双连续结构（如立方相）。图 4.4 总结了自组装胶体系统的不同结构。

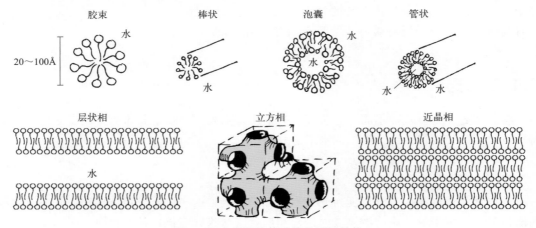

图 4.4　自组装胶体系统的不同结构

4.1.2.3　三元体系

要使不混溶化合物与其介质相容，表面活性剂可以发挥作用，例如，可将其用于稳定油包水的乳液或水包油的乳液。泡沫或皂膜可示例为水包气共混体系（图 4.5）。

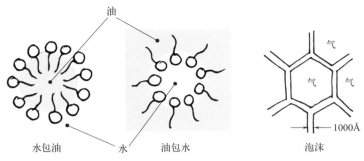

油

水包油　水　油包水　泡沫　气　气　气　1000Å

图 4.5　在不混溶体系中表面活性剂的作用

4.1.3　分散体系的制备

介观尺度的胶体粒子，即介于宏观尺度和分子尺度之间的胶体粒子，其制备是通过机械方式使块状材料破碎，或通过化学方式使小分子聚集。

4.1.3.1　机械方式

将提供的机械功转换为表面能，可以提高材料的表面积与体积比。

对于固体，最直接的方法是研磨。对于液体，搅拌［图 4.6（A）］可有效形成乳状液（如蛋黄酱、蛋清）或泡沫。形成液滴的另一种方法，是形成一股液体流，基于瑞利不稳定性自发破裂成小液滴［图 4.6（B）］。此处，机械能是在液体注射过程中提供的。这就是匀质奶的制作方法。

液体射流

（A）　（B）

图 4.6　（A）通过搅拌产生乳液；（B）通过液体射流的瑞利不稳定性产生液滴

4.1.3.2　化学途径

分散相的形成可通过二元混合物的沉淀而实现。从液体 A 和 B 混溶的均相开始，如果温度突然降低，则通过成核和生长，或亚稳相分离而发生相分离（图 4.7）。为形成复杂的结构，可以进行冷冻干燥。

4.2　毛细现象和表面张力

毛细现象描述了移动界面（液体-空气或液体-液体）通过变形，使其表面能量极小化的能力。它适用于日常生活中观察到的现象，

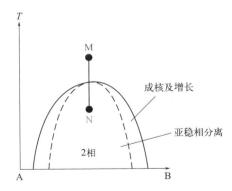

图 4.7　二元混合物体系相图
通过降低温度，可以从单相状态（M）变为两相状态（N）。实线表示分层区。在该区域外，两种化合物 A 和 B 是可混溶的，并形成单相。虚线曲线界定了混合物亚稳相分离的区域；此区域中，混合物是不稳定的，并通过浓度涨落使分离增幅

如黎明时草叶上的露水、树上的树液、多孔介质的吸水或挡风玻璃上雨滴的形状。它还具有许多工业应用：在化妆品、食品和涂料行业中乳液的生产。当存在表面张力效应导致小液滴被大液滴吞并时，必须制备稳定的乳液。纺织行业中的纤维涂层或睫毛膏配方中，寻得在纱线和睫毛上实现规则且连续膜层的方法是非常重要的，理解毛细现象则是为了避免在这些材料表面上形成串状液滴。

在本节及以下关于润湿部分的介绍中，我们将描述基本的理论概念。有关这些现象的更多详细信息，请参阅参考文献［1］和［2］。

4.2.1 表面张力

液体的主要特性是流动，然而，它们也可选择非常稳定的几何形状。皂泡或一滴油可在水中形成完美的球体。液体表面的行为类似于拉伸膜［图4.8(A)］，可用表面张力加以表征。由不溶性脂质组成的泡囊，应使脂质暴露的表面极小化，并具有零张力［图4.8(B)］，从而防止它们像皂泡一样破裂（第6章6.3节）。另一方面，它们可通过产生的渗透压差实现拉伸［图4.8(A)］，于是形成如水滴和气泡那样的球形。

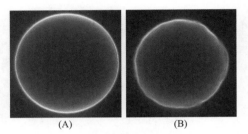

图4.8 （A）绷紧状态泡囊的膜；（B）在零张力下弛豫的膜 这些物体半径仅为几十微米 （由O. Sandre 提供）

4.2.1.1 物理根源

将两相（如液态水和蒸汽）或两种不混溶液体（如水和油）分开的区域称为界面。液体界面（通常被认为是无限薄的）由其表面积 A 来描述，并与能量、表面张力相关联。为了极小化系统的表面能，A 也必须极小。表面张力的物理根源在于液体凝聚所涉及的分子间作用力（范德华力、氢键）。我们以液体-蒸汽界面为例：在液体的本体中，分子受到所有相邻分子的相互吸引力作用，但在液体表面上，分子则失去一半的相互作用力（图4.9）。

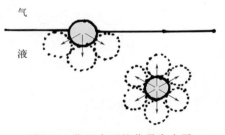

图4.9 位于表面的分子失去了一半的相邻分子间相互作用力

表面张力（或者界面张力）γ 直接度量了单位面积能量的损失。如果 a 表示分子尺寸，a^2 为每个分子的表面积，U 为内聚能，则有：

$$\gamma \approx \frac{U}{2a^2}$$

表面张力值的典型范围为：$1\sim100\,\mathrm{mJ\cdot m^{-2}}$（表4.1）。

表 4.1　不同液体的表面张力 γ 值

液体	乙醇	丙三醇	水	水/油❶	汞
$\gamma/(\text{mJ}\cdot\text{m}^{-2})$	23	63	72	50	485

对于范德华液体，当 $U\sim k_BT$，则有 $\gamma\sim 20\text{mJ}\cdot\text{m}^{-2}$；对于金属汞，$U\sim 1\text{eV}$，则 $\gamma\sim 500\text{mJ}\cdot\text{m}^{-2}$。

值得注意的是，表面张力也随温度变化。通常，当 T 增加时（$\text{d}\gamma/\text{d}T<0$），$\gamma$ 减小。因为内聚能随着热能的增加而减小，所以液体的密度变小。例如，水的表面张力在 0.01℃ 时为 75.64mN·m^{-1}，在 20℃ 时为 72.75mN·m^{-1}，在 95℃ 时则变为 59.87mN·m^{-1}。

4.2.1.2　表面张力的力学定义

要形成油包水乳液需要机械能，由此创生出界面。

使得表面 A 增大 dA 所需要的功为 dW，与带到表面的分子数量成正比（即与 dA 成正比），于是定义出 γ：

$$\text{d}W=\gamma\text{d}A$$

从量纲分析，$[\gamma]=EL^{-2}=FL^{-1}$，其单位为 mJ·m^{-2} 或 mN·m^{-1}，由此 γ 是面积增加所需的能量。在表面热力学中，功与体积和表面的变化相关：$\text{d}W=-p\text{d}V+\gamma\text{d}A$，而自由能的变化为 $\text{d}F=-p\text{d}V+\gamma\text{d}A-S\text{d}T$，由此得到表面张力的热力学定义：

$$\gamma=\left.\frac{\partial F}{\partial A}\right|_{T,V}$$

4.2.1.3　毛细力

为了用插图说明表面张力，德热纳习惯于从毛笔实验开始。干的毛笔是毛茸茸的，而湿的毛笔看起来像一束细细光滑的毛发。德热纳进一步借助两根毛发来阐述毛细力的根源［图 4.10(A)］。在一个更简单的几何图形中，让我们借用一个长方形框架和一个浸在肥皂

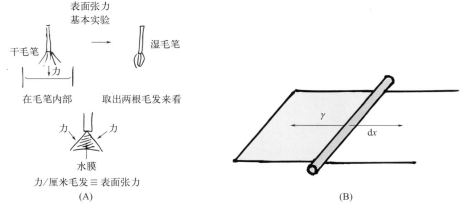

图 4.10　(A) 德热纳基于干态和湿态毛刷与两根毛发实验之间的比较，导出表面张力（原图中的法语是德热纳手书，已译为中文）；(B) 矩形框架和浸入肥皂水的移动杆

---

❶　此项所列是水/油之间的界面张力值（interfacial tension），其他各项才是所称的表面张力值。—译校者注

水中的移动杆，阴影区域表示图 4.10（B）中的皂膜。为了使移动杆位移 dx，必须做功 $dW = Fdx = 2\gamma l dx$，其中系数 2 是由于有上下两个水-空气界面存在。此关系表明，γ 也是单位长度的力，它施加在表面平面上，并垂直指向液体。

这些作用力称为毛细力，其作用引人注目。例如，你可以将牙刷挂在墙上，当你洗澡时，它们会让你的头发黏在一起。由于毛细力，昆虫也可以在水面上行走；但是，如果你添加表面活性剂，水面的表面张力会降低，昆虫就会下沉。这可以用卷烟纸小心地将钢针放在水面上来验证。当你抽出卷烟纸时，尽管钢针的密度很高，它还是会浮在水面上；但当你加一滴洗洁精到水中时，它便会下沉。

4.2.2 拉普拉斯公式（1805 年）

液滴或气泡内施加的压力，其起源仍是表面张力（图 4.11）。它描述了弯曲界面处的压力跃迁。

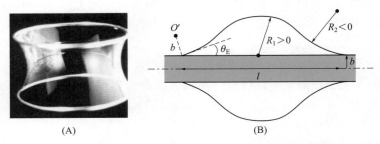

图 4.11 （A）两个圆环之间的皂膜：零曲率表面（K. Mysels）；（B）纤维上的水滴呈波纹状

4.2.2.1 球体

下面来讨论水中的一个油滴［图 4.12（A❶）］。为使其表面张力降低，该油滴的形状应为直径 R 的球体。表面径向长度位移 dR 所做的功为 $dW = -p_1 dV_1 - p_2 dV_2 + \gamma dA$，其中 $dV_1 = -dV_2 = 4\pi R^2 dR$，且 $dA = 8\pi R dR$。

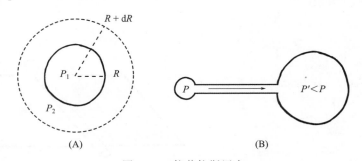

图 4.12 拉普拉斯压力
（A）符号说明；（B）示意图

将功记为零，因为平衡时系统的能量为极小，于是 $dW = 0$，则得 $\Delta P = P_1 - P_2 = 2\gamma/R$。

---

❶ 原文有误，已改正。——译校者注

拉普拉斯提出的这一定律表明,当液滴尺寸减小时,压力增加。因此,在多分散乳液中,小液滴消失,促使大液滴形成。沿着同样的思路,如果用吸管将两个大小不同的气泡连接起来,小气泡会汇入大气泡并最终消亡 [图 4.12(B)]。

4.2.2.2 广义曲面

可借助于一个梨形物体来定义曲率。

为了确定表面上某一点 M 的曲率 C（图 4.13），我们画出该点法线 $\vec{N}$，按照曲面与连接法线 $\vec{N}$ 的两个相互垂直平面的交叉线,可以定义曲率半径 R_1 和 R_2。如果圆的中心在物体的内部,则 $R>0$；如果在外部,则 $R<0$。因此,对于图 4.13 中的梨形物体,我们有 $R_1<0$ 和 $R_2>0$。曲率定义如下：

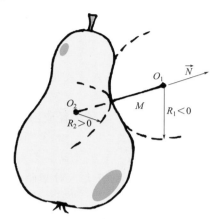

$$C=\frac{1}{R_1}+\frac{1}{R_2}$$

拉普拉斯压强一般表述为：

$$\Delta P=\gamma C=\gamma\left(\frac{1}{R_1}+\frac{1}{R_2}\right)$$

图 4.13　梨的曲率半径:将针端点 M 垂直于表面推入,梨被连接法线 $\vec{N}$ 的两个相互垂直平面切开

4.2.2.3 零曲率表面

4.2.2.3.1 纤维上的弯月面

对于半径小于 1mm 的细小纤维,弯月面的形状由表面能控制。基于毛细力守恒可以计算（图 4.14 中的符号）：

$$2\pi b\gamma=2\pi z\gamma\cos\theta$$

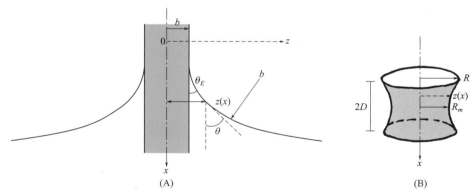

图 4.14　(A) 纤维上的弯月面；(B) 距离为 $2D$ 的两个圆环之间的皂膜 [图 4.11(A) 所示]

通过将 $\cos\theta$ 表示为 $\tan\theta$ 的函数,我们得到方程：

$$z\big/\sqrt{1+(\mathrm{d}z/\mathrm{d}x)^2}=b$$

其解为：$z=b\cosh\left(\dfrac{x}{b}\right)$。

4.2.2.3.2 皂膜

将半径为 R 的两个圆环浸入肥皂水溶液中，并将其轻轻分离至 $2D$ 距离［图4.11(A)和图4.14(B)］，即可形成皂膜。由于内部和外部之间存在空气连通，因此皂膜两侧的压力相同，得到零曲面：

$$\Delta P = 0, \left(\frac{1}{R_1} + \frac{1}{R_2}\right) = 0$$

轮廓 $z(x)$ 的解析表达式与纤维计算解析表达式相同：

$$z = R_m \cosh(x/R_m)$$

式中 R_m 为半径，收缩半径应为：

$$R = R_m \cosh(D/R_m)$$

该方程式对于 R_m 有两个解，都对应于零曲率表面。第一个解对应于表面积极小，而第二个解对应于表面积极大。对于临界值 R/D，两解相等。当 $R/D \leqslant 1.5$，该方程式无解，皂膜破裂。

4.2.3 毛细黏附

两个润湿的表面可以牢固地黏在一起。如果液体润湿了表面——接触角 θ_E 小于 $\pi/2$（第4章4.4节）——两个平板之间液滴的拉普拉斯压力为负值。如果 $\theta_E = 0$，则拉普拉斯压力 ΔP 为：

图 4.15　毛细黏附力

$$\Delta P = \gamma \left(\frac{1}{R} - \frac{2}{H}\right) \approx -\frac{2\gamma}{H}$$

这种压力会产生吸引力：

$$F = \pi R^2 \left(-\frac{2\gamma}{H}\right)$$

对于 $\gamma = 70\,\mathrm{mN \cdot m^{-1}}$，$R = 1\mathrm{cm}$，$H = 5\mu\mathrm{m}$，可求出 $F \approx 10\mathrm{N}$，相当于 $1\mathrm{kg}$ 的质量（图4.15）。

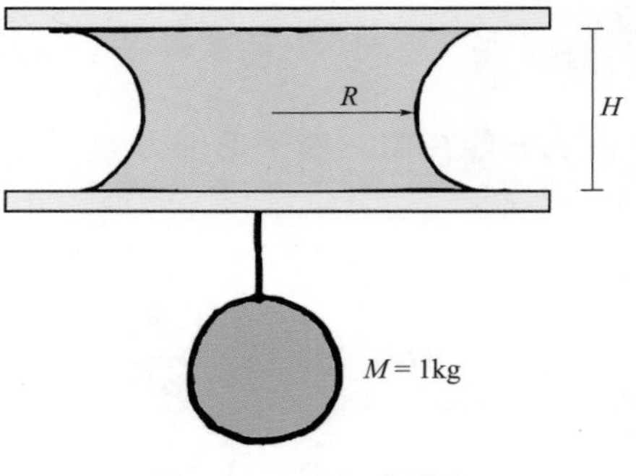

另一方面，如果液体不润湿（接触角大于 $\pi/2$），则表面相互排斥。

参考文献

［1］H. Bouasse, *Capillarité. Phénomènes superficiels*. Impr. Paul Brodard, 1924.

［2］P. -G. de Gennes, F. Brochard-Wyart, D. Quéré, *Gouttes, bulles, perles et ondes*. Belin, 2005.

4.3　毛细现象和重力

小水滴一般呈球形，而大水滴则呈扁平状。表面张力和重力的作用决定了水滴的形状。毛细现象也是液体奇异行为的根源，毛细上升现象这种奇异行为似乎违背了重力定律。

4.3.1 毛细长度

毛细长度是一种特征长度，表示为 κ^{-1}，一旦超出毛细长度，重力将占主导。密度为 ρ 的液体在地球重力 g 作用下深度为 κ^{-1} 的静水压力为 $\rho g \kappa^{-1}$，与拉普拉斯压力 γ/κ^{-1} 加以比较，可以估算出毛细长度 κ^{-1}。当这两种压力相等时，便可定义毛细长度：

$$\kappa^{-1} = \left(\frac{\gamma}{\rho g}\right)^{1/2}$$

对水而言，取值 $\gamma = 70\text{mN} \cdot \text{m}^{-1}$，$\rho = 10^3 \text{kg} \cdot \text{m}^{-3}$，$g = 9.8\text{m}^2 \cdot \text{s}^{-1}$，则得到 $\kappa^{-1} \approx 3\text{mm}$。

液滴半径 $R \ll \kappa^{-1}$ 的液滴不受重力影响，在悬浮体系中保持球体形态，或在基底上为球冠状。相反，液滴半径 $R \gg \kappa^{-1}$，液滴被重力压扁，形成水洼状（或称煎饼状）。

由于毛细力，润湿的液体例如玻璃上的水，会形成一个弯月面，其平均高度为 $h \approx \kappa^{-1}$（图 4.16）。在一个非常狭窄的毛细管中，其直径 $R < \kappa^{-1}$，液体自发爬升（图 4.17）。这种现象称为毛细上升。

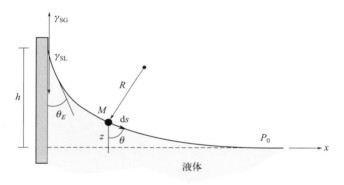

图 4.16　弯月面示意图

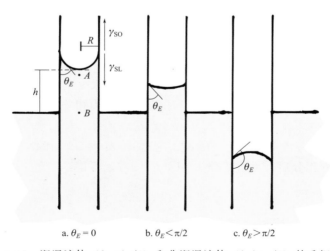

a. $\theta_E = 0$　　　b. $\theta_E < \pi/2$　　　c. $\theta_E > \pi/2$

图 4.17　润湿液体（$\theta_E < \pi/2$）和非润湿液体（$\theta_E > \pi/2$）的毛细上升

在零重力条件下以及两种密度相似的液体之间的界面处，毛细长度 κ^{-1} 变大。

4.3.2 毛细上升——Jurin 定律

如果毛细管浸入润湿液体（如水）中，液面会上升到高度 h；如果毛细管浸没在汞中，液面就会下降。为了确定 h，可以计算弯液面正下方 A 点的压力（图 4.16）：

① 基于流体静力学推理：在深度 h 处，静水压力的增加为 ρgh。在与自由液面高度相同的点 B（大气压力 P_0），则有 $P_B = P_A + \rho gh = P_0$。

② 根据拉普拉斯公式：如果毛细管的直径 $R \ll \kappa^{-1}$，则液体-空气界面为球形：$P_A = P_0 - (2\gamma/R_m)$，此处 R_m 为弯月面的曲率半径。如果 θ_E 为接触角（第 4 章 4.4 节和图 4.16），则 R_m 在水平轴上的投影 $R = R_m \cos\theta_E$。

将 $P_a(ii)$ 的表达式引入 $P_b(i)$ 的表达式，可得 $h = \dfrac{2\kappa^{-2}}{R}\cos\theta_E$。对于润湿液体：$\theta_E < \pi/2$，$h > 0$（图 4.17 中情况 a 和 b）。例如，我们得到：$\theta_E = 0$，$h \approx 2\text{m}$，$\kappa^{-1} = 3\text{mm}$，$R = 10\mu\text{m}$。

对于非润湿液体 $\theta_E > \pi/2$，$h < 0$，例如玻璃毛细管中汞的情况（图 4.17 中情况 c）。什么支撑了液体？我们可以检查提升的液体的重量是否等于施加在接触线上的毛细力：重量 $= \pi R^2 \rho gh = 2\pi R(\gamma_{SG} - \gamma_{SL})$，$\gamma_{SG}$ 和 γ_{SL} 为固体-气体和固体-液体界面张力。使用杨氏方程（第 4 章 4.4 节），可得：重量 $= 2\pi R\gamma \cos\theta_E$。

这种现象在多孔介质（如岩石或粉末）的渗吸领域非常重要。例如，如果我们在牛奶中加入天然可可，因为它不溶于水，所以可可会结块。巧克力粉通过毛细渗吸（capillary imbibition）而自动溶解。其他实例如植物中树液的毛细上升（第 8 章 8.5 节）。

4.3.3 弯月面

当水倒入玻璃杯时，水沿边缘略微上升，形成弯月面。因此，固体大容器中的任何液体都有一个水平的自由表面，除了在容器壁附近，液体会发生超过一定的尺度 κ^{-1} 的形变（图 4.17）。如果液体润湿（玻璃上的水），则液体会沿着容器壁上升；而在非润湿的情况下（玻璃上的水银），则液体会沿着容器壁下降。

弯月面的形状是毛细作用力和重力平衡的结果。如果 z 是水槽水平面上方的界面高度，则表面下方 M 点的压力导致静水压力和拉普拉斯压力相等：

$$P_M = P_0 - \rho gz = P_0 + \gamma/R$$

如果 s 是曲线长度，曲率半径为 $\text{d}s = -R\text{d}\theta$。通过 $\text{d}s\cos\theta = \text{d}z$ 消除与 $\text{d}z$ 相关的 $\text{d}s$，我们发现，在边界条件处积分后，无穷远处 $z = 0$，$\theta = \pi/2$，可得：

$$\frac{1}{2}\kappa^2 z^2 = 1 - \sin\theta$$

若与壁的接触角写为 θ_E，则可以求得弯月面高度 h：

$$\frac{1}{2}\kappa^2 h^2 = 1 - \sin\theta_E$$

对于 $\theta_E = 0$，我们求出 $h = \sqrt{2}\kappa^{-1}$。

移位液体的重量由毛细作用力承载：

$$重量 = \int \rho g z \, \mathrm{d}x = \gamma_{SG} - \gamma_{SL}$$

注：在零重力和两个等密度液体界面上，弯月面的尺寸变得重要。

4.3.4　液滴的形状

此处，我们研究放置在固体基底上或漂浮在液体基底上的液滴的形状。

4.3.4.1　在固体基底上的液滴

体积增大时液滴的典型形状如图 4.18 所示。

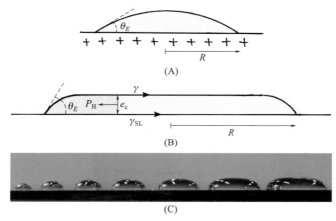

图 4.18　尺寸增大的液滴形状

（A）$R < \kappa^{-1}$，球冠状；（B）$R > \kappa^{-1}$、水洼或"煎饼"形；（C）尺寸增大的液滴形状的实例图（M. Fermigier）

对于小液滴直径 $R < \kappa^{-1}$，液滴中的压力是拉普拉斯压力。由于压力均匀，曲率恒定，液滴形状为球冠状 [图 4.18(A)]。

我们现在对大液滴更感兴趣，即液滴的直径 $R > \kappa^{-1}$。液滴因重力而变为扁平，成为"煎饼"状 [图 4.18(B)]。

为了得出煎饼状液滴的厚度，我们写出液滴中某一部分（每单位长度）的力平衡 [图 4.18(B)，阴影区域]：

$$\gamma_{SO} + P_H = \gamma_{SL} + \gamma$$

式中 $P_H = \int_0^{e_c} \rho g z \, \mathrm{d}z = \frac{1}{2} \rho g e_c^2$。

P_H 是按厚度 e_c 积分产生的静水压力，γ_{SO}、γ_{SL} 和 γ 分别是固体-空气、固体-液体和液体-空气界面上的界面张力。设定 $S = \gamma_{SO} - (\gamma_{SL} + \gamma)$（第 4 章 4.4 节），我们发现 $1/2 \rho g e_c^2 = -S$。通过使用杨氏方程：$\gamma_{SO} = \gamma_{SL} + \gamma \cos\theta_E$（它描述了接触线处毛细力的平衡），"煎饼"的厚度可描述为：

$$e_c = 2\kappa^{-1} \sin\frac{\theta_E}{2}$$

通常，对于不粘锅上的水滴，$e_c = 6\,\text{mm}$（$\theta_E = \pi$）。该重力"煎饼"的厚度也是沉积在不可润湿基底上的水膜的临界脱湿厚度，如图 4.18 所示。

我们也可以使用基于能量的论点来推导 e_c。液滴能量 F_g 为液滴表面积 A_g 的函数：

$$F_g = F_0 - A_g S + 1/2\rho g e^2 A_g$$

通过在体积不变的条件下 F_g 取极小值（即 $A_g e =$ 常数），我们发现 $e = e_c$。

4.3.4.2　悬浮液滴

一滴液滴 B 沉积在液体 A 的表面。可将一勺油倒在水面上，随着更多的油沉积，原本是透镜状的油滴变为扁平。在液体基底上，接触角不是由杨氏方程给出，而是由 Neumann 作图给出（第 4 章 4.4 节）。液滴的轮廓是完美的圆形，这是因为液体表面无缺陷、平滑且化学上是均一的。

透镜状液滴的厚度可以通过力的平衡来计算。根据定义，$S = \gamma_A - (\gamma_B + \gamma_{AB})$ 是液体 B 在液体 A 上的铺展参数。如图 4.19 所示，流体静压在 N 和 Q 点相等，由此：

$$\rho_B e = \rho_A e_1$$

阴影区域的力平衡表示为 $P_1 + \gamma_B + \gamma_{AB} = P_2 + \gamma_A$，其中 $P_1 = \rho_A g e_1^2/2$ 和 $P_2 = \rho_B g e^2/2$ 为流体静压产生的力。

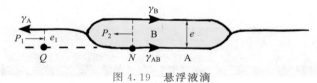

图 4.19　悬浮液滴

我们发现：$-S = \dfrac{1}{2}\tilde{\rho} g e^2$，其中 $\tilde{\rho} = \rho_B(1 - \rho_B/\rho_A)$。

4.4　润湿

所称的润湿或不润湿[1]，是研究沉积在固体或液体基底上的液滴如何铺展或不铺展。一般而言，润湿涉及三相接触的界面，通常是液-固-气界面或液 A-液 B-气界面。而基底可以是平滑或粗糙的表面，也可以是多孔介质。

润湿是雨天可以观察到的一种日常生活现象：树叶上的水珠、蜘蛛网上的串珠、窗户上的水滴都是常见的美丽画面（见图 4.20）。

| (A) | (B) | (C) | (D) |

图 4.20　日常生活中的润湿示例

（A）荷叶上的水珠（照片源自 K. Guevorkian）；（B）锚定在窗户上的水滴（版权属于 Shutterstock）；（C）布满露水的蜘蛛网（版权属于 Schutterstock）和含有念珠状水滴的纤维放大图［F. Vollrath 和 Edmonds D. T.，*Nature*（1989 年）］；（D）"智能"叶子上的滴水圈，疏水为了保护，亲水吸收水分（照片源自 FBW）

对于需要液体在固体上铺展的许多工艺过程，润湿同样也有重大意义。无论是油漆、防晒霜还是润滑膜，都必须铺展成一层稳定的膜层，并避免在膜上出现孔洞，这与脱湿现象相反（第 4 章 4.7 节）。

4.4.1 铺展系数 S

当一滴水沉积在干净的玻璃上时，它会完全铺展开。然而，沉积在塑料板上的相同液滴却仍具有黏性，不会铺展。铺展系数 S 可用于区分图 4.21 所示两种润湿区域，以测量干态和湿态基底表面能之间的差异：$S = E_{dry} - E_{wet}$。等效地，$S = \gamma_{SO} - (\gamma_{SL} + \gamma)$，其中 γ_{SO}、γ_{SL} 和 γ 分别是固体-空气、固体-液体和液体-空气界面的表面张力。

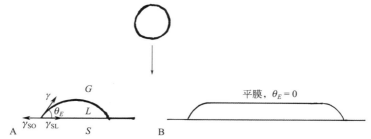

图 4.21 铺展系数 $S = \gamma_{SO} - (\gamma_{SL} + \gamma)$ 定义了基板上液滴的两种润湿区域
（A）部分润湿——Young（1805 年）[2]；
（B）完全润湿——Joanny，de Gennes（1984 年）[3]

固体-液体-气体（S/L/G）三相之间的界面张力是作用在接触线上的单位长度毛细力（也称为三相线）。

4.4.2 部分润湿：$S < 0$

4.4.2.1 理想表面

一个小液滴会减少与表面的接触，导致平衡时在基底上出现以接触角 θ_E 截断的球体，因此润湿是不利的 [图 4.22(A)]。

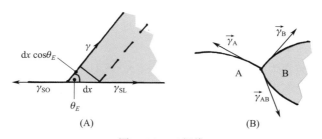

图 4.22 三相线
（A）固-液-气界面的杨氏方程；（B）液 A-液 B-气界面的 Neumann 作图[4]

接触角 θ_E 由杨氏方程[2] 给出：通过作用于固体基底上接触线的毛细力的投影，可得 Young-Dupré 关系（1805 年）。

$$\gamma\cos\theta_E = \gamma_{SO} - \gamma_{SL} \tag{4.1}$$

这种关系也可以表述为：当我们移动接触线 dx 时，毛细作用力的功为零，这是因为系统处于平衡状态 $[(\gamma_{SO} - \gamma_{SL} - \gamma\cos\theta_E)dx = 0]$。测量出 θ_E，可得 S：$S = \gamma(\cos\theta_E - 1)$。

$\theta_E = \pi$ 的特殊情况对应于无润湿。这种情况发生在超疏水基底上，例如涂有炭黑的玻璃片、荷叶或鸭毛（第 8 章 8.1 节）。水滴只与表面有接触点，形成珍珠状小液滴。相反，$\theta_E = 0$ 则对应于部分润湿与完全润湿状况之间的润湿转变。

如果液滴 B 沉积在液体基底 A 上，则有 $S = \gamma_A - (\gamma_B + \gamma_{AB})$。三相线处的力学平衡条件 [图 4.22(B)] 由下式给出：

$$\vec{\gamma}_A + \vec{\gamma}_B + \vec{\gamma}_{AB} = \vec{0}$$

4.4.2.2　接触角的滞后

我们经常可以发现水滴停滞锚固在窗玻璃上，这是由接触角滞后造成的。事实上，在真实的（粗糙、脏的）表面上，我们测量了前进角（在斜面上液滴的前部，或当将液体泵入液滴时）和后退角（在斜面上液滴后部，或当从液滴中移出液体时）（图 4.23）。当不发生滚动时，液滴上单位长度所受的力为 $\gamma(\cos\theta_r - \cos\theta_a)$。我们发现，在平滑且化学均匀的模型表面上，$\theta_a = \theta_r = \theta_E$，这种力为零，液滴发生滚动。

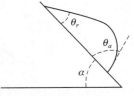

图 4.23　接触滞后以及前进角和后退角的定义

接触角滞后的测量是表面清洁度的试验表征手段，在汽车工业车身涂装前会采用。

4.4.3　完全润湿：$S > 0$

如果参数 S 为正值，流体将铺展到大部分表面，以降低其表面能。平衡状态是一种纳米厚度的薄膜，称为"范德华煎饼"[3]，是分子力和毛细力之间平衡的结果（第 2 章 2.3 节）。

厚度为 e 的薄膜覆盖的固体，其单位面积的能量 $F_{膜}$（图 4.24）为：

$$F_{膜}(e) = \gamma_{SL} + \gamma + P(e)$$

式中 $P(e)$ 是微观薄膜的修正相；γ_{SL} 和 γ 是按半无限介质定义。$P(e)$ 满足以下边界条件：$P(0) = -S$ 和 $P(\infty) = 0$。此外，分离压力，即由于与固体基底的相互作用而作用于液膜上的压力，定义为 $\pi(e) = -(dP/de)$。

令恒定体积下的面积为 A，通过对 $F_{crêpe} = F_0 - SA + P(e)A$ 中的 A 求极小值可以得出"范德华煎饼"的厚度，我们可以导出 e_S 的关系式：

$$S = e_S\pi(e_S) + P(e_S) \tag{4.2}$$

图 4.24 中的曲线表示了 $F_{膜}(e)$，切线的作图解释了 e_S。对于分子间相互作用主要为范德华力的流体，例如油，有：

$$P(e) = \frac{A_H}{12\pi e^2}$$

式中 A_H 为 Hamaker 常数（第 2 章 2.3 节）。由此，可得：

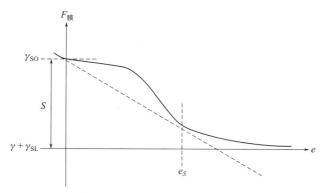

图 4.24   与总润湿状态相对应的液体膜能量 $F_{膜}(e)$

$$e_S = a \left(\frac{3\gamma}{2S} \right)^{1/2}$$

式中 a 为分子的尺寸，定义为 $A/6\pi = \gamma a^2$。如果 $\gamma/S \approx 1$，则 $e_S \approx a$；如果 $\gamma/S \approx 100$，则 $e_S \approx 10a$（厚煎饼）。如果 $S \to 0$，那么 $e_S \to \infty$，这就是润湿转变。

当润湿液体为水时，可润湿表面也称为亲水表面，不可润湿表面称为疏水表面。

4.4.4   从润湿到黏附

润湿可以扩展到描述两种材料之间的黏合或黏附。黏附是两种材料接触时发生的物理化学现象。接触一旦建立，分离材料所需的能量称为 Dupré 黏附能（图 4.25）。

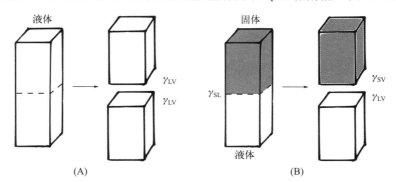

图 4.25   不同分离情况的示意图
(A) 液体→ 液体＋液体；(B) 固体-液体→固体＋液体

黏附功是从一个界面创建两个新表面所需的能量。如果均质材料（此处指液体）被分裂开，则所形成的新表面相同 ［图 4.25（A）］。分裂所做的功称为内聚功，即 $W_{内聚} = 2\gamma_{LV}$。如果我们分裂开两种不同的材料 ［图 4.25（B）］ 则 $W_{黏附} = \gamma_{SV} + \gamma_{LV} - \gamma_{SL}$，式中 γ_{SV} 和 γ_{LV} 是两个新表面的表面能，γ_{SL} 为界面张力。

由此，S 与黏附能和内聚能之差相关：

$$S = \gamma_{SL} - (\gamma_{LV} + \gamma_{SL}) = W_{黏附} - 2\gamma_{LV} = W_{黏附} - W_{内聚}$$

一种材料为何可黏合到另一种材料上？主要黏附机制可解释如下：①结构黏附：黏附材料填充表面的空隙或孔隙并相互锁定表面。②化学黏附：两种材料在组装时形成新的化合物。③长程作用力：范德华力使两种材料保持密切接触。④静电黏附：存在于带相反电荷的表面。⑤相互铺展黏附。例如，两个聚乙烯（PE）管通过加热连接处而胶合在一起：PE 链相互贯穿，并使界面愈合。

参考文献

[1] P. -G. de Gennes,*Rev. Mod. Phys.* ,57,827(1985).

[2] T. Young,*Philos. Trans. R. Soc.* London,95,65(1805).

[3] J. F. Joanny,P. -G. de Gennes,C. R. *Acad. Sci.* ,*Paris Serie* 2,299,279(1984).

[4] F. Neumann,Vorlesungen über die Theorie der Capillaritt,(B. G. Teubner,Leipzig,1894)

4.5 润湿的物理化学——Zisman 判据和表面处理

为什么水滴会在玻璃上铺展而在塑料上不铺展？是否可找到一些方法，允许水滴在塑料表面上铺展，而在玻璃表面上不铺展？润湿物理化学的目标便是要理解这些问题。通常，了解如何预测和控制基底的润湿性非常重要。

4.5.1 润湿判据：铺展参数的符号

固体包括两大类：

①“高能”固体（HE）：包括金属、共价或离子晶体、玻璃。它们极具可润湿性，即大多数液体都会在其表面完全铺展开。其内聚能 U 与共价键能同一数量级，即 $U \sim eV$（或 $40k_B T$）。

②“低能”固体（LE）：包括塑料或分子晶体。其表面通常不易润湿，即液体只能部分铺展。其内聚能 U 与热扰动能同一数量级，即 $U \sim k_B T$。

你可能会认为，它们的润湿性是由 HE 固体的表面能 γ_{SO} 非常高，LE 固体的表面能量 γ_{SO} 很低导致的。但我们已经看到（本章 4.4 节），预测固体是否部分润湿或者完全润湿的能力取决于铺展参数 S 的符号。

与介质“愈合”过程对应的有一种能量平衡，使我们可以将 S 与液体 L 和固体 S 的极化率联系起来（图 4.26）。

① 在两个固体愈合前 [图 4.26（A）]，初始表面能为 $2\gamma_{SO}$；愈合后，界面能为零。从初始状态开始，考虑到将它们黏合一起可以获得能量 V_{SS}（对应于固体-固体范德华相互作用），以及固体原子之间的化学结合能 U，我们得到：$0 = 2\gamma_{SO} - V_{SS} - U$，其中 $V_{SS} = k\alpha_S^2$，此处 α_S 为固体的极化率，U 为化学键能，k 为常数。

② 同样，当两种液体介质愈合时 [图 4.26（B）]，初始能量用于恢复液-液范德华相互作用 V_{LL}。能量平衡为：

$0 = 2\gamma - V_{LL}$，且 $V_{LL} = k\alpha_L^2$，此处 α_L 为液体的可极化率。

③ 基于相同的推理，固体和液体的愈合过程［图 4.26(C)］有：

$$\gamma_{SL} = \gamma_{SO} + \gamma - V_{SL}, \text{其中} V_{SL} = k\alpha_S\alpha_L$$

最终，可得：

$$S = \gamma_{SO} - (\gamma_{SL} + \gamma) = V_{SL} - V_{LL} = k\alpha_S(\alpha_S - \alpha_L)$$

应当注意，如果 $\alpha_S > \alpha_L$，则 $S > 0$。所以其规则是：如果液体的可极化程度低于固体，那么液体将会完全铺展到固体上。

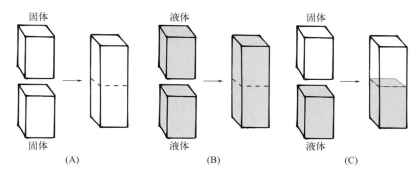

固体 → 固体 (A) 液体 → 液体 (B) 固体 → 固体 (C)

图 4.26　(A) 两个固体之间的愈合；(B) 两种液体介质之间的愈合；(C) 固体和液体之间的愈合

4.5.2　表面处理

表面处理的原理是改变固体表面的分子性质，从而改变其润湿性能。

4.5.2.1　如何实现将润湿表面转变为非润湿表面

将一层比液体更不易极化的材料涂敷在表面上，就可实现。

水润湿洁净的玻璃（$S > 0$），如果将疏水分子层接枝到玻璃表面，液滴将不再铺展（$S < 0$）。例如，可以使用带碳链 R［例如—$(CH_2)_n$ 或—$(CF_2)_m$］[1] 的三氯硅烷与玻璃表面上的 Si—OH 硅醇基团反应（图 4.27）。

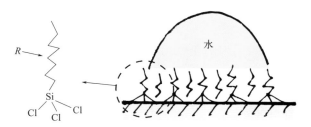

图 4.27　由于疏水分子层的存在，水滴不会在玻璃上铺展的示意图
在右图中，分子未按比例标识，其尺寸为几纳米，而液滴则可达几毫米

这种表面处理的应用可以使挡风玻璃保持干爽，使飞机舱防止结霜，防止煎锅中食物粘锅，使窗玻璃能够自清洁（第 8 章 8.1 节）。

4.5.2.2 如何实现非润湿表面至润湿表面的转变

应用比液体更易极化的材料层，例如金属层。这种情况如伪-部分润湿区域［图 4.29(C)］：微滴形成范德华"煎饼液滴"（厚度 e_S）。一个大液滴被覆盖表面的纳米级润湿膜（厚度 e_m）包围。

在温室中，非润湿塑料上的冷凝会沉积出可散射光的微滴，这是这项技术的应用之一。而塑料是通过溅射一层单原子金而转变为润湿表面。

4.5.3 表面表征——Zisman 临界张力

为表征经化学变性表面的润湿性，在表面沉积烷烃液滴。由于烷烃的表面张力 γ_n 由基团 CH_2 的数目 n 决定，因此将接触角 θ_E 作为 γ 的函数并加以测量（图 4.28）。θ_E 为 0（$\cos\theta_E=1$）时，有 $\gamma=\gamma_C$，这是表征基底材料的本征参数，且对应于 $\alpha_L=\alpha_s$。参数 γ_C 称为 Zisman 临界张力[2]。

γ_C 的测定可以预测表面张力 γ 的液体是否会在某个表面铺展，由此可得一个规律：如果 $\gamma<\gamma_C$，则润湿是完全的；如果 $\gamma>\gamma_C$，则润湿是部分的。例如：未被处理的玻璃，$\gamma_C\approx150\text{mN}\cdot\text{m}^{-1}$；硅烷化玻璃，$\gamma_C\approx20\text{mN}\cdot\text{m}^{-1}$；氟化玻璃，$\gamma_C\approx6\text{mN}\cdot\text{m}^{-1}$。未被处理玻璃的高 γ_C 表明，几乎所有液体（除汞外，$\gamma=485\text{mN}\cdot\text{m}^{-1}$）都能在其表面铺展。

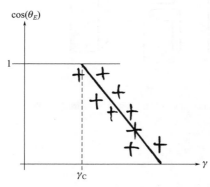

图 4.28 Zisman 作图：测量的 $\cos\theta_E$ 是 γ 的函数

4.5.4 润湿判据——Hamaker 常数的符号

仅仅从 S 的符号不足以预测润湿区域，还需要引入 Hamaker 常数的符号：$A_H=A_{SL}-A_{LL}$（第 2 章 2.3 节），它决定着润湿膜的稳定性。图 4.29 表示出了三种主要润湿区域，是从 $F(e)$ 曲线派生出来的，这些曲线表征厚度为 e 的润湿膜单位面积的能量。如第 4 章 4.4 节所述，有：

$$F(e)=\gamma_{SL}+\gamma+P(e)$$

式中 $P(0)=S$，且 $P(e)=\dfrac{A_H}{12\pi e^2}$。

图 4.29 所示的三种情况为：

① 完全润湿：$A_H>0$，$S>0$，$\alpha_S>\alpha_L$，例如玻璃上的水。

② 部分润湿：$A_H<0$，$S<0$，$\alpha_S<\alpha_L$，例如塑料上的水。

③ 伪-部分（pseudo-partial）润湿：$A_H<0$，$S>0$，例如镀金塑料上的水。

在图 4.29(C) 情况中，液滴部分润湿了表面，同时也以非常薄的薄膜状覆盖了基底的其余部分。因此，这种情况被称为"伪-部分润湿"。

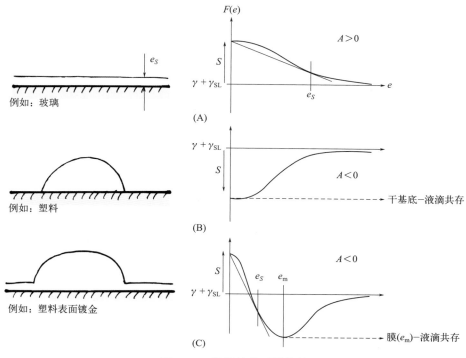

图 4.29　润湿性的不同情况
（A）完全润湿；（B）部分润湿；（C）伪-部分润湿

参考文献

[1] J. B. Brzoska，N. Shahidzadeh，F. Rondelez，*Nature*，360，719-721(1992).
[2] W. A. Zisman，*Adv. Chem.*，43，1-51(1964).

4.6　润湿动力学

　　液滴是如何铺展扩散的？为什么在挡风玻璃上滑动的雨滴会留下一道水痕？在脱湿薄膜上破孔的速度是多少？为什么我们会看到水滴在表面上移动，甚至在斜坡上攀爬？为什么水滴在部分润湿时传播得非常快，而要花费无限长的时间实现完全润湿？这些问题都需要在这里解答。

4.6.1　毛细速度

　　在处理黏性液体润湿时，一个重要参数是毛细速度，定义为：

$$V^* = \gamma / \eta$$

式中 γ 为液体表面张力；η 为黏度。如果液体并非十分黏稠，例如水（$\eta = 10^{-3} \mathrm{Pa \cdot s}$），则有 $V^* = 72 \mathrm{m \cdot s^{-1}}$。与此相反，硅油等黏性液体可减缓润湿动力学，以开展更精确的研究。当聚合物链长增大，并由此使其黏度增加时，毛细速度 V^* 可以从 $1\mathrm{m}\cdot\mathrm{s}^{-1}$ 降至 [1] $10^{-6}\mathrm{m}\cdot\mathrm{s}^{-1}$（第 7 章 7.6 节）。

由 V^* 采用量纲分析的讨论，我们可以估算部分润湿中液滴铺展的特征时间，或两液滴之间融合的特征时间 T_e：

$$V^* T_e = R_f$$

式中 R_f 是液滴的最终半径。$R_f = 1\mathrm{mm}$，对水而言，$T_e \approx 10\mu\mathrm{s}$，对蜂蜜或黏性油则 $T_e \approx 1\mathrm{s}$，对超黏性物质，如弹性橡皮泥则 $T_e \approx 1\mathrm{h}$。

毛细数 C_a 是一个无量纲参数，定义为三相线速度 V 与 V^* 之比 [2]：

$$C_a = V/V^*$$

在总润湿动力学中 C_a 起着重要作用。

另一个重要的参数是雷诺数（Reynolds number），其定义为：

$$Re = VL\rho/\eta$$

式中 ρ 为液体的密度；V 为速度；L 为特征尺寸。

当 $Re \ll 1$ 时，是黏性区域，由 V^* 控制。对于毛细现象，存在机械能（表面、重力）向黏性耗散的转变。当 $Re \gg 1$ 时，为惯性区域，机械能转化为动能。实例如皂泡破裂或水结露。

4.6.2 动力学：部分润湿

润湿动力学是对接触线运动的研究。

4.6.2.1 接触线的运动

杨氏方程表征了三相线静止时的平衡接触角 θ_E（本章 4.4 节）。当接触角 θ 与 θ_E 不同时，毛细力未得到补偿，三相线以速度 U 移动，此接触角称为动态接触角 θ_d。如果 $\theta_d > \theta_E$，三相线前进；如果 $\theta_d < \theta_E$（图 4.30），三相线后退。

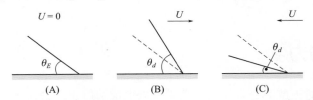

图 4.30 （A）静止接触线；（B）前进接触线；（C）后退接触线

接触线的速度 U 是图中显示的速度的平均值。润湿动力学由 $U(\theta_d)$ 定律给出，该定律基于作用在接触线上的驱动力与摩擦力相等而得到。

驱动力 F_M 是未补偿的毛细作用力：

$$F_M = \gamma_{\mathrm{SO}} - \gamma_{\mathrm{SL}} - \gamma\cos\theta_d = \gamma(\cos\theta_E - \cos\theta_d) \approx \frac{1}{2}\gamma(\theta_d^2 - \theta_E^2)$$

我们假设式中静态和动态接触角很小。

---

[1] 原文有误，已更正。——译校者注
[2] 原文有误，已更正。——译校者注

摩擦力是在基底上液体流动所产生的摩擦力（图 4.31）。

在所谓的润滑极限内（假定 $\theta_d \ll 1$），移动液体 $P(x)$ 中的压力仅取决于 x，而不取决于 z。以速度 $V(z)$ 为特征的液体楔内的流动为泊松流动：

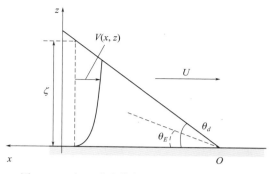

$$\eta \frac{\partial^2 V}{\partial z^2} = \frac{dP}{dx}$$

流动的边界条件：

$$V(0) = 0 \text{ 和 } \frac{\partial V}{\partial z}(\zeta) = 0$$

图 4.31　在运动液体角（$\theta_d > \theta_E$）中的流动

此处 ζ 定义为液体楔的形状轮廓。积分后，满足边界条件的解为：

$$V = \frac{1}{2\eta} \times \frac{dP}{dx}(z^2 - 2z\zeta)$$

在以速度 U 移动的线为参考坐标系中，液体是静止的：

$$\int_0^\zeta (V - U)\,dz = 0$$

由此：

$$U\zeta = \int_0^\zeta V(z)\,dz = \frac{-1}{3\eta} \times \frac{dP}{dx}\zeta^3$$

通过消除 dP/dx，速度场可表示为 U 的函数：

$$V = \frac{1}{2\eta} \times \frac{dP}{dx}(z^2 - 2z\zeta)$$

基底上的黏性应力 σ_{xz} 为：

$$\eta \frac{\partial V}{\partial z}(z = 0) = 3\eta \frac{U}{\zeta}$$

作用于液体楔上总的作用力 F_v，其轮廓参数 $\zeta(x) = \theta_d x$，由以下公式给出：

$$F_v = \int_{x_{\min}}^{x_{\max}} 3\eta \frac{V}{\zeta(x)}\,dx = \int_{x_{\min}}^{x_{\max}} 3\eta \frac{U}{\theta_d} \times \frac{dx}{x} = 3\eta \frac{U}{\theta_d} \ln\left(\frac{x_{\max}}{x_{\min}}\right)$$

式中 $x_{\max}$ 是液滴大小；$x_{\min}$ 是液滴微观长度。实际上，$L_n = \ln(x_{\max}/x_{\min})$ 的大小为 20。方程式 $F_m = F_v$ 可表述为：

$$\frac{1}{2}\gamma(\theta_d^2 - \theta_E^2) = 3\eta \frac{U}{\theta_d}L_n$$

由此得到的 $U(\theta_d)$ 为：

$$U = \frac{V^*}{6L_n}\theta_d(\theta_d^2 - \theta_E^2) \tag{4.3}$$

该定律与实验观察结果相一致，并可用于描述从液滴铺展到脱湿的润湿动力学。

值得注意的是，速度 $U(\theta_d)$ 抵消了 θ_d 的两个值：对于 $\theta_d = 0$，因为液体楔中的黏性耗

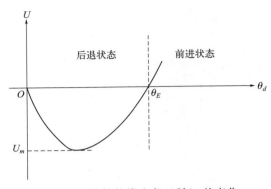

图 4.32 接触的线速度 U 随 θ_d 的变化

散变得无穷（所谓的"水管定理"），对应于接触线处于平衡，$\theta_d = \theta_E$。这两个值之间有一极小速度 U_m。在 U_m 以下，θ_d 无解：它是强制润湿的区域。实际上，对于 $V^* = 72 \mathrm{m \cdot s^{-1}}$ 的水，$\theta_E = 0.1°$，$L_n = 20$，可见：

$$U_m = \frac{V^*}{9\sqrt{3}L_n}\theta_E^3 = 0.2\mu\mathrm{m \cdot s^{-1}}$$

注：我们假设液体的表面张力是均匀的。如果液滴沉积在具有热梯度的基底上，则存在表面张力梯度，正如我们所看到的，γ 是温度的函数，液体被拉向高表面张力，这种由热梯度引起的液体传输效应被称为 Marangoni 效应，可以在许多现象中找到，例如沿葡萄酒玻璃杯壁上的葡萄酒挂杯现象。

4.6.2.2 强制润湿

当平板垂直浸入润湿液体（$\theta_E < 90°$）中时，液浴表面与固体以 θ_E 角连接，形成弯月面 [图 4.33（A）]。当低速移除该平板时，即 $U < U_m$ [图 4.33（B）]，接触线不稳定，弯月面角为动态接触角 θ_d。如果以 $U > U_m$ 的速度移除平板时 [图 4.33（C）]，接触线不稳定，板上带有液膜。这种现象称为强制润湿。

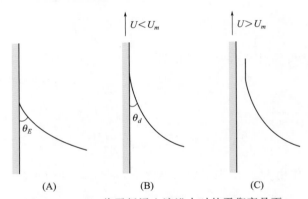

图 4.33 （A）将平板浸入液浴中时的平衡弯月面；
（B）当以速度 $U < U_m$ 移除平板时，接触线是稳定的；（C）当 $U > U_m$ 时，平板拖动液膜

厚度 $e(U)$ 可以通过 Landau-Levich 方程计算[1]：

$$e(U) = \kappa^{-1}C_a^{2/3}$$

式中 κ 是毛细长度；C_a 是毛细数，$C_a = \eta U/r$，此处 η 和 r 分别是液体的黏度和表面张力，而 U 是平板的提升速度。

D. Quéré[2] 在一个非常简单的实验中证实了这一点，他向特氟龙管中的一滴液体吹气，通过测量液滴体积随速度的减小，得出 U_m 和膜的厚度。

回到落在挡风玻璃上的雨滴这一常见现象上。在移动汽车的高速驱动下，雨滴留下了痕迹：这是一种简单的强制润湿现象。工业应用是光学透镜的多层处理，可以将透镜浸入液体浴中，再以某一速度 U 拉出，这样就设定了膜层的厚度。

4.6.2.3 部分润湿（S＜0）中液滴铺展动力学

借助描述接触线动力学的关系式 $U(\theta_d) = dr/dt$，我们假设液滴呈半径 $r(t)$ 和高度 $h(t)$ 的球冠状，推导部分润湿液滴半径 $r(t)$ 的演变（图4.34）。建立 θ、h 和液滴体积 Ω 之间的几何关系 $\Omega \approx hr^2$ 和 $\theta \approx h/r$，发现部分润湿液滴的铺展动力学受以下因素控制：

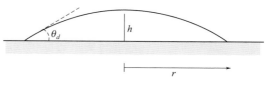

图4.34 部分润湿液滴的铺展

$$r_E - r(t) = [r_E - r(0)]e^{\frac{-t}{\tau}}$$

式中 $\tau = 3L_n r_E / V^* \theta_E^3$；$r_E$ 为液滴的平衡半径。

4.6.3 动力学：完全润湿

与部分润湿相比，完全润湿中的液滴轮廓完全不同。几纳米厚的前驱膜在液滴前部延伸（图4.35）。

前驱膜是由作用在其末端的非常大的力所产生。该驱动力由下式给出：

$$F_m = \gamma_{SO} - \gamma_{SL}\cos\theta_d = S + \gamma(1 - \cos\theta_d) \approx S + (1/2)\gamma\theta_d^2$$

总黏滞力 F_v 是液体楔中的黏性贡献 $F_{楔}$（类似于部分润湿）和前驱膜的黏性贡献 $F_{膜}$ 之和：$F_v = F_{楔} + F_{膜}$。德热纳证明，S 在驱动力中的贡献由前驱膜（即 $F_{膜}$）中的黏性阻力补偿[3]。因此，驱动力和黏性耗散之间的平衡导致 $F_{楔}$ 和 $\gamma\theta_d^2/2$ 之间的平衡。从而得到 Tanner 定律：

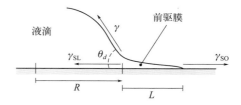

图4.35 完全润湿时液体楔
以速度 U 前进的剖面图

$$\frac{3\eta U}{\theta_d}L_n = \frac{1}{2} \times \frac{\gamma}{\eta}\theta_d^2$$

由此：

$$U = \frac{V^*}{6L_n}\theta_d^3 \qquad (4.4)$$

最后，描述液滴半径 $r(t)$ 演变的定律基于体积守恒推导而得：

$$\Omega \cong r^3\theta_d$$

基于关系式 $U(\theta_d)$ [式(4.4)]，有：

$$U = \frac{dr}{dt} = \frac{V^*}{6L_n} \times \frac{\Omega^3}{r^9}$$

可得 $r^{10} \cong V^*\Omega^3 t$，或等价 $\theta_d \approx t^{-3/10}$。

当 $dr/dt \sim \theta_d^3$ 时，随 θ_d 减小，铺展速度减慢，与部分润湿相比，完全润湿的动力学极其缓慢。值得注意的是，该方程只适用于 r 小于毛细长度 κ^{-1} 时，当 $r > \kappa^{-1}$ 时，液滴因重力作用而变为扁平状。

4.6.4 星球大战的应用：弯月面的力量

① 劣势：在细胞生物学中，细胞被接种在 Petri 培养皿中，并用含有细胞生长和分裂

所需的所有营养物质的培养基覆盖。由于培养基酸化，营养物质被消耗，几天后红色指示剂变黄。这告诉我们，我们需要恢复一个新的环境。随着微流控技术的出现（第2章2.5节），许多研究小组开发了用于介质灌注或再循环的微流控系统，以实现细胞的自动化培养。然而，微流体中经常出现的实际问题之一是气泡的形成，无论是在外部管道和设备之间的连接处，还是随着时间的推移，通过气体溶解（因为PDMS可渗透气体）。这通常是有害的，因为细胞在气泡通过管道后会出现脱黏或死亡。

② 优势：另一方面，在电子行业集成电路生产这一完全不同的领域，RAM和微处理器必须安装在无尘室中，因为大于 $100nm(=0.1\mu m)$ 的颗粒可能会损害其正常功能。然而，在实践中，清理最小污垢的表面通常很复杂。气体喷射（喷雾）或超声波只能有效去除大于 $1\mu m$ 的颗粒。这一下限是因为灰尘通过范德华力黏附于表面（如本例中的硅片）上。然而，对于平面上的球形粒子，我们已经看到（第2章2.3节）：

$$F_{球形粒子}=A_H\left(\frac{R}{6H^2}\right)(在极限处\ H\approx R)$$

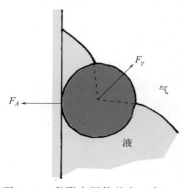

图4.36 黏附在固体基底（力F_A）上并正横穿气泡（即液-气界面）的球形粒子的示意图

式中 A_H 为 Hamaker 常数；R 假定为球形的尘粒的半径；H 为与基底的分离距离。去除颗粒所需的力通常取决于颗粒的横截面或体积，因此当颗粒的尺寸仅减小一个数量级时，它们会增加100倍或1000倍。1988年 Leenars 的偶然观察[4] 表明，气泡的通过可以实现有效清洁。原理如图4.36所示，即气-液界面产生毛细作用力，毛细作用力（部分）与黏附力相反。通过忽略角度校正因子，毛细管力可表示为 $F_\gamma\approx\gamma R$。因此，它仅取决于粒子的大小。实践证明这是有效的。

③ DNA的梳理：1994年，A. Bensimon 和 D. Bensimon 利用毛细管效应和空气-水弯月面施加的力来"梳理"DNA[5]。溶液中的DNA分子的行为类似于聚合物线团（第10章10.1节），一端可以连接到微球、纤维或载玻片 [图3.37(A)] 上。巴黎 École Normale Supérieure 的研究小组通过用含有乙烯基（—CH=CH$_2$）的硅烷（本章4.5节）处理载玻片来实现这一点，这些乙烯基具有只与双链DNA末端相互作用的特性。当观察挤压在硅烷化片层和未处理片层之间的DNA溶液时，DNA链被接枝，如图4.37(A)所示。在液滴蒸发过程中，可以观察到，在水-空气界面通过后，分子被铺在表面并拉伸 [图4.37(B)]，垂直于后退液滴的弯月面。这意味着界面施加的毛细管力不足以破坏DNA-玻璃间的键，但足以拉伸DNA。通过将DNA吸入到直径 $D=2nm$ 的圆柱体中，可以估计这种表面张力约为400pN。然而，如后面第10

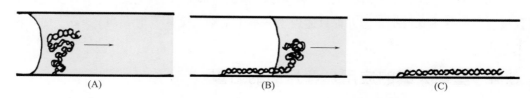

图4.37 DNA分子一端附着于表面并通过弯月面通道梳理示意图

章 10.1 节所述，DNA 在 70pN 左右发生过度拉伸状态的转变。因此，捕获技术是一种基于毛细作用的简单方法，用于固定和拉伸 DNA 分子［图 4.37（C）］。

在分子生物学中，荧光原位杂化（FISH）是一种旨在可视化不同基因空间表达谱的方法。将荧光寡核苷酸注入固定化 DNA 以确定杂交位点。显然，随着目标 DNA 的拉伸，这个位置的确定更加准确。这使得检测 DNA 的突变或缺失成为可能。

参考文献

［1］L. Landau，B. Levich，*Acta Physicochim. U. R. S. S.*，17(42)，42-54(1942).

［2］De Ryck，D. Quéré，*J. Fluid Mech.*，311，219-237，1996.

［3］P. -G. de Gennes，*Rev. Mod. Phys.*，57，827(1985).

［4］A. F. M. Leenaars，in *Particles on Surfaces：Detection，Adhesion and Removal*，ed. K. L. Mittal，New York，NY：Plenum，1988.

［5］A. Bensimon，A. Simon，A. Chiffaudel，V. Croquette，F. Heslot，D. Bensimon，*Science*，265，2096-2098(1994).

4.7 脱湿：液膜回缩

脱湿是指液体薄膜从固体、液体或悬浮基底上自发回缩（spontaneous withdrawal），是一种深深吸引物理学家的日常生活中的现象，并具有许多工业应用。

4.7.1 定义

日常生活中可以观察到脱湿现象（图 4.38）。当淋浴后进入空气流通的干燥区域，我们的皮肤自发干燥。鸭子的羽毛比人的皮肤更有效，因为鸭子从水中出来时完全是干的。每次飞行前，飞机都会喷洒一种液体，使其具有超疏水性，以避免形成冰茧。在我们的厨房里，如果在不粘锅上铺展一层油膜，它将是不稳定的，干燥的区域会成核并生长。

(A)　　　　　　　(B)　　　　　　　(C)　　　　　　　(D)

图 4.38　脱湿的实例
（A）游泳者皮肤上；（B）鸭子羽毛上；（C）飞机机舱上；（D）煎锅上的水或油（版权属于 Shutterstock）

如果你在潮湿的路面上开汽车，必须去除轮胎和路面之间的水膜，以形成黏合层接触，并使轮胎具有良好的抓地力，正如德热纳在图 4.39 中所绘。当你突然刹车时，可能会发生滑行：接触点变湿，你会对汽车失控。相比之下，对隐形眼镜而言，隐形眼镜和眼睛之间的夹层膜必须稳定，否则隐形眼镜会导致眼睛的不适。

脱湿也有工业应用。事实上，许多工业加工过程都是由铺展稳定的液膜组成的，不希

图 4.39　德热纳所绘汽车在水面上滑行图（FBW 私人收藏）

望出现脱湿现象：例如胶带，黏合剂必须均匀地涂敷在其表面上，而不能留下未覆盖的区域。同样，农场所用的配方是水基的，但由于农作物叶子非常疏水，必须添加表面活性物质以增加润湿性。洗碗机冲洗产品的配方也考虑了这个问题：重点是要避免盘子和玻璃杯在加热时变干，留下杂质；如果干燥前脱湿，则杂质会随液体一起被带走。为避免在潮湿道路上行驶时出现打滑现象，必须对轮胎表面和纹理进行处理，以使轮胎和路面之间的薄膜能够脱湿。运动鞋的鞋底经过纹理处理，使运动员在潮湿的地面上有良好的抓地力。

脱湿是指液体薄膜的破裂，其黏度可以变化几个数量级。三种不同的几何形状常被区分分析（图 4.40）：

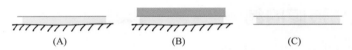

(A)　　　　　　　(B)　　　　　　　(C)

图 4.40　（A）支撑层；（B）介于硬固体和软橡胶之间；（C）悬浮膜

① 沉积在非润湿基底上的薄膜（不混溶液体或固体）：这是与铺展相反的过程。当 $S>0$（完全润湿区域）时，液体倾向于覆盖表面，因此薄膜始终稳定。当 $S<0$ 时，液体倾向于从表面分离。

② 在软、硬固体之间嵌入的薄膜，用于控制黏附力。

③ 悬浮膜，用于控制气泡和皂膜的破裂（第 6 章 6.3 节）。

我们将在这里描述最常见的支撑膜的情况。

4.7.2　支撑膜的脱湿：膜稳定性

我们首先确定临界厚度 e_c，低于该厚度的膜处于亚稳定或不稳定状态。随后，可通过干燥区域的成核和生长来描述脱湿的动力学。我们考虑沉积在固体基底上的厚度为 e 的液膜，其铺展参数 $S<0$（图 4.41）。$F(e)$ 是每单位面积膜的自由能。

$F(e)$ 是重力能（$=\dfrac{\rho g e^2}{2}$）与界面能 γ 和 γ_{SL} 之和。此外，在没有任何膜的情况下（即 $e=0$），可得 $F(0)=\gamma_{SO}$。

$$F_{膜}(e)=\gamma_{SL}+\gamma+\frac{1}{2}\rho g e^2$$

$$F_{膜}(e=0)=\gamma_{SO}$$

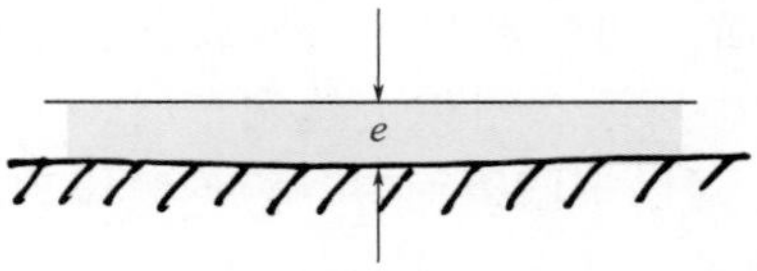

图 4.41　固体基底上厚度为 e 的液膜　当 e 趋近于零时，函数 $F(e)$（图 4.42）不是连续的，

它有一个大小为 S 的不连续性。这种能量增加是导致脱湿的原因。

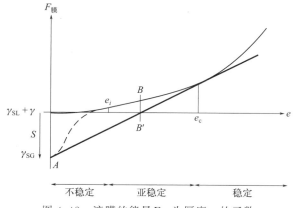

图 4.42　液膜的能量 $F_膜$ 为厚度 e 的函数

$F_膜(e)$ 的表达式对介观厚度有效，因为 $F_膜(e{\to}0){\neq}F_膜(0)$。为确保 $e{\to}0$ 的连续性，必须包括长程分子力（第 2 章 2.3 节）。

要画出从点 A 对曲线的切线，我们应求出 $e{=}e_c$ 的交点。这种所谓的麦克斯韦作图表明，干态固体和厚度为 $e{=}e_c$ 的液膜之间存在共存，这对应于沉积在固体上的薄层的厚度。对于 $e{>}e_c$，薄膜是稳定的。对于 $e{<}e_c$，薄膜为亚稳态。通过干燥区域的成核和生长的脱湿而降低能量（$B{\to}B'$）[图 4.43（B）]。因此，不粘锅上的油膜厚度为 e_c。如果用刮勺压碎，会形成孔洞/干燥区域。对于厚度小于 e_i（对应于拐点，约 10nm）的纳米薄膜是不稳定的，并且会自发地破裂成许多液滴。这种区域称为亚稳相分离，如图 4.43（A）所示。

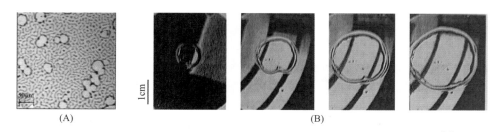

图 4.43　（A）通过亚稳相分离脱水；（B）通过干燥区域的成核和生长脱水[1]

4.7.3　脱湿动力学

根据液体的黏度（水的黏度为 1cP❶，超黏性浆料的黏度为 $2{\times}10^9$ cP），可以观察到三种不同的动力学区域，即惯性、黏性和黏弹性区域。此处将描述在实践中最常见和最重要的黏性区域和惯性区域。超黏性流体的情况将在后续讨论（见本章 4.7.4 节）。

---

❶　$1cP{=}10^{-3}Pa\cdot s$。

4.7.3.1 黏性区域

这里将描述依附于固体基底上的薄膜回缩的动力学。图 4.43(B) 显示，在一种黏性硅油 PDMS 膜中，通常出现干燥区的成核和开孔回缩减慢的现象。在硅烷化非润湿基底上，旋涂一滴 PDMS 形成沉积薄膜（本章 4.5 节）。该膜被锚定在一润湿环上，该润湿环是通过紫外照射降解冠状区间的表面并进行处理而获得。当时间 $t = 0$ 时，孔成核，并通过测量半径 R 的时间函数来监测孔形成动力学。可见，该孔周围有一液体边缘，该边缘由收集干燥区域的液体形成。液体边缘的运动由单位长度的力 $\gamma + \gamma_{SL} - \gamma_{SO} - \frac{1}{2}\rho g e^2 \approx -S$ 所驱动（在 $e \ll e_c$ 的限值内）。

为了描述孔的形成，我们借助于接触线 A 和 B 的运动规律（本章 4.6 节），接触线与液体边缘相邻 [图 4.44(A)]。假设液体边缘较厚部分的压力平衡快速达到，其形状为球冠状。A 和 B 的接触角相同：

接触线 A：$V_A = V^* \theta_d (\theta_d^2 - \theta_E^2)$

接触线 B：$V_B = V^* \theta_d^3$

假设 $V_A = V_A = \dfrac{\mathrm{d}R}{\mathrm{d}t}$，可见 $\theta_d = \theta_e / \sqrt{2}$ 且 $\mathrm{d}R/\mathrm{d}t = V^* (\theta_e^3 / 2\sqrt{2})$。

因此，脱湿速度是恒定的。它与 θ_e^3 成正比，并随黏度的倒数的变化而变化。C. Redon 用烷烃改变接触角，用硅油改变黏度，几十年来对这两个发现进行了实验验证 [图 4.44(C)][1]。

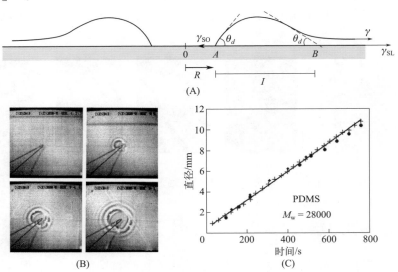

图 4.44　黏性和惯性区域中的脱湿动力学

（A）液体边沿的形状和符号；（B）孔形成动力学（由 Claude Redon 提供）；
（C）疏水表面上的水的惯性脱湿（每张图像之间的 $t = 10\mathrm{ms}$）（由 Axel Buguin 提供）

这些脱湿的定律，具有实际重要性，已经扩展到众多不同的领域。例如对于细胞黏附，其中细胞和基质之间的液体膜必须去除，以确保适当的细胞黏附；还有在感染金黄色葡萄球菌的上皮细胞中，观察到宏观开孔的动力学[2]。

4.7.3.2 惯性区域

随着黏度降低，脱湿速度增加，于是出现向惯性脱湿的转变 [图 4.44(B)]。划分这两个区域的无量纲数是雷诺数 $Re = \rho Vl/\eta$，其中 l 是液体边沿的宽度。

在惯性区域，应用于液体边缘的基本力学方程式为：$\dfrac{\mathrm{d}(MV)}{\mathrm{d}t} = -S$。当边缘从干燥区域收集液体时，质量为 $M = \rho Re$。基本方程式的解为 $V = $ 常数，$\dfrac{\mathrm{d}M}{\mathrm{d}t} = \rho Ve$。因此：$V = \sqrt{-S/\rho e}$。

惯性区域的爆破速度是恒定的，且随 $e^{-1/2}$ 变化。该定律经 A. Buguin[3] 验证，与描述皂膜破裂的那个定律是相同的，只需用 2γ（膜的表面张力）代替 $-S$。

4.7.4 应用：黏性气泡的产生与消灭

1991 年，德热纳因其在软物质方面的工作而获得诺贝尔奖。Rhóne Poulenc 化学和制药公司分发了标有"你知道软物质吗？"的塑料盒，如图 4.45 和图 4.46 所示，这些盒子里有一个神奇的面团，至今仍保持着它的所有特性，这是一种糊状液体。但如果你把它塑造成一个小球体，你会得到一个弹性球，它会反弹回来。如果你让它静止，它会像液体一样铺展。

(A)　　　　　　(B)　　　　　　(C)

图 4.45　黏弹性球的铺展：投掷时反弹，放置时铺展
(A) $t=0$；(B) $t=1$h；(C) $t=24$h（照片源自 FBW）

当料团铺展成薄膜时，核孔出现并生长（图 4.46），当时要求正攻读另一门学科博士学位的 Georges Debregeas 来记录这些孔的发展过程。结果是，这个令人兴奋的附加项目让他忙了三年。

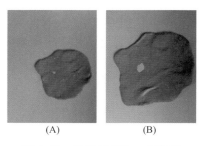

(A)　　　　　(B)

图 4.46　料团铺展为一层薄膜
(A) 明显可见开了一个孔；
(B) 孔的增长（照片源自 FBW）

4.7.4.1 黏性液膜：从熔融聚合物到液体玻璃

纯水膜太不稳定，无法保持一毫秒以上的完整性。为了使其稳定，必须添加微量表面活性剂以降低表面张力。另一方面，黏度高 10^8 倍的液体膜是稳定的，因其流动太慢，需要很长时间才能弛豫到平衡状态。在没有表面活性剂的情况下，黏性泡沫可以制成，其原因正是如此。在 Saint-Gobain 玻璃公司的熔炉中，可以形成巨大的熔融玻璃气泡，并产生出泡沫，妨碍工艺正常运行。

但也有一种工业工艺利用了这种特性，通过向聚合物熔体中注入气体而不添加表面活性剂，从而产生膨胀聚合物的泡沫。最后，还有当你加热土豆泥时溅起的气泡，或是硫黄温泉中黏稠的熔岩或泥浆气泡（图 4.47）。

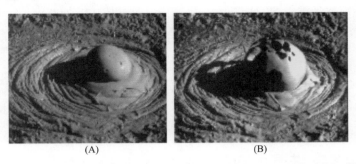

图 4.47　美国黄石国家公园硫黄温泉中黏性气泡：（A）形成；（B）爆破
（Katia 和 Maurice Kraft，火山学家）

虽然皂膜的爆破已经被物理学家关注一百多年，但没有人研究过爆破的糊状液体。在这种情况下，惯性是不可忽略的，膜的断裂受料团的黏弹性控制。

为了使薄膜在原子尺度上平滑，用擀面杖挤压料团是不够的。相反，我们可在聚合物溶液中加入一个半径为 R 的环。最初，所拉出的液膜并不黏稠，随着溶剂蒸发，可以形成熔融状的悬浮液膜（厚度 e，通常为 $50\mu m$）。当你用针头扎刺这层悬浮膜，便可以记录孔的生长。我们观察到薄膜保持平整，孔周围不存在累积出的边沿，液体均匀地分布在厚膜中。实验发现，孔的生长规律呈指数型，孔的开放速度为 V^*。

① V^* 与 γ/η 成比例，其中 γ 是表面张力，η 是熔融聚合物的黏度（对于图 4.45 和图 4.46 中魔术膏，其黏度约是水黏度的 10^8 倍），因此 V^* 非常小，其值为 $10\mu m \cdot s^{-1}$；

② 与非常高的 R/e 成正比。

本书通过将表面能增益转化为黏弹性耗散来描述爆破规律。皂膜和悬浮膜之间的主要区别在于流动本性的不同：在皂膜中，由于表面活性剂存在于表面，且是泊肃叶流动，并且在膜的边缘产生速度衰减；所以薄膜的黏性耗散很大；另一方面，黏性膜是裸露的，整个膜厚度变化的速度一致，流动变成了所谓的柱塞流，耗散率很低，非常薄的黏性膜可以像皂膜一样快速爆破，而黏性膜比皂膜更黏 10^8 倍。

通过忽略数值系数，将厚度为 e、以 $\mathrm{d}R/\mathrm{d}t$ 速度打开的薄膜中尺寸为 R 的孔的表面能量转换为黏性耗散：

$$\eta\left(\frac{1}{R}\times\frac{\mathrm{d}R}{\mathrm{d}t}\right)^2 R^2 e \approx R\gamma\frac{\mathrm{d}R}{\mathrm{d}t} \tag{4.5}$$

式中速度梯度为 $\frac{1}{R}\times\frac{\mathrm{d}R}{\mathrm{d}t}$，而不是皂膜的 $\frac{1}{e}\times\frac{\mathrm{d}R}{\mathrm{d}t}$，如果皂膜很薄，它会导致生长速度非常快。

由式(4.5) 可见，增长规律为指数关系：$R=R_0 e^{\frac{t}{\tau}}$，且 $\tau=\eta e/(2\gamma)$，并且开孔速度与 $V^* R/e$ 成正比。如果 V^* 非常小，R/e 可能会变得非常大。如果我们取 $R=1\mathrm{cm}$，$e=1\mu m$，可发现开孔速度单位约为 $\mathrm{mm/s}$。

4.7.4.2 黏性气泡的产生与消灭

在研究悬浮膜破裂后，我们研究了黏性气泡的情况。通过向熔融聚合物中注入一个大气泡，液滴上升并在表面形成一个漂亮的气泡，因为接触角为 $90°$，所以呈半球形。由于排液，气泡变得更薄，其厚度可以通过干涉测量进行监测。然后用针刺穿气泡，并记录其破裂过程，这一速度可能非常快，因此必须使用超高速相机[4]。孔在短时间内爆裂遵循悬浮膜的指数定律。当这个洞的尺寸与气泡的尺寸相当时，其开口会变慢，我们观察到它会像降落伞一样由于不稳定而坍塌。

4.7.4.3 例外情况：泡囊和核膜中的瞬时孔

当泡囊或细胞膨胀时，由于膜被拉伸，孔成核并生长。孔的开口由黏性膜破裂的模型描述。但泡囊或细胞不会死亡，气孔会自动闭合（图 4.48）。事实上，一旦孔打开，膜的张力就会通过两种机制释放：孔隙的打开和受到拉普拉斯压力的内部液体的泄漏。如果泡囊浸没在高黏性液体中，由于内部液体的泄漏速度减慢，宏观孔会缓慢打开和关闭。在水中，泄漏速度非常快，以至于孔在达到可观察的尺寸之前就闭合了。E. Karatekin 和 O. Sandre 研究了表面活性剂对膜力学性能和膜孔相关线能量所起的作用[5]。线能是三维表面能的二维等量。一些表面活性剂能够将该线能量降低为原来的 1/100，使膜具有渗透性。根据几种表面活性剂的亲水-疏水平衡及其与插入膜的亲和力进行了测试。张力诱导或药物添加均有助于膜通透性增高，由此可应用于药物的传输，或许还能够帮助我们了解某些基本的生物过程（如内噬作用）。

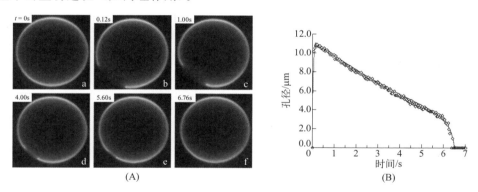

图 4.48　膜孔的打开和关闭
（A）视频照片序列 a～f；（B）孔径为 r 的孔隙随时间的闭合曲线
（摘自文献 [3]，由 O. Sandre 提供）

此外，迁移到细胞外基质中的活细胞严重变形，细胞核被拉伸。核膜上出现的瞬时孔可能导致遗传物质丢失和细胞死亡。

参考文献

[1] C. Redon，F. Brochard-Wyart，F. Rondelez，*Phys. Rev. Lett.*，66(6)，715-718(1991).
[2] E. Lemichez et al.，*Biol. Cell*，105(3)，109-117(2013).

［3］ A. Buguin，L. Vovelle，F. Brochard-Wyart，*Phys. Rev. Lett.* ，83，1183（1999）.

［4］ G. Debrégeas，P. -G. de Gennes，F. Brochard-Wyart，*Science* ，279，1704-1707（1998）.

［5］ E. Karatekin， O. Sandre， H. Guituni， N. Borghi， P. -H. Puech， F. Brochard-Wyart，
Biophys. J. ，84，1734（2003）.

（严玉蓉　译）

第 5 章　液晶

5.1　液晶概述

5.1.1　发现与探索

奥地利有一位植物学家 Friedrich Reinitzer，曾研究植物中胆甾醇的功效。他在 1888 年发现一种胆甾醇苯甲酸酯晶体，加热时不会像普通晶体一样熔化，而是在 145℃时变成一种牛奶状的液体，并于 178.5℃再变成清亮的液体。他确信自己发现了物质的一种新的状态，于是他把这个样品寄给了在结晶学中因使用偏光显微镜而闻名的 Otto Lehman。后者设计出附有辅助热台的一种显微镜，能够在加热条件下肉眼跟踪晶体的演化过程。他将这一牛奶状的液体解释为一种普通的结晶相，但同时具有高迁移率的三维晶格（three-dimensional lattice）。随后，他将 Reinitzer 的发现扩展到大量天然和人造物质，为记住这些明显矛盾的特征，1904 年赋予这类物质一个专有名词——"液晶"。Reinitzer 指出这些液晶具有旋转光偏振方向（双折射）的特性（图 5.1）。

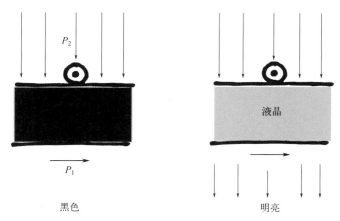

图 5.1　在交叉偏振片之间液体样品为黑色（左）而液晶清亮（右）

当时，物理学家们并不相信存在这种新的物质状态，对此的困惑一直持续到 1922 年，Georges Friedel 才第一次提出介于液态和结晶态之间存在一物质中间相或中间状态，并将液晶分为向列相（或胆甾相）和近晶相。影响随后理论和实验发展的有：F. C. Frank（1950 年）和德热纳领导的 Orsay 液晶研究团队（Orsay liquid crystal group）。

若细长分子的中心有一个可促进取向有序的刚性棒状结构，通常可以得到液晶相。这种分子同时含有两个柔性端基，它们既可防止结晶发生，又可促进液晶态形成（图 5.2）。

分子的长轴沿平均方向取向，可以通过容器的壁或外力（例如磁场或电场）而固定。其结果是出现物理性质的各向异性，这与晶体（例如旋光活性介质）的各向异性相当；同时，也产生一些像普通液体一样流动的中间相（例如向列相）。同一物质可能存在一系列中间相。例如，对苯二亚甲基-双（对-丁基苯胺）［即 TBBA，（图 5.2）］在加热熔化时依次表现出的相态的序列为：固态＞近晶相 B＞近晶相 C＞近晶相 A＞向列相＞各向同性液体。

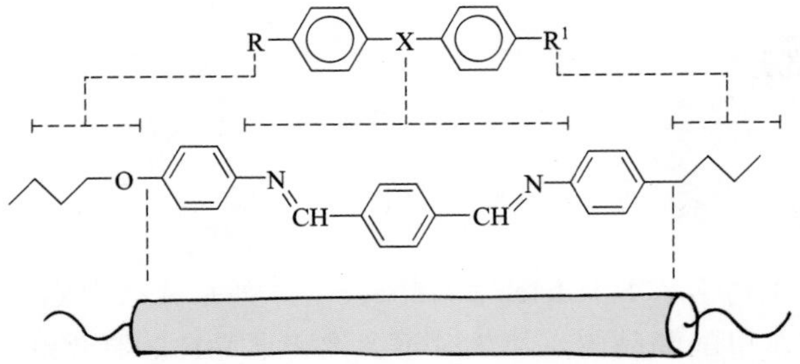

图 5.2 （A）液晶的常见化学结构；（B）TBBA 分子的化学组成；
（C）示意图：链的中心部分为刚性，两端为柔性

5.1.2 向列型液晶[●]

在向列相中，分子的长轴具有优与平均方向（a privileged mean direction），由单位矢 $\vec{n}$ 表示（图 5.3），但分子的重心是随机分布的，像液体一样流动。系统通过围绕 n（单轴介质）旋转而保持不变，状态 n 与 $-n$ 全同。系统是单轴的，第 3 章 3.2 节中引入的取向参数是一个张量。

$$S_{ij} = \langle n_i n_j \rangle - \frac{1}{3}\delta_{ij}$$

$S(T)$ 用于量度沿着 n 方向的定向排列度（alignment rate），是向列-各向同性转变的序参数，且 $S(T) = \frac{1}{2}\langle 3\cos^2\theta - 1 \rangle$。完全有序状态对应 $\theta = 0$，$S = 1$；而无序液体对应 $\langle \cos^2\theta \rangle = 1/3$，$S = 0$。

实验中广泛使用的向列型液晶为 PAA（对偶氮基苯甲酚）和 MBBA（甲氧基亚苄基丁基苯胺），如表 5.1 所示。

表 5.1 两种向列型液晶的化学结构

向列型液晶	对偶氮基苯甲酚	甲氧基亚苄基丁基苯胺
化学结构	向列相 116~135℃ 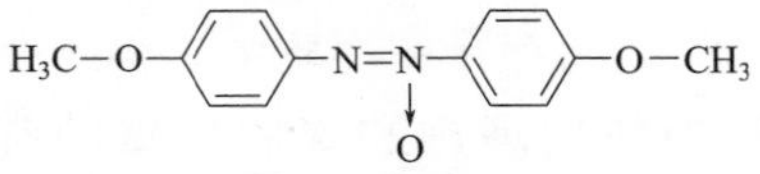 $H_3C-O-\!\!\bigcirc\!\!-N=N-\!\!\bigcirc\!\!-O-CH_3$ (O)	向列相 20~47℃（$T_{室温}$） 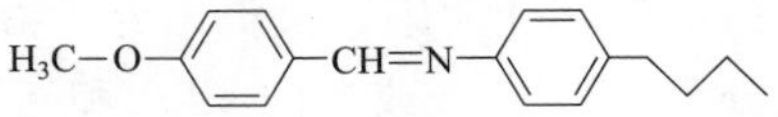 $H_3C-O-\!\!\bigcirc\!\!-CH=N-\!\!\bigcirc\!\!-$

[●] 此处原著英语为 nematics，绝大多数中译者均译为"向列相"，但本书中译为"向列型液晶"，即认为此名词代表的是 nematic liquid crystals。这种英文构词法最有名的实例是：由形容词 plastic 变为名词 Plastics，后者实际上代表类别 plastic materials。同理，尽管多数人将 cholesterics 和 smectics，译为胆甾相和近晶相，本书中则译为胆甾型液晶和近晶型液晶，请读者自鉴。——译校者注

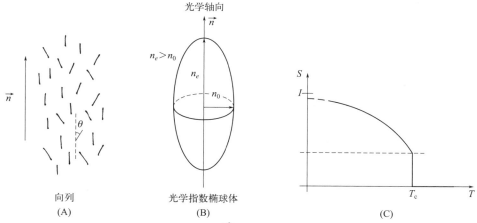

图 5.3 （A）分子的长轴沿导向矢量 $\vec{n}$ 平均取向；（B）液晶的光学双折射特性，
n_0 和 n_e 对应于普通和超常折射率；（C）向列序参数 $S(T)$ 的典型形状，
在 $N{\rightarrow}I$，转变温度 T_c 趋于零，$S(T)$ 在 T_c 为非连续，此对应于一级相转变

5.1.3　胆甾型液晶

胆甾型液晶是向列型液晶的一个亚类。当分子为手性分子时，矢量 $\vec{n}$ 围绕优与轴
（privileged axis）有规律地旋转（图 5.4）。胆甾衍生物便属此例，如 Reinitzer 研究的胆
甾醇苯甲酸酯。螺旋结构的特征是螺旋"p"的螺距，通常在 0.1 到 $10\,\mu m$ 之间变化，是
采用右螺旋还是左螺旋取决于矢量围绕胆甾相轴是逆时针还是顺时针旋转（图 5.4❶ 中的
右螺旋）。胆甾相的一个显著特性是光在某一波长 $\lambda_0 = np\cos\alpha$ 上的选择性反射，此处 $n =$
$(1/2)(n_0 + n_e)$，为平均光学指数，α 是观察角。如果 λ 与 λ_0 不同，则光线会透射。由于
螺旋 p 的螺距对温度非常敏感，胆甾相会变色，可用作温度指示器。这种特性也是甲壳虫
呈现彩虹色的原因，是因为甲壳虫的外壳具有固定的胆甾相有序结构（第 9 章 9.4 节）。

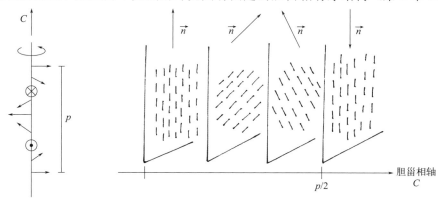

图 5.4　胆甾相的螺旋结构，指向矢围绕胆甾相轴旋转示意图
当 n 旋转至 180°时，沿胆甾相轴的距离为 $p/2$

---

❶　原文有误，已改正。——译校者注

5.1.4　近晶型液晶

G. Friedel 定义了近晶相这个名称，其词源于希腊文 *smectos*，即"肥皂"的意思。

在近晶型液晶中，除了分子优先排列（preferential alignment）的方向外，还存在重心中心位置的取向：分子在层内组装（类似于肥皂）。根据层中的有序度、层之间的相关性以及取向方向相对于各层主方向处的法向矢量的方向，可以区分各种近晶相（图 5.5）。

在图 5.5 所示的近晶型液晶 A 中，每一层都是二维液体，分子垂直于各层并对齐（单轴取向）。在近晶型液晶 C 中，分子相对于层的法线倾斜，介质表现为双轴（即层和分子方向的法向）。其它更奇特的近晶型液晶，例如 B、E 和 F 液晶不在此讨论。

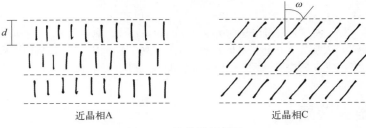

近晶相A　　　　　　　　　　　　近晶相C

图 5.5　最常见近晶相

5.1.5　热致型液晶和溶致型液晶

通过改变温度可以观察到热致型液晶，而在溶液中可获得溶致型液晶（图 5.6）。当水的浓度发生变化，水-脂质系统呈现多相态，包括与近晶相同构的层状相液晶。伸长的刚性棒状分子、半刚性聚合物、碳纳米管和一些病毒也会呈现出溶致型向列相液晶结构。

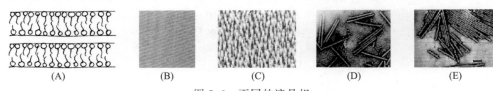

(A)　　　　(B)　　　　(C)　　　　(D)　　　　(E)

图 5.6　不同的液晶相

（A）层状相：例如水-肥皂；（B）溶致向列相：DNA；
（C）向列相：碳纳米管；（D）向列相：烟草花叶病毒；（E）近晶相：烟草花叶病毒

5.2　向列型液晶

向列相以描述分子取向的单位矢 $\vec{n}$ 和分子沿这个方向的定向排列度 $S(T)$ 为特征。由于分子未被极化，$\vec{n} = -\vec{n}$，所以方向记为 n。

5.2.1　向列型液晶的弹性：Frank-Oseen 理论

当指向矢 $\vec{n}$ 在空间上变化时，会出现可以用单位矢 $n(r)$ 表示的形变能 F。根据对称性论证（symmetry argument），自由能密度可通过三个基本形变函数表示，即展曲、扭转和弯曲，与之相关的三个 Frank 弹性常数分别为 K_1、K_2、K_3（图 5.7）[1-3]。

$$F \mid_{m^3} = \frac{1}{2} K_1 (\mathrm{div}\vec{n})^2 + K_2 (\vec{n}.\mathrm{rot}\vec{n})^2 + K_3 (\vec{n} \wedge \mathrm{rot}\vec{n})^2 - \Delta\chi (\vec{n}.\vec{H})^2$$

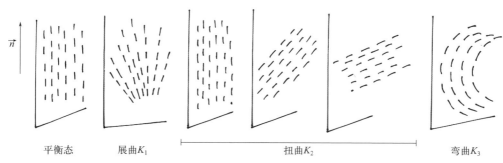

平衡态　　　展曲K_1　　　　　　　　扭曲K_2　　　　　　弯曲K_3

图 5.7　向列相的三种形变类型

三个弹性常数的数量级为 $k_B T_c/a$，其中 $k_B T_c$ 为分子相互作用的能量。最后一项是有磁场存在时的磁能。$\Delta\chi = \chi_{//} - \chi_{\perp}$，其中 χ 为磁化率，且 $\chi_{//}$、$\chi_{\perp}$ 为其平行和垂直分量，是磁化率的各向异性部分。如果 $\Delta\chi$ 为正，对于细长的分子，指向矢与磁场方向一致。

从弹性和磁能可以定义三种磁特征长度：

$$\xi_{H,i} = \sqrt{\frac{K_i}{\Delta\chi}} \times \frac{1}{H}, \text{式中 } i = 1, 2, 3$$

5.2.2　单畴样品的制备

用玻璃或有机玻璃载玻片摩擦一张绘图纸，Chatelain 观察到平行于摩擦轴方向存在 $\vec{n}$ 的取向[4]，被称为平面锚固（planar anchor）[图 5.8(A)]。为了实现"垂直基底"锚固（"homeotropic" anchorage），其中分子的取向垂直于表面，正如平板被浸入表面活性剂中的情况 [图 5.8(C)]。当施于表面上的排列方向不同时，可以制备扭曲样品 [图 5.8(B)]。由此可制备单域样品，前提是两张载玻片之间的距离小于 $10\mu m$。

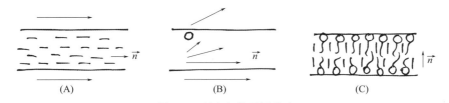

（A）　　　　　　　　　（B）　　　　　　　　　（C）

图 5.8　基矢 $\vec{n}$ 的不同取向

（A）平面取向；（B）从 $\pi/2$ 扭曲取向；（C）垂直基底取向

5.2.3　磁场中的分子排列：Fredericks 转变

当我们施加垂直磁场 $\vec{H}$ 的时候，厚度为 d 的向列相片层平行于壁排列。于是，出现了因壁锚固限制的平行排列与 $\vec{H}$ 方向取向之间的竞争（图 5.9）。此时存在一个显著的特征阈值，记为 $\vec{H}_C$。如果 $H < H_C$，样品保持不畸变，因为锚固力占主导地位，且平面方向保持不变 [图 5.9(A)]，如果 $H > H_C$，则场中 $\vec{H}$ 的取向开始占优势，并且分子将按照元件中心的磁场排列整齐 [图 5.9(B)]。

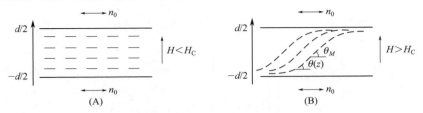

图 5.9　Fredericks 转变[5]

(A) $H<H_C$　(B) $H>H_C$。$\theta(z)$ 为倾斜角，θ_M 为 Fredericks 转变的序参数，它在 H_C 处趋于零

在正交偏振的起偏器与检偏器之间，达到 H_C 之前视野一直保持黑暗，一旦达到 H_C 视野将突然变亮。进行精确计算之前，我们可以从形变能量约等于 K/d^2（d 是壁之间的距离，K 是目标变形模式的 Franck 常数）与磁能增益约等于 $\Delta\chi H^2$ 之间的竞争来估计 H_C：

$$H_C = (\pi/d)\sqrt{(K_i/\Delta\chi)}$$

或者等价地，磁极长度（magnetic length）ξ_i 等于 d。

5.2.3.1　Landau 对 Fredericks 转变的处理：静力学

如图 5.9 所示，将向列单晶置于与 $\vec{n}_0$ 垂直的磁场 H_0，如果 $\vec{n}_0$ 和 $\vec{n}$ 之间的夹角为 θ，则 Franck 自由能可表述为：

$$F\mid_{m^2} = \frac{1}{2}\Delta\chi H^2 \int_{-d/2}^{d/2} \mathrm{d}z \left[\xi^2\left(\frac{\mathrm{d}\theta}{\mathrm{d}z}\right)^2 - \sin^2\theta\right] \tag{5.1}$$

为简化公式，我们假设 $K_1 = K_2 = K_3 = K$，于是得出 $\xi^2 = (K/\Delta\chi)(1/H^2)$[6]。

在强的壁锚固极限中，H_C 附近的最优构型对应于 $\theta = \theta_M \cos(\pi z/d)$，则式（5.1）变为：

$$F\mid_{m^2} = \frac{d}{2}\Delta\chi H^2\left[\frac{1}{2}a\theta_M^2 + \frac{1}{4}b\theta_M^4\right] \tag{5.2}$$

式中 $a = (\xi\pi/d)^2 - 1 = 2\left[\dfrac{H_C - H}{H_C}\right]$，$b = 1/2$，令 $(d/\xi\pi) = (H/H_C) = h$，于是可以确定 H_C 的值。

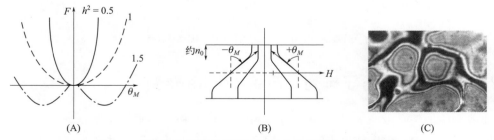

图 5.10　(A) 向列相片层的自由能作为倾斜角 θ_M 的函数；
(B) 以分隔具有相反倾斜度（θ_M 和 $-\theta_M$）两个区域的壁；
(C) 样品的典型实例，在交叉偏振片之间其磁场略高于 H_C（由 L. Léger 提供）

对于不同的 h 值，F 作为 θ_M 的函数的变化如图 5.10（A）所示。对于 $h < 1$，其解 $\theta_M = 0$。当 $h > 1$，$\theta_M^2 = -(a/b) = 4\varepsilon$，此处设定 $\varepsilon = (H - H_C/H_C)$。可得两解，即 θ_M 和 $-\theta_M$，其为壁所分开，如图 5.10（B）、（C）所示。对于解 $\theta = \theta(x)\cos(\pi z/d)$，Franck 能为：

$$F\big|_{m^2} = \frac{d}{2}\Delta\chi H^2 \left[\frac{1}{2}a\theta_M^2 + \frac{1}{4}b\theta_M^4 + \frac{1}{2}\xi^2\left(\frac{\partial\theta_M}{\partial x}\right)^2\right]$$

我们设定 $\xi_\perp = \xi(2\varepsilon)^{-1/2}$。$\xi_\perp$ 为区域（＋）和（－）间壁的宽度，其值在 H_C 处发散（图 5.10），且有 $\theta_M(x) = \theta_M\,\mathrm{th}(x/2\xi_\perp)$。

5.2.3.2　Fredericks 转变动力学

Fredericks 转变的动力学[7] 是相变动力学的一个例子，Van Hove 对其进行了很好的近似处理。与指向旋转相关的摩擦系数是旋转黏度系数 γ_1[1]。黏性和弹性扭矩之间的平衡可表述为：

$$\gamma_1 \frac{\partial\theta_M}{\partial t} = -\frac{\partial F}{\partial\theta_M} \tag{5.3}$$

设定 $\tau = \gamma_1/(\Delta\chi H^2)$，由式（5.2）和式（5.3）可得：

$$\tau\frac{\partial\theta_M}{\partial t} = (h^2 - 1)\theta_M - \frac{\theta_M^3}{2} \tag{5.4}$$

由此式可知，θ_M 的波动在 $H = H_C$ 时减慢。

如果我们考虑平衡倾斜角 θ_M^e 附近有 θ_M 的微小波动（例如 $\theta_M = \theta_M^e \pm \delta\theta_M$），式（5.4）的线性形式则有：

$$\delta\theta_M(t) = \delta\theta_M(t_0)\exp(-1/\tau_r)$$

式中 $\tau_r = \tau(4\varepsilon)^{-1}$。

5.2.4　电场中的分子排列：显示应用

扭曲向列型液晶（图 5.11）用于几乎所有常见的液晶显示器。对于这种应用，没有具备最佳性质的单种分子，因此，迄今为止所有现有的显示器都使用 10 到 20 种不同结构液晶的混合物。向列型液晶是高度可极化的，并且沿着电场排布，因为 $\varepsilon_{//} > \varepsilon_\perp$，其中 ε 是极化度。

初始态为 $\vec{E} = \vec{0}$，分子具有扭曲的排列。光的极化率 $\vec{P}$ 与 $\vec{n}$ 取向一致。在平行偏振片间，完全消光［图 5.11（A）］。相反，一旦 $\vec{E} > \vec{E}_C$（定义为畸变场阈值），样品则变为透明。

这是雕刻微电极和彩色滤光片（例如手表或平面屏幕）实现显示系统的原理。另一个应用为通过电场控制窗透明度（图 5.12），当电场被切断时，根据分子系统参数，液晶在 10 至 100ms 内弛豫到其初始状态。

5.2.5　向列型液晶的织构

晶体中的缺陷称为位错。液晶中的缺陷称为向错[8]。这些缺陷的微观图像称为织构。

在交叉偏振片之间观察向列型液晶［图 5.13（B）］，会显示由黑色细丝形成的织构，

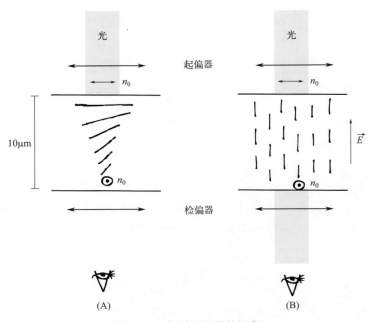

图 5.11　向列型液晶的极化
（A）无电场，初始状态（扭曲的向列相）是不透明的；（B）当电场强度为 E 时，样本透明

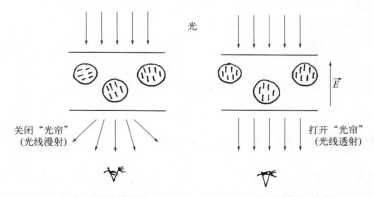

图 5.12　窗口中的向列型液晶的液滴：不透明（无序排列）和透明（沿 E 方向排列整齐）

这些细丝对应于光线消光位置的分子排列的奇异线，通过核点连接在一起（例如缺陷点或垂直于观察平面的线）。线状缺陷是经常观测到的结构。

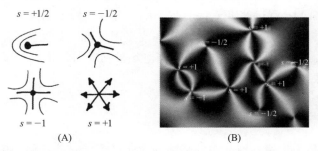

图 5.13　（A）向列相液晶中向错的 4 种示例，短棍代表分子，点代表垂直于图平面的缺陷线，s 表示缺陷的等级；（B）向列相液晶实验观察的织构，从中可看到在（A）中列出的不同类型向错

若在围绕垂直于缺陷线的平面中，当所包含的闭合路径移动时，指向旋转 $2\pi s$，则缺陷的等级为 s。图 5.13(A) 显示了 4 种向错的示例，对应于顶部的 $s=1/2$ 和 $s=-1/2$，以及底部的 $s=-1$ 和 1。

参考文献

[1] P. -G. de Gennes, J. Prost, *The Physics of Liquid Crystals*, 2nd Edition. Clarendon Press, 1995.

[2] F. C. Franck, *Discuss. Faraday Soc.*, 25, 1(1958).

[3] C. W. Oseen, *Trans. Faraday Soc.*, 29, 883(1933).

[4] P. Chatelain, Bull. *Soc. Franc. Mineral.*, 66, 105(1943).

[5] V. Fredericks, V. Zolina, *Trans. Faraday Soc.*, 29, 919(1933).

[6] P. Pieranski, F. Brochard, E. Guyon, *J. Phys.*, 33, 681(1972).

[7] P. Pieranski, F. Brochard, E. Guyon. *J. Phys.* (Paris)34, 35(1973).

[8] M. Kleman, *Points, lignes, Parois dans les fluides anisotropes*. Tome 1. Les Editions de Physique, 1977.

（严玉蓉　译）

第6章 表面活性剂

表面活性剂是一类分子，它们能够降低液体的表面张力，或降低液固之间或两种不混溶液体之间的界面张力。因为它们是两亲分子，所以在界面具有某种亲和性。

6.1 两亲分子

图 6.1 两亲分子示意图

两亲分子（如图 6.1）由具有对抗性的两种基团组成：
① 一个喜欢油（亲油性）的尾链。
② 一个喜欢水（亲水性）的端基。

这种双重性质使得两亲分子在界面具有亲和性，其直接后果是降低了表面张力，由此得出名称：表面活性剂。这些分子在化妆品、制药和化学工业（颜料、洗涤剂等）中起着重要的作用。

在两亲分子中，亲油部分由一个或两个烷基链 $CH_3\text{—}(CH_2)_n$，或是超疏水处理后的氟化物 $CF_3\text{—}(CH_2)_n$（见第 4 章 4.5 节）组成。表面活性剂的分类是按照亲水部分的化学性质来分的。

6.1.1 两亲分子的分类

极性端基可由水介质中溶解的盐衍生出来。正电荷或负电荷给表面活性剂提供了亲水特性。也有非离子的极性端基［例如聚乙二醇（一种水溶性聚合物）］，和整体电中性的端基（例如化学两性基团）（见表 6.1）。磷脂是生物膜的主要成分，属于后一种类型。它们自组装成双层膜，再形成单层或多层泡囊。

表 6.1 表面活性剂的分类

阴离子型	CO_2^-（Na^+）脂肪酸盐 SO_4^-（Na^+）硫酸盐［例：十二烷基硫酸钠（SDS）］ SO_3^-（Na^+）磺酸盐［例：AOT，双（2-乙基己基磺基琥珀酸酯）］
阳离子型	R—N$^+$—R（R，R） 胺类或季铵盐
非离子型	$(CH_2\text{—}CH_2\text{—}O)_n$ 聚氧乙烯（POE）［也称为 PEG（聚乙二醇）］
两性型（阴离子＋阳离子）	胆碱＋磷酸基（例如蛋黄卵磷脂）

6.1.2　表面活性剂在界面的作用

通常，表面活性剂位于界面，可以降低界面能。

在（极性）液体表面，它们自发形成单层或单分子膜（如图 6.2）。表面张力降低为 $\gamma = \gamma_0 - \Pi$，其中 γ_0 是纯液体的表面张力，Π 是两亲分子所施加的表面压力。

表面活性剂也能够吸附到固体表面从而改变它们的湿润性（见第 4 章 4.5 和 4.6 节）。这个现象在润滑、矿物质浮选和胶体悬浮物分散的领域具有重要的应用。

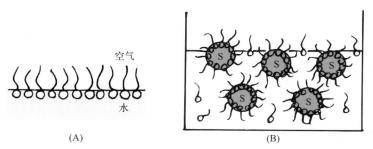

(A)　　　　　　　　　　　　　　(B)

图 6.2　（A）液体表面上的表面活性剂；
（B）吸附在固体上的表面活性剂；应用于浮选法对矿物的提取

6.1.3　水中的自组装和聚集

在水中，表面活性剂聚集成胶束。这些胶束结构通常由约 100 个表面活性剂分子组成。当表面活性剂分子浓度超过临界胶束浓度（CMC）时，胶束形成（如图 6.3 所示）。这种胶束结构降低了亲油链和水的接触面积，从而降低了体系的能量。

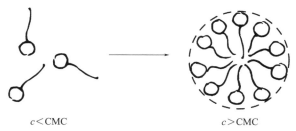

$c < \mathrm{CMC}$　　　　　　　　　　　$c > \mathrm{CMC}$

图 6.3　在临界胶束浓度（CMC）条件下胶束的形成

下面来考虑表面活性剂和胶束的化学平衡（如图 6.3）。平衡时，自由的表面活性剂分子（或单个的表面活性剂分子）（浓度为 x_1）的化学势（μ）与胶束中表面活性剂分子（浓度为 x_n）的化学势相等。有：

$$\mu = \mu_1 + kT \ln(x_1) = \mu_n + \left(\frac{kT}{n}\right) \ln\left(\frac{x_n}{n}\right)$$

同时，根据质量守恒定律，有：

$$x_1 + x_n = c$$

式中 c 是表面活性剂的总的浓度。

由于化学势相等，可以得到：

$$\frac{x_n}{n} = \left(\frac{x_1}{CMC}\right)^n$$

式中 CMC 定义为：$CMC = e^{-(\mu_1 - \mu_n)/kT}$。当 $c < CMC$ 时，$x_n = 0$；当 $c > CMC$ 时，$x_1 = CMC$，$x_n = c - CMC$。

当 $c > CMC$ 时，自由的表面活性剂的浓度保持恒定。表面张力与表面活性剂的浓度无关（如图 6.12），由此可以测量 CMC。

胶束的疏水核也可以用来溶解水中的疏水溶质。在浓度很高时，表面活性剂形成溶致液晶（见第 5 章 5.1 节和图 6.4）。

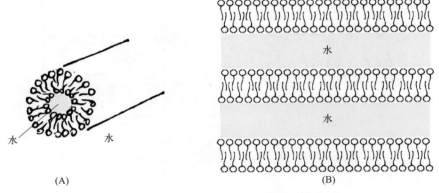

图 6.4　水溶液中两亲性分子形成的聚集体的形态
(A) 圆柱相；(B) 层状相

6.1.4　水-油乳液和亲水-亲油平衡

搅拌水和油，可以形成水中的油滴或油中的水滴。但是这种乳液不稳定。油和水最终会分离，形成两层（低密度的油浮在水面之上）。为了稳定油-水或者水-油乳液，必须加入表面活性剂。已知有超过 15000 种两亲分子。选择合适的表面活性剂，取决于亲水性亲油性平衡（HLB）。Griffin（1949 年）介绍了一种经验方法，可以对所有的表面活性剂测量亲水性亲油性比率，其值在 0~20 的范围（如图 6.5）。

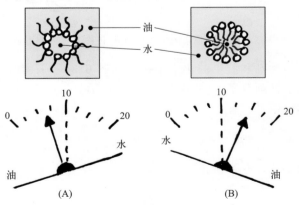

图 6.5　亲水性亲油性平衡（HLB）
(A) 油中的水滴；(B) 水中的油滴

为了乳化水中的油，应该使用亲水性为主导的表面活性剂，其 HLB＞10（如表示在图 6.6 中的，十八烯酸 HLB＝17，松树油 HLB＝16）；反之，则应该选 HLB＜10 的表面活性剂。如果两种表面活性剂混合，混合物的 HLB 值等于每种两亲分子的 HLB 值乘以它们的摩尔比权重再加和。

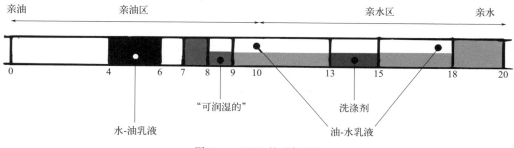

图 6.6　HLB 的"标尺"

6.2　两亲分子的单分子膜

1774 年，富兰克林倒了一勺（约 1mL）油到池塘表面，被微风吹皱的表面一下变得光滑如镜[1]。表面形成的薄膜覆盖了约 400m^2。已知一勺油的体积，富兰克林计算了薄膜的厚度只有 2.5nm，这正是一个分子的尺寸。

1917 年到 1940 年之间，Irving Langmuir 研究了表面活性剂的膜在水面上的结构。为了研究这种结构，他发明了一种设备，按照他的姓氏称为 Langmuir 膜天平。在 20 世纪 30 年代，他与 Katharine Blodgett 合作，在玻璃基底上沉积了连续的单层膜，因此造出了第一个防反射镜片（第 9 章 9.1 节）。

1972 年，J. Michael Kosterlitz 和 David J. Thouless（获 2016 年诺贝尔物理学奖）发展了一个理论，预测了一种在二维体系中的新的相变。当他们的理论在超导和超流体中得到很多应用时，Langmuir 膜很快就作为一种理想的 2D 体系来研究这些相变中的物理。得益于加强 X 射线源的应用，因此得到了 Langmuir 单层膜的结晶图像，从而使我们对 2D 物理有了深层次的了解，而不仅仅是在日常生活中的大量应用。

6.2.1　不溶性膜[2]

由醇和具有不溶于水的长链的亲水脂肪酸（如硬脂酸 C$_{17}$H$_{35}$COOH）可以得到不溶性膜。

为了得到 Langmuir 膜，要把表面活性剂溶解在易挥发的溶剂中（如氯仿、甲醇），然后一滴滴地沉积在水-空气的界面，之后溶剂挥发。亲水端基的存在使得表面活性剂固

---

[1]　德热纳曾十分赞赏这个著名的简单实验，他说这才是"真物理学"，认为这种富兰克林精神应当在科学中大力发扬。——译校者注

[2]　原文为 insoluble film，我国胶体化学家也常译为"不溶物膜"，参照此例，下文中对应的 soluble film，本书中译为"可溶性膜"，他们则对应译为"可溶物膜"。——译校者注

定在水的表面并扩散开来，形成了单分子厚度的一层膜以减小表面能量。利用烷烃（例如十六烷 $C_{16}H_{34}$）可在水的表面形成透镜状液滴，从而减少亲油链与水的接触（如表 6.2）。

表 6.2　表面活性剂的例子和极性基团形成单分子层的重要性

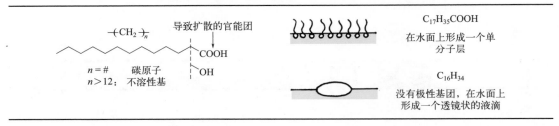

6.2.1.1　等温线 $\Pi(A)$

在配制可在水面上移动的聚四氟乙烯屏障的 Langmuir 液槽时，在界面上所生成的单层膜的面积是可变的。当单层膜面积减小时，表面活性剂的表面密度 $1/A$（A 是每个极性基团的投影面积，大概在几个 Å^2 的量级）增大，表面张力减小。界面张力的变化为 $\Pi=\gamma_0-\gamma$（见第 4 章 4.1 和 4.5 节）。Π 也可以看成是压缩的单层膜施加在屏障上的表面压力（如图 6.7）。可以用 Wilhelmy 平板法测量 Π，Wilhelmy 平板是一个非常干净的（因此是亲水的）吊片（由铂或者浸湿水的纸制成），部分浸入在 Langmuir 槽中，连接着一个微量天平。施加在接触线上的毛细力与重力和 Archimedes 浮力相平衡，所以有 $\gamma=$（重力—浮力）/Wilhelmy 平板参数。Wilhelmy 平板的亲水性保证了零度接触角。毛细力的方向是垂直的。

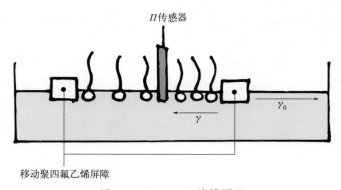

图 6.7　Langmuir 液槽原理

如果固定温度，与三维空间中的 $P(V)$ 曲线（P 是压强，V 是体积）加以比较，可认为等温线 $\Pi(A)$ 是其二维的类比。

压缩等温线 $\Pi(A)$ 通常表征为几个区域，即由于每个两亲分子的有效面积减小所产生压强增大的区域和 Π 平台标记的区域。压强的平台对应不同相之间的转变，可发现与 3D 的情况相当（如图 6.8）：气相、液体扩张相（或称 2D 液相），液体压缩相（LC）（或称 2D 液晶相）和固相（或称 2D 晶相）。

虽然 Langmuir 单层膜的厚度是纳米尺度，但是通过加入少量的带荧光基团的两亲分子，利用荧光光学显微镜（如图 6.9），很容易观察到这些相变。由于带荧光基团的表面

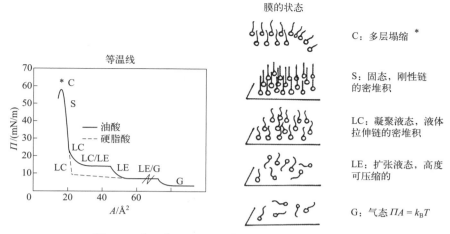

图 6.8 等温线 $\Pi(A)$ 和单分子膜不同状态的描述

活性剂更庞大，通常 LC 相和 S 相里都没有，主要包含在 LE 相里（如图 6.9）。在 G 相，由于密度太低所以很难检测。

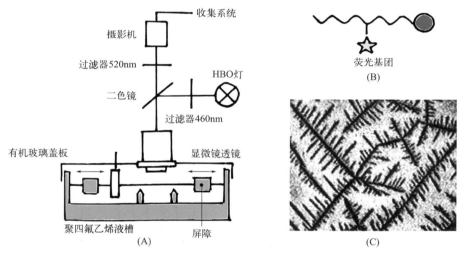

图 6.9 （A）附带 Langmuir 液槽和天平的荧光显微镜示意图；（B）一种荧光表面活性剂的示意图；（C）分布在均匀 LE 相（明亮）中的树突状 LC 域（暗）的荧光显微镜图像

6.2.1.2 Langmuir-Blodgett（LB）膜

表面活性剂分子先在空气-水界面上形成单层膜，然后再转移到固体基底上，所得的膜就是 LB 膜。开始是在浸入水中的亲水的固体基底上，然后抽出固体基底时，就形成了单分子膜（如图 6.10）。通过重复浸渍，可以转移好多层 LB 膜。动力学研究（比如抽出基底的速度）很重要，当速度很大 $U > U_M$（U_M 是受迫湿润的临界速度，如第 4 章中所讨论）时，水被拖拽（受迫湿润），薄膜内产生缺陷（如图 6.11）。

在 LB 膜最通常的应用中，包括抗反射玻璃（K. Blodgett，第 9 章 9.1 节）、防污涂层和分子电子学等[1]。

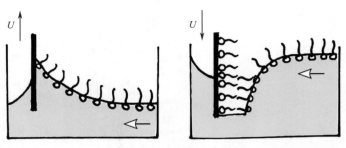

图 6.10　LB 膜的形成原理

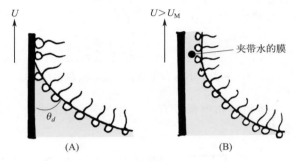

(A)　　　　　　(B)

图 6.11　薄膜沉积动力学

（A）$U<U_M$：最佳条件——无缺陷沉积；（B）$U>U_M$：夹带水的膜与基底一起被拖动

6.2.2　可溶性膜

可溶性膜由短的两亲分子（$n<12$）制成，也被称为 Gibbs 膜，表面活性剂溶于水并吸附在水-空气界面。当它们的体积浓度增加时，水的表面张力降低，到达一个平台。这个浓度，被称为临界胶束浓度（CMC，本章 6.1 节），此时界面饱和，溶解的表面活性剂形成胶束（如图 6.12 所示）。

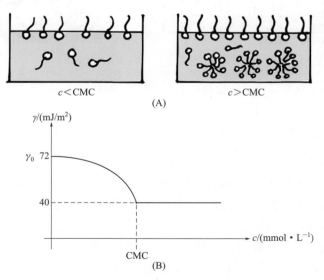

图 6.12　（A）当 $c>$CMC 时胶束的形成；（B）Gibbs 等温线

室温下的水中，对于十二烷基硫酸钠 $[CH_3(CH_2)_{11}OSO_3^- Na^+]$，其阴离子（SDS）的 CMC 为 $8.5 mmol \cdot L^{-1}$；对于十二烷基三甲基溴化铵 $[C_{12}H_{25}(CH_3)_3 NBr]$，其阳离子（DTAB）的 CMC 为 $15.3 mmol \cdot L^{-1}$（如图 6.12）。

参考文献

[1] S. A. Hussain, $Mod. Phys. Lett. B$, 23, 1-15 (2009).

6.3 皂泡膜——气泡和泡囊

自古以来，气泡就因其极易破碎和寿命短暂而吸引了诗人和科学家。当你去吹一层皂膜（其膜的厚度在 100nm 量级），就会飞出五颜六色的皂泡，然后破裂（图 6.13）。

(A)　　　　　　　　　(B)

图 6.13 　（A）皂泡；（B）其膜的厚度约为 $0.1\mu m$

泡囊（如图 6.14）、血红细胞、活细胞都由脂质膜构成，其膜的厚度约为 6nm，但是它们很坚固，能够长时间存在，不会自动破裂。那么这个坚固性从何而来？

图 6.14 　直径约 $30\mu m$ 的脂质泡囊，其膜的厚度约为 6nm

6.3.1 皂膜、气泡和泡沫

6.3.1.1 膜

当单色光照射皂膜时，在皂膜上可以看到干涉条纹。在白色光照下，反射光的波长对应着干涉条件（如图 6.15 和图 6.16 所示）。

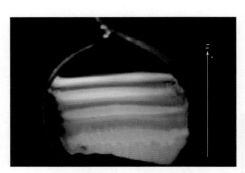

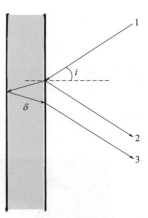

图 6.15　用排水（drainage）方法得到的垂直皂膜，其厚度 $e(z)$ 沿纵轴变化，膜顶部是黑色的

图 6.16　入射光 1（入射角 i）在皂膜两个界面上形成的反射光 2 和 3 及其所产生的干涉

在垂直入射（$i \approx 0$）时，波长为 λ 的入射光 1 被两个界面反射，产生了反射光 2 和 3，光线 2 和 3 的相差 $\Delta\varphi$ 为：

$$\Delta\varphi = 2\pi \frac{\delta}{\lambda} + \pi$$

式中 δ 是光的路程差（δ ＝距离×介质的折射率，这里应为水的折射率 $n = 1.33$）。当光线从低折射率（空气的 $n = 1$）介质进入高折射率介质时，在界面上发生相反转，出现额外的相差 π。

再来讨论一下膜的厚度 e，我们有❶：

$$\delta = 2ne$$

如果厚度 e 相对于 λ 很小（可见光 λ 约为 $0.5\mu m$），则 $\Delta\varphi = \pi$，干涉被破坏，薄膜是黑色的。

如果 $\delta = k\lambda + 1/2$（k 是一个整数），干涉形成，对应于极大的干涉强度。

6.3.1.2 泡沫

泡沫是由大量气体分散在很小体积的含有表面活性剂的液体中而形成的，这些液体会吸附在气-液界面上。

有两种类型的泡沫：

① 液体泡沫：如由酒精、二氧化碳和多肽制成的啤酒，蛋清制成的雪花奶蛋，碳泡

---

❶　此句话是译校者所加，不然上下文不通顺。——译校者注

沫组成的灭火器。

② 固体泡沫：蛋酥，多孔聚合物，火山石。

6.3.1.3 皂膜的稳定性

1704 年，牛顿研究了皂膜，他发现了两种平衡态：黑色膜［"牛顿黑膜"（NBF）］和更厚的膜［"普通黑膜"（CBF）］（如图 6.17）。

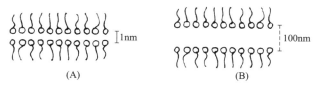

图 6.17　皂膜的两种平衡状态
（A）牛顿黑膜；（B）普通黑膜

NBF 和 CBF 的厚度由膜能量 $F(e)$ 的极小值得到。膜的能量是表面能和长程作用力贡献 $P(e)$ 之和：

$$F(e)=2\gamma+P(e)$$

式中 e 是膜的厚度，当 $e\to\infty$ 时，$P(e)\to 0$。

如果表面活性剂带电荷，则：

$$P(e)=-\frac{A_{LL}}{12\pi e^2}+B\exp(-\kappa_d e)$$

式中 A_{LL} 是 Hamaker 常数；κ_d^{-1} 是 Debye 长度（见第 2 章 2.4、2.5 节，第 4 章 4.4、4.5 节）；B 是一个常数。

曲线 $F(e)$ 的形状如图 6.18 所示。$F(e)$ 的两个极小值对应 NBF 和 CBF。如果有盐存在，静电相互作用被屏蔽，第二个极小值消失。

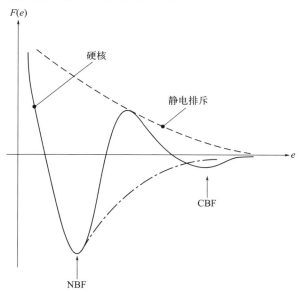

图 6.18　皂膜能量 $F(e)$ 随其厚度 (e) 变化曲线的形状

6.3.1.4 膜的破裂和气泡

皂泡形成之后，其经过排水、变薄，最后破裂。通常因为有灰尘，皂泡会生成一个孔，然后孔生长，周围有一个包围的边缘可以收集从孔中出来的液体（如图 6.19）。将力学基本方程应用于质量为 M 的边缘，给出了孔打开的驱动力：

$$f = \frac{\mathrm{d}P}{\mathrm{d}t}$$

式中 $P = MV$ 是具有质量 M 的边缘的单位长度（沿孔边缘方向）的转移动量。

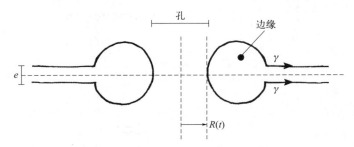

图 6.19 皂泡中孔的形成和传播

当孔打开时，M 增加，因为 $M = \rho Re$，其中 ρ 是水的密度，R 是孔的半径，e 是边缘的厚度。如果我们假设（已经被实验验证）速度 V 是恒定的（或者与边缘的质量累计比较几乎不变），则有：$\dfrac{\mathrm{d}P}{\mathrm{d}t} = \rho e\,(\mathrm{d}R/\mathrm{d}t)V = \rho e V^2$。

驱动膜开孔的单位长度上的力 f 是表面张力：$f = 2\gamma$（系数 2 来源于表面张力同时作用于膜的两侧）。所以有：

$$2\gamma = \rho e V^2,\ \text{则}\ V = (2\gamma/\rho e)^{1/2}$$

这种速度很快，典型的值为 $10\mathrm{m \cdot s^{-1}}$ 量级。

6.3.2 脂质双层膜：泡囊和活细胞

6.3.2.1 泡囊

泡囊由脂质双层膜组成，此膜将内部和外部的介质分隔开。小单层泡囊（SUV），直径大约为 100nm，应用于化妆品和制药工业的药物缓释和膜再生（艾滋病、烧伤）中。巨型单层泡囊（GUV）具有可以和细胞相比拟的尺寸（$1\sim50\mu\mathrm{m}$），它们通过"溶胀"磷脂的层状相或者通过注射到脂质双分子层而形成，它们被当作研究细胞膜的模型系统（如图 6.20）。

6.3.2.2 紧绷泡囊中的瞬时气孔和核膜

磷脂是不溶性的。平衡时，泡囊中每个极性端基的表面积被最小化，意味着 $\partial F/\partial A = 0$，也等同于 $\sigma = 0$。实际上，存在一个小的剩余张力（σ 约为 $10^{-4}\mathrm{mN \cdot m^{-1}}$）。泡囊可以通过渗压震扰（osmotic shock）或光照而膨胀，但是紧绷的泡囊不一定会破裂。不寻常的现象可能会发生，一个孔可以产生并打开，然后又关上（如图 6.21）。打开孔的力是

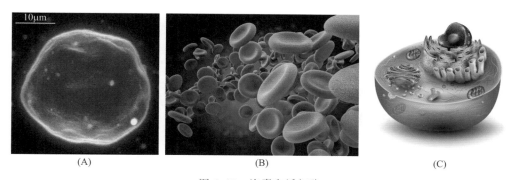

图 6.20　泡囊和活细胞
（A）GUV；（B）红细胞；（C）细胞的艺术再现图

2σ。与皂膜不同，泡囊的膜的张力取决于溶胀，就像一个吹起来的气球，一旦孔产生并且开始长大，张力下降，孔就会停止长大。由于线张力，当内部液体泄漏以致膜张力在零附近时，孔又一次关上。泡囊和红细胞都是自愈合体系（如图 6.22）。即使膨胀，它们也不会破裂，这就解释了它们的坚固。

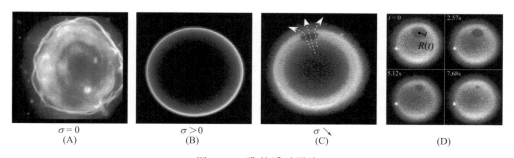

图 6.21　孔的瞬时照片
（A）软泡囊，膜张力（几乎）为零；（B）光照射后的绷紧泡囊；
（C）孔的打开：$R(t)$ 增加；（D）按顺序的四幅图像：表示孔的闭合，$R(t)$ 降低，时间以 s 为单位（摘自文献 [1]）

图 6.22　脂质膜的自愈合过程

　　细胞核同样也被核膜所包围，以保护染色体并筛选分子使得特殊分子能通过。当细胞混入细胞外的基质中时，它们会变形，核膜变得多孔：这些瞬时孔打开，然后又关闭，留下基因物质。在极端情况下，细胞核甚至可以爆炸，释放出 DNA，细胞死亡。

参考文献

[1] O. Sandre, Pores transitoires, adhésion et fusion des vésicules géantes. PhD thesis, Université Paris 6(2000).

（李晓毅　译）

第 7 章 聚合物

7.1 聚合物：巨大的分子

聚合物是小"单体"单元通过共价键重复连接形成的一种长链。聚合度（或单体单元数）N 在 $10^3 \sim 10^5$ 的范围内。如果大自然能够创造出由 10^8 个碱基长的 DNA（聚脱氧核糖核酸）分子组成的染色体（第 10 章 10.1 节），那么，用化学方法毫无差错地创造出由 10^5 个单体组成的聚合物，就已经是一项相当大的成就了。

聚合物已经成为了关键的材料。由它们制成的用品在日常生活中随处可见（塑料、胶水、轮胎、纺织品和油漆），如图 7.1。

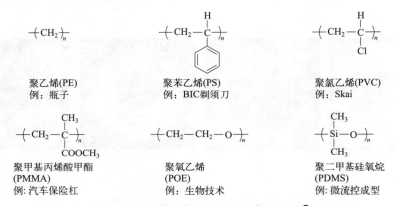

图 7.1 主要合成高分子材料和典型应用❶

7.1.1 化学合成

天然高分子（蚕丝、棉、木材等）已被我们的祖先使用了数千年。第一个使用化学改性聚合物的工业过程是 Goodyear 于 1839 年发明的硫化橡胶，随后是纤维素的化学改性（1865 年）。但是，在这个时候，聚合物科学停滞不前，因为大分子的概念不被人们所理解。

直到 1920 年，化学家 Staudinger 才证明了被称为"大分子❷"的长链系统的存在。

---

❶ 图中：BIC 是创立于 1950 年的一家法国公司，开始生产圆珠笔，后来又生产打火机和剃须刀。因为采用巨型剃须刀铲草的广告，此公司在法国家喻户晓。Skai 是法国产塑钢门窗彩膜的商品名。另：图表中高分子聚合度原书为 N，现按一般化学书籍写为 n，但注意公式中的聚合度仍然为 N。——译校者注

❷ 原文为 polymer，按照 IUPAC 现在的定义，它与 macromolecule 是完全同义的。但在 20 世纪 20 年代，polymer 更多让人联系到低聚物等，而不是高聚物（high polymer），所以 Staudinger 在写作中更喜欢采用 macromolecule，如他的科学自传和 1953 年诺贝尔化学演讲中，都使用"大分子"这个关键词，他认为自己为此种 macromolecule 奋斗了一生。因此译校者在此改动了原文。——译校者注

随后，聚合物化学开始了蓬勃发展。

长链的合成有三种主要方法，它们基于两种聚合反应的原理：①根据 $A_n + A$ 得到 A_{n+1} 的规则依次逐一加成单体；②根据 $A_n + A_m$ 得到 A_{n+m} 的规则在有反应性的端基链发生缩合。

7.1.1.1 自由基聚合

链通过在每一步打开一个双键而不断增长。

引发：反应是自由基 R· [1]（通过紫外线辐射或高温获得"断裂"的分子）引发的，它是中性的，但拥有一个不成对的电子（例如 $CH_3·$）。这种高活性物质可以与单体 M 结合。

增长：

$$R· + M \longrightarrow RM·$$
$$RM· + M \longrightarrow RM_2·$$

终止：

$$RM_p· + RM_q· \longrightarrow RM_{p+q}R$$

两个自由基化合而发生终止反应。这是一个随机过程；链将是多分散性的。

7.1.1.2 阴离子或阳离子聚合

这种合成方法与前一种非常相似，但反应是由离子引发的。

与自由基合成不同，阳离子（或阴离子）不可能再化合（recombination）。可以通过添加抑制电荷的化学试剂来阻断链的增长，由于所有的链都以相同的速度生长，所以当抑制被触发时，它们将具有相同的大小。

7.1.1.3 缩合聚合

这是两端为活性基团的两个分子之间的反应，这些基团在长链中化合起来。

聚酯：反应性基团 COOH 和 OH。

$$HO-R-COOH \quad HO-R-COOH$$

聚酰胺（如尼龙）：反应性基团 COOH 和 NH_2。

$$H_2N-(CH_2)_6-NH_2 \quad HOOC-(CH_2)_4-COOH$$

注意：由于存在疏水性脂肪族基团，所以不会发生使链断裂的水解逆反应。

如果分子含有两个反应基团，则该反应生成的聚合物链在高温下呈液态（熔融聚合

---

[1] 原书中自由基表示为 $R°$，译文均按化学价记号表示为 R·，下同。——译校者注

物），并且该聚合物可重复使用。这些是热塑性聚合物。

如果分子含有三个反应基团，则聚合物就会在三维空间上生长（支化聚合物），这就是热固性聚合物家族。在本书中，将仅讨论热塑性塑料的性质。

7.1.2 多分散性

聚合物链的尺寸分布可由 M_w/M_n 表征，其中 M_n 是数均分子量，M_w 是重均分子量：

$$M_n = \frac{\sum n_x M_x}{\sum n_x} \quad \text{和} \quad M_w = \frac{\sum n_x M_x^2}{\sum n_x M_x}$$

式中 $M_x = xM_0$（M_0 为单体分子量）；n_x 是聚合度（DP）为 x 的分子数。

对于完全单分散性聚合物：$M_w/M_n = 1$。

自由基聚合和缩合聚合导致 $M_w/M_n \approx 2$：这是多分散性高的标志，因为终止是随机的。但是阳离子或阴离子合成会导致 $M_w/M_n \approx 1.01 \sim 1.1$。多分散性非常小，但生产成本很高。

7.1.3 立体化学无序

聚乙烯（PE）的确是作为单一品种而存在。但假若单体是手性的，如以聚苯乙烯（PS）为例，可以定义两种状态，即 d 和 g。该链可以以 d、g 无序的连续方式随机生长（$dgdddgggg\cdots$），这种聚合物被称为无规立构聚合物。如果链以有序的方式生长（$ddddddd\cdots$），该聚合物被称为全同立构聚合物。最后，如果以交替方式（$dgdgdgdgdg\cdots$）排列生长，则该聚合物称为间同立构。此处描述的合成通常产生无规立构聚合物，Ziegler 和 Netta 于 1954 年发明的一种工艺使得控制立体化学顺序成为可能。只有全同立构和间同立构聚合物可以结晶，其他聚合物可以形成透明的非晶形玻璃。

7.1.4 玻璃化转变温度

在低温下的晶体以明确定义的熔化温度 T_f 熔化。对于聚合物，低温状态是玻璃状的。加热需经历很宽的温度范围 T_g，才能将这种固态转化为熔融聚合物状态（表 7.1）。玻璃化转变温度 T_g 取决于冷却速率。

表 7.1　几种聚合物的玻璃化转变温度 T_g ❶

项目	液态		固态	
聚合物	聚二甲基硅氧烷	聚丁烯（PB）	聚氯乙烯	聚苯乙烯
T_g/℃	−123	−23	81	100

一个定义明确的转变通常是晶体纯度的标志。聚合物缺乏明确的转变，在 19 世纪，导致教条主义的化学家将聚合物扔进下水道，不承认它们是纯化合物。通过合成越来越长

---

❶ 原表中固态和液态的排列位置有误，已更正。——译校者注

的链，Staudinger 发现低聚物表现为纯化合物，具有明确定义的温度 T_f，但当链变长时，这种性质就消失了。

7.1.5 聚合物类别

7.1.5.1 共聚物

由两种及以上化学上不同类型单体组成的链进行生长产生的共聚物，以无序或规则的方式相互连接，例如 AAAABBAAABBBBBBB 或 ABABABABA……

7.1.5.2 支化或星形聚合物

支化聚合物至少有一个侧链接枝于主链。这可能会造成不同的构型，如图 7.2 所示。

图 7.2 聚合物
（A）梳形；（B）星形；（C）连通（connected）；（D）交联

7.1.5.3 聚电解质

聚电解质是由可电离单体制成的聚合物，这些单体通过失去称为反离子的低分子量离子而带电，例如下面所示的例子中的 H^+ 质子：

$$-CH_2-CH- \quad -CH_2-CH-$$
$$\quad COOH \qquad \quad COO^-$$

聚丙烯酸（PAA）、聚苯乙烯磺酸盐（PSS）、生物高分子（脱氧核糖核酸、藻酸盐，参见第 10 章 10.1 节和第 8 章 8.2 节）是聚电解质的典型例子。

7.1.6 应用：聚电解质的千层酥

千层酥❶是一种由多层酥皮和奶油冻交替而成的糕点。千层酥状分子是一种超分子组装体，由交替的阳离子和阴离子聚电解质层组成（图 7.3）。Gero Decher 于 1997 年在斯特拉斯堡的 Charles Sadron 研究所发明了千层酥状的多层聚电解质[1]。从基础和应用的角度来看，它们都引起了研究者极大的兴趣。我们将讨论它们的形成、性质和一些应用。

7.1.6.1 聚电解质多层膜的形成：机理与成果

乍一看，人们可能会认为这个想法没有什么特别巧妙的地方，因为我们知道带正电和带负电的质点之间存在库仑吸引力。然而，通过这样的推理，我们发现忘记了一个重要的

---

❶ 在我国西点店中通常称为拿破仑蛋糕。——译校者注

(A)

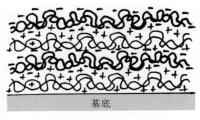
基底

(B)

图 7.3　(A) 千层酥（版权归 Shutterstock 所有）；(B) 千层酥状分子的示意图

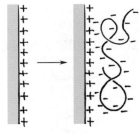

图 7.4　在带正电荷表面上阴离子聚电解质的吸附

问题：电中性原则。考虑一个带正电的基底，如果将该表面浸入阴离子聚电解质溶液中（图 7.4），预计聚合物会通过静电相互作用吸附在上面。但是哪个过程会限制这一层的增长呢？与人们天真的想法相反，并不是所有的正表面电荷都被聚合物的阴离子基团中和了。如果是这种情况，千层酥状分子的第二阶段的构建就无法进行，因为新表面已经变得中性。事实上，存在电荷反转或过补偿（overcompensation）。

从一般的观点来看，聚合物与基底之间的静电相互作用和聚合物链熵弹性引起的空间位阻排斥力之间的竞争，决定了吸附层的厚度。但在这种物理图景中，反离子的作用也变得至关重要。对于高电荷的聚电解质，高于一定的线性电荷密度 $\lambda_c \sim 1/l_B$（l_B 是 Bjerrum 长度，在室温下的水中约为 7Å），反离子会在聚合物上凝聚。因此，聚电解质及其凝聚的反离子具有低于其标称电荷的有效电荷。这种现象称为 Manning 凝聚[2]。当分子链吸附在一个相反符号的带电表面上时，凝聚的反离子被释放到溶液中，导致反离子的（平动）熵大幅增加。这导致了聚合物电荷的无偿增加。对于带电荷较少的聚电解质，仍有这种效应，但不会引起 Manning 凝聚，这是由于熵的原因，并非所有聚合物携带的电荷都能通过与表面的紧密接触而被中和（如图 7.4 所示，聚合物形成指向水或空气延伸界面的环链）。值得注意的是，这并不意味着其违反了电中性的原则。这些由聚电解质携带的残余电荷被反离子屏蔽了。然而，在第二层的沉积过程中，由于相同的熵原因，这些反离子被相反符号的聚电解质基团取代。这是一种论证，不费吹灰之力就可以解释：为何电荷反转对于构建分子支架是可行的。

在实践中，这些千层酥状分子是如何产生的呢？它们的成功很大程度上归功于形成过程的简单性。通常，它们是通过逐层沉积法（LbL）制备的。最初，Decher[1] 提出了依次在不同的聚电解质溶液中连续浸泡基材的方法，并通过漂洗步骤进行分离 [图 7.5(A)]。然后，提出并验证了旋涂 [或自旋辅助扩散，图 7.5(B)] 和喷涂 [图 7.5(C)] 方案。

7.1.6.2　应用

正如在本书中所看到的，一个物体与其环境的许多相互作用直接取决于界面的本性。通过吸附一个由不同材料组成的层来修饰表面，有可能创造出具有新性质的材料。我们的眼镜通常使用抗反射涂层（第 9 章 9.1 节）或防刮涂层。同样应当特别注意，非常薄的膜由于光干扰可改变物体表面的颜色（第 9 章 9.4 节）。这也允许在不影响材料的其他结构

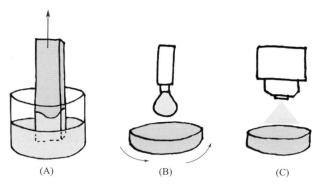

图 7.5　制造聚电解质多层膜的主要工艺示意图
(A) 浸泡；(B) 旋涂；(C) 喷涂

性质的情况下修改表面的化学反应性，并应用于生物医学领域（植入物、假体）。

　　沉积有机分子的主要方法是 Langmuir-Blodgett 方法（第 6 章 6.2 节和第 9 章 9.1 节）或硅烷化以形成疏水表面（第 8 章 8.1 节和第 4 章 4.5 节）。然而，这两种技术的实施很复杂：一方面，相容性分子（表面活性剂或硅烷）的储备库和（类玻璃）表面的特性均相当有限。另一方面，聚合物的化学性质非常多样化，从几乎有无限资料的化学图书馆可以查询得到。因此，千层酥状聚电解质是非常便捷和多功能的表面涂层，同时还具有可调节的性质。除了表面染色外［图 7.6(A)］，还可以根据需要改进分子涂层的力学性质。调整聚电解质的化学性质、在不同层之间插入金属纳米粒子、在可控范围内用化学试剂交联各层，均可实现这一目标。

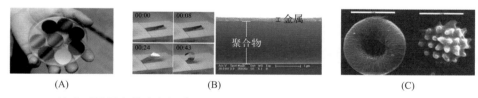

图 7.6　(A) 涂有不同厚度的聚电解质（即可变层数）的硅片具有不同的颜色（摘自 www.chem.
fsu.edu/multilayers/)；(B) 由 30 层 PAA/PAH 和一层铝（在电子显微镜下可见）组成的
致动器，在湿度的影响下弯曲（摘自文献［3］）；(C) 红细胞的扫描电子显微镜图像，
其盘状细胞和棘状细胞的形状被十层聚电解质覆盖（摘自文献［4］）

　　应用对环境（光、pH 等）有响应性的聚合物，可以设想出“智能”或功能性涂料。一个中国团队通过在 $2\mu m$ 厚的多层聚丙烯酰胺-聚丙烯酸（PAA-PAH）膜上沉积一层薄薄的铝膜（150nm 厚），制备了一种湿度敏感致动器［图 7.6(B)］。虽然铝层对湿气是惰性的，但 PAA-PAH 组件通过从空气中捕获湿气而膨胀。这种双层晶体原件（bimorph）的效应导致致动器弯曲。当空气中的湿度降低时，多层膜收缩，器件恢复到原始的形状。

　　最后，聚电解质多层膜的使用并不局限于平坦表面的涂层。波茨坦的 Max Planck 研究所的 Möhwald 教授团队使用红细胞作为模板，在连续浸泡后氧化消化，血细胞形成聚电解质胶囊［图 7.6(C)］。因此，许多用于医疗的活性物质的封装和控制释放的策略是可能实现的。

参考文献

［1］G. Decher, *Science*, 277, 1232-1237(1997).

［2］G. Manning, *J. Chem. Phys.*, 51, 924(1969).

［3］Y. Li, X. Wang, J. Sun, *Chem. Soc. Rev.*, 41, 5998-6009(2012).

［4］B. Neu, A. Voigt, R. Mitlöhner, S. Leporatti, C. Y. Gao, E. Donath, H. Kiesewetter, H. Möhwald, H. J. Meiselman, H. J. Bäumler, *J. Microencaps*, 18, 385-395(2001).

7.2 理想的柔性链

Staudinger（1922 年）证明了大分子是由 N 个尺寸为 a 的单体组成的共价键连接的链，但他认为其构型是一根棍子，末端距 $\vec{R} = N\vec{a}$。Kuhn（1940 年）认为，由于围绕 C—C 链节的自由旋转，链形成了一个线团。

我们在此重点讨论理想单链的构象。这正好相当于下列情况：聚合物熔体中的一条链，或溶液中在温度 $T = \theta$ 之下的一条链。在此情况下，单体之间的相互作用相互抵消。

理想链的构型由筛网尺寸等于单体长度 a 的格子上的无规行走（RW）表示。每一步到相邻点都有相同的概率，即 $1/2d$ ❶（对于平面网络 $d = 2$，对于三维立方体网络 $d = 3$）。这种链被称为虚幻链，因为它可以穿过它自身的轨迹。

7.2.1 末端距

理想高分子链的一端到另一端的距离定义为末端距（图 7.7）：

$$\vec{R} = \sum_{i=1}^{N} \vec{a}_i$$

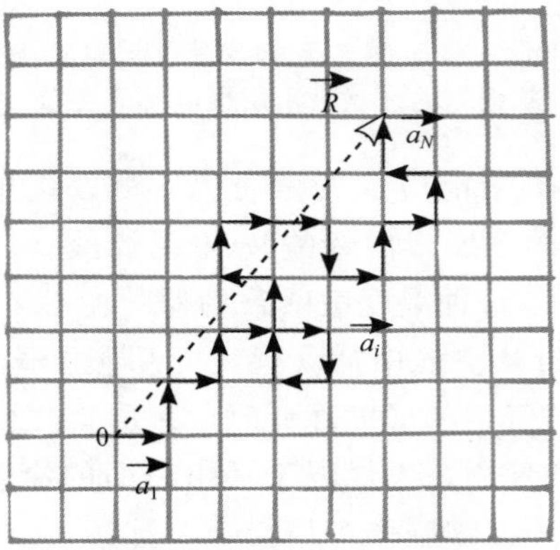

图 7.7 理想链的无规构型

---

❶ 原文有误，已更正。——译校者注

因为无规行走的轨迹对应于路径，因此 $\langle \vec{a}_i \rangle = 0$ 和 $\langle \vec{R} \rangle = 0$。$\vec{R}$ 的平均值为零。其均方值定义如下：

$$\langle \vec{R}^2 \rangle = \sum_{i,j=1}^{N} \langle \vec{a}_i \vec{a}_j \rangle = Na^2$$

因为 $\langle \vec{a}_i \vec{a}_i \rangle = a^2 \delta_{ij}$。

因此，线团的尺寸是 $R_0 = (\langle \vec{R}^2 \rangle)^{1/2} = N^{1/2}a$。

7.2.2 高斯线团、熵库

链从零点开始到达点 $\vec{R}$ 的概率 $P(\vec{R})$ 由 $P_N(\vec{R}) = \dfrac{\Gamma_N(\vec{R})}{(2d)^N}$ 给出，其中 $\Gamma_N(\vec{R})$ 是从零到 $\vec{R}$ 的路径数；$(2d)^N$ 表示所有路径的总数。

由于 $\vec{R}$ 是独立随机变量的大数总和，我们可以应用中心极限定理，得到一个宽度为 R_0 的高斯概率：

$$P(\vec{R}) = \left(\frac{3}{2\pi Na^2}\right)^{3/2} \exp\left(-\frac{3\vec{R}}{2Na^2}\right)$$

熵 $S(\vec{R})$ 由玻尔兹曼公式给出：

$$S(\vec{R}) = k_B \ln \Gamma_N(\vec{R}) = S_0 - \frac{3}{2}k_B \frac{\vec{R}^2}{R_0^2}$$

聚合物链是一个熵库。当链完全拉伸时，其熵为零。由于 $R = Na$，$\Gamma_N(Na) = 1$，$S(Na) = 0$，因而 $S_0 \approx k_B N$。

如果我们从一个伸直的构型开始，$R = Na$，并让链弛豫到 $R = 0$，则熵增加 $\Delta S \approx k_B N$，并且链将一定量的热量 $\Delta Q \approx k_B T N$ 带到冷却槽中。

橡胶是一组桥接的理想链。当它被突然拉伸时，$\Delta S < 0$，这意味着系统释放的热量会使材料的温度升高。另一方面，当橡胶被放松时，它会冷却下来。因此，它的行为就像一台热机。

7.2.3 熵弹簧

7.2.3.1 自由能论证

对于无相互作用单体单元的链，其自由能为：

$$F_{CH} = U - TS = F_0 + \frac{3}{2}k_B T \frac{\vec{R}^2}{R_0^2}$$

当链两端受到力 $\vec{f}$ 拉伸时（图7.8），做功为 $W = \vec{f} d\vec{R}$。当 $\vec{f}$ 和 T 为常数时，我们对 $G_{CH}(\vec{R}) = F_{CH} - \vec{f}\vec{R}$ 求极小值，并得出：

$$\vec{f} = \left(\frac{\partial F_{CH}}{\partial \vec{R}}\right) = 3k_B T \frac{\vec{R}}{R_0^2} \quad 或 \quad \vec{R} = \frac{R_0^2 \vec{f}}{3k_B T}$$

链的行为就像一个刚度为 $k = k_B T / R_0^2$ 的弹簧。由于 k 与 T 成正比，因此链在温度升高时发生收缩。这就是橡胶受热后为什么会收缩的原因。

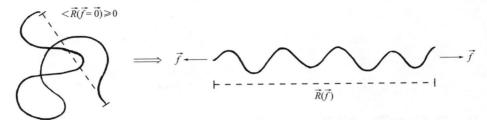

图 7.8　在拉伸力作用下的理想链

7.2.3.2　标度律论证

伸长 $\vec{R}$ 是一个长度的量，我们有一个特征长度 R_0。通过 R_0、f 和 $k_B T$，我们建立了一个无量纲变量 $u = f R_0 / k_B T$。使用无量纲参数，我们可以得到 $R = R_0 g(u)$。

在线性响应区域内，伸长与力成正比，即 $R \sim f$。如果我们假设 $g(u) \sim u^p$，则 $R = N^{1/2} \left(\dfrac{R_0 f}{k_B T} \right)^p \sim f$，这就须设定 $p = 1$。于是我们求出 $\vec{R} = \left(\dfrac{R_0^2}{k_B T} \right) \vec{f}$，即通过精确计算求得 R 对 N、f 和 T 的依赖关系，但数值系数丢失了。

7.2.4　偏离理想行为

7.2.4.1　半刚性链

刚度的效应：对于近邻单体单元 i、j，其之间的相互作用 $\langle \vec{a}_i \vec{a}_j \rangle \neq 0$。

【例题】第一近邻之间的相互作用，价键角（图 7.9）。

如果 $V(\theta)$ 是相互作用能，我们得到：

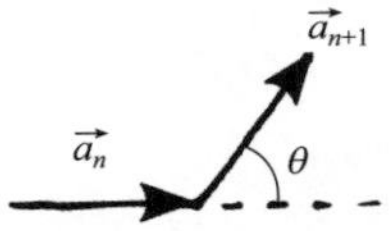

$$\langle \cos\theta \rangle = \frac{\int \exp\left[\dfrac{-V(\theta)}{k_B T} \right] \cos\theta \sin\theta \, d\theta}{\int \exp\left[\dfrac{-V(\theta)}{k_B T} \right] \sin\theta \, d\theta}$$

图 7.9　价键角 θ 的定义　　—CH$_2$—CH$_2$ 的价键角由 $\cos\theta = 1/3$ 给出。

如果 $\vec{a}_0$ 被设定，那么 $\vec{a}_n$ 之值是多少？

$$\vec{a}_n = \langle \cos\theta \rangle \vec{a}_{n-1} = \langle \cos\theta \rangle^2 \vec{a}_{n-2} = \langle \cos\theta \rangle^n \vec{a}_0$$

相关长度 l_p：对于无限长的链，它的定义是：

$$l_p = \frac{1}{a} \sum_{i=0}^{\infty} \langle \vec{a}_0 \vec{a}_j \rangle$$

但是此级数收敛很快。

对于第一近邻之间的相互作用：

$$l_p = a \sum_{i=1}^{\infty} \langle \cos\theta \rangle^n = \frac{a}{1 - \langle \cos\theta \rangle}$$

对于聚乙烯，$l_p \sim 3\text{Å}$。对于硝化纤维素，$l_p = 22\text{Å}$。生物大分子通常是半刚性的：脱氧核糖核酸 $l_p \sim 500\text{Å}$，肌动蛋白 $l_p \sim 7\mu\text{m}$。

半刚性链的构型：该链是由尺寸为 l_p 的 Na/l_p 个单元组成的高斯线团。

$$R_0 = \left(\frac{Na}{l_p}\right)^{1/2} l_p = N^{1/2}(al_p)^{1/2}$$

近邻之间的短程相互作用不会改变高斯链的统计特性。

7.2.4.2 排除体积效应

理想链被称为虚幻链，因为单体单元可以交叠。在良溶剂中的链不能再与其自身交叠，因此，它发生溶胀，统计特性也发生了变化：构型不再是高斯线团。这种情况将在本章 7.3 节中讨论。

7.2.5 聚合物的分子量和尺寸测量

7.2.5.1 分子量测量：渗透压测定法

两个容器由半透膜隔开（图 7.10），该膜只允许溶剂通过，但不允许聚合物通过。含有聚合物链的隔室中的液位升高。流体静压的增加将补偿由于渗透压而导致的溶剂化学势的降低。

稀溶液中的渗透压由理想溶液的定律 $\Pi = \dfrac{c}{N}k_B T$

给出，其中 c 是每单位体积的单体数量。通过记录溶剂化学势的降低与溶液液位升高 h 所对应的流体静压相平衡，我们得到 $\Pi = \rho g h$，这就提供了一种测量 N 的简单方法。

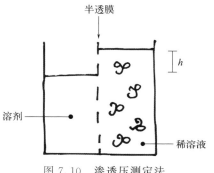

图 7.10 渗透压测定法

7.2.5.2 尺寸测量：黏度法

尺寸为 R 的高分子链的稀溶液黏度等同于尺寸为 R 球体的稀溶液黏度，因为聚合物链随着其所包含溶剂的移动而移动（图 7.11）。使用爱因斯坦公式计算胶体溶液的黏度，我们得到：

$$\eta = \eta_s \left(1 + \frac{c}{N}R^3 \times k\right)$$

式中 $\dfrac{c}{N}R^3$ 表示链所占体积的比例；k 为常数。

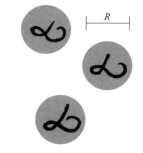

图 7.11 聚合物溶液的黏度：链的行为可近似于尺寸为 R 的球体

理想链的特性黏数为：$[\eta] = \dfrac{\eta - \eta_s}{\eta_s c} = k \times \dfrac{R^3}{N} \sim N^{1/2}$。

注：这是测量聚合物链尺寸的最方便和最广泛使用的方法❶。

---

❶ 伟大的高分子科学家 Flory 把黏度计戏称为高分子化学家的米打尺，认定它是测量高分子最简便有效的方法，与本书作者"英雄所见略同"。——译校者注

7.3 溶胀链

理想链可与其自身交叠，描述为一种无规行走（RW）（图 7.12）。如果聚合物处于良溶剂中，则每个单体单元都倾向于被溶剂分子包围，而不是被其他单体单元包围，这就导致聚合物链发生溶胀。在格子模型中，链描述为一种自回避行走（SAW）（图 7.12）。在这里，我们将使用德热纳简化的 Flory 方法去描述柔性聚合物链的溶胀。聚合物链的溶胀控制着聚合物悬浮液的流变性，而这些悬浮体广泛使用在化学化工、化妆品和制药工业中。

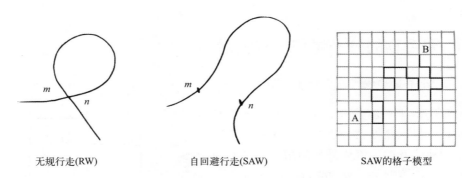

无规行走(RW)　　　自回避行走(SAW)　　　SAW的格子模型

图 7.12　理想链和溶胀链模型

理想链上的单体单元 m 和 n 可以交叠，但溶胀链并非如此

7.3.1 排除体积

排除体积参数 v 描述了单体对之间的相互作用。这与单体单元-单体单元相互作用势 $V(r)$ 有关，$V(r)$ 在远距离具有吸引力（范德华力，参见第 2 章 2.3 节），而在短距离具有排斥性（硬核）。v 被定义为：

$$v(T) = \int \left\{ 1 - \exp\left[\frac{V(r)}{k_B T}\right] \right\} d^3 r \tag{7.1}$$

排除体积的能量 F_{ve} 可以写成单体单元浓度 c 的函数：

$$F_{ve\,|\,\text{体积}} = \frac{1}{2} v c^2 k_B T \tag{7.2}$$

从量纲上看，v 是一个体积。在良溶剂中，$v = a^3$，其中 a 是单体单元的尺寸。在温度 $T = \theta$ 时，排除体积 v 抵消掉了（图 7.13）：聚合物链具有理想链行为。当 $T < \theta$ 时，v 变为负值：链处于不良溶剂中，并塌缩成单体单元组成的链球（globule），同时排出溶剂。聚合物链的体积与 R^3（其中 R 是半径）成正比，约为 $N a^3$，N 是单体单元数。即得到 $R_0 \sim N^{1/3} a$。

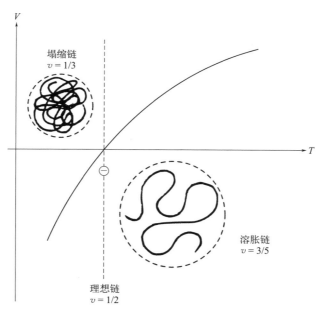

图 7.13　排除体积参数 v 随温度的变化

7.3.2　Flory 的计算 [1]

为了计算单体单元之间的排斥效应，将链视为尺寸为 R 且浓度为 $c = \dfrac{N}{R^3}$ 的单体液滴。

链的能量 F_{ch} 可以写成：

$$\frac{F_{ch}}{k_B T} = \frac{1}{2} \int v c^2 \mathrm{d}^3 r + \frac{3}{2} \left(\frac{\vec{R}^2}{R_0^2} \right) \tag{7.3}$$

式中 F_{ch} 为排除体积项［由等式（7.2）对液滴体积积分得到］与平衡溶胀的熵项（参见本章 7.2 节）的总和（图 7.14）。

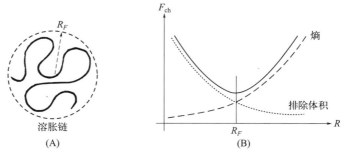

图 7.14　（A）溶胀链和（B）能量 F_{ch} 作为尺寸 R 的函数

通过省略数值因子，取 $v = a^3$，我们得到：

$$\frac{F_{ch}}{k_B T} \approx N v c + \left(\frac{\vec{R}^2}{R_0^2} \right) \approx v \frac{N^2}{R^3} + \frac{R^2}{N a^2} \tag{7.4}$$

图 7.14 显示出曲线 F_{ch} 的形状：排除体积项抵消了小 R 值的塌缩；熵项限制了大 R 值的溶胀；而 $F_{ch}(R)$ 曲线的极小值处给出了链的尺寸 R_F。

即令：

$$\frac{\partial F_{ch}}{\partial R}=0$$

得出：

$$R=R_F=N^{3/5}a \tag{7.5}$$

7.3.3 维数 d 的推广

这个计算很容易推广到任何维数 d 的空间。排除体积参数 $v=a^d$，体积 R^d。能量 F_{ch} 变成：

$$\frac{F_{ch}}{k_B T}\approx a^d\left(\frac{N^2}{R^d}\right)+\frac{d}{2}\times\frac{R^2}{Na^2} \tag{7.6}$$

通过极小化聚合物链的能量（$\frac{\partial F_{ch}}{\partial R}=0$），我们可以得到 R_F 的一般表达式：

$$R_F=N^v a \tag{7.7}$$

指数 $v=3/(d+2)$（参见表 7.2）。

表 7.2　排除体积参数 v 作为维数 d 的函数

d	1	2	3	4
v	1	3/4	3/5	1/2

在维数 d 小于 3 的情况下，聚合物链的构象可以观察：

$d=1$：链被限制在纳米管的一维内。

$d=2$：链位于不溶于水的液体的表面。

$d=4$：在四维空间中（这对于数值模拟来说是有意义的），计算表明该链再次变得理想。

虽然上述计算是近似的，但其有效性已被德热纳证明。

7.3.4 $n=0$ 的定理[❶]

德热纳已经证明：无交叠 RW[❷] 所描述的聚合物链构型从根本上与相变物理学（第 3 章）相关[2]，这一发现有两个主要后果：

---

❶　此定理是指德热纳于 1972 年在 *Phys. Lett.* 上发表的仅 1.5 页的短篇论文的结果。当时 Wilson 刚开始发布他关于重整化方法的论文，德热纳敏锐地认识到此法的意义，立即把它推广到序参量维数 n 为零的情况，并证明它正好对应于自回避行走（SAW），推导出 Flory 指数的精确值 $v=0.589$，将凝聚态物理学与高分子物理学融合起来。令人十分惊叹的是，德热纳此文的刊行甚至早于 Wilson 论文的正式刊行，成为科学史上的佳话。此定理是一个标志性的成果。历史上，高分子物理学的经典理论主要是由物理化学家 Flory、Kuhn、Huggins、Volkenstain 等人发展的，只有 Debye 是半个例外，他出身于机电和物理学专业，是著名的物理学家，曾继爱因斯坦担任德国柏林威廉皇家物理学研究所（即现在有名的德国马克斯·普朗克物理研究所）的所长，但后又任康奈尔大学化学系主任，并因分子偶极矩工作获 1936 年诺贝尔化学奖。从 20 世纪 70 年代开始，随着顶级理论物理学家德热纳、Edwards 等的强势介入，大量物理学家热情参与，高分子物理学已经进入现代理论的阶段，这个 $n=0$ 定理，与德热纳蛇行理论（Edwards 管道模型理论）和链滴理论并列，都是这个新阶段的标志。——译校者注

❷　无交叠的 RW 即是 SAW。——译校者注

① v 的精确计算（$d=3$ 时 $v=0.58$）；

② 采用标度律和"链滴"的物理学。

7.3.5 溶胀链的弹性

为了确定溶胀链的弹性，在链的两端施加力 f[3]。伸长 R 由标度律参数计算（图 7.15）。我们得到：

$$R = R_F g(u) \tag{7.8}$$

式中 $u=fR_F/k_BT$；$g(u)=u^p$。

可以考虑两种极限情况：

① $u \ll 1$：在线性区域下，$R \sim f$，因此，$p=1$，$R=R_F^2(f/k_BT)$。

此时，链是一个刚度为 k_BT/R_F^2 的弹簧。

② $u \gg 1$：链高度拉伸，$R \approx N$。

将式（7.7）代入式（7.8），得出 $R=N^{v(1+p)}\ (f/k_BT)^p$，设定 $v(1+p)=1$，因此 $p=2/3$。

由此有：

$$R \approx Na(fa/k_BT)^{2/3} \tag{7.9}$$

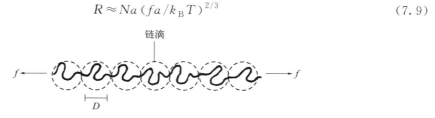

链滴

D

图 7.15　拉伸的链："链滴"的图像

链滴的图像（图 7.15）：术语"链滴"是由德热纳创造的，链滴定义为一种统计单元，其中链表现为含有 g_D 个单体的孤立链。当你越来越用力地拉长链时，你就会使它在越来越小的尺度上变直。"链滴"是尺寸为 D 的局部链，可定义为：$fD=k_BT$。在 $r \leqslant D$ 尺度下❶，链是无扰的（$D=g_D^{3/5}a$）。在 $r \gg D$ 尺度下，力使链滴排成一条直线，我们可以直接得到 $R=\dfrac{N}{g_D}D=Na\left(\dfrac{fa}{k_BT}\right)^{2/3}$。值得注意的是，这一定律表明，链在良溶剂中的伸长随 $f^{2/3}$ 变化，该定律于 1974 年计算得出，但直到 2015 年才使用柔性单链 DNA 进行了实验验证。

参考文献

［1］P. Flory，*J. Chem. Phys.*，17，303-310（1949）.

［2］P. -G. de Gennes，*Phys. Lett. A*，38，339-340（1972）.

［3］P. Pincus，*Macromolecules*，9，386-388（1976）.

---

❶ 这里的符号 r 是指空间尺寸，所以 $r \leqslant D$ 就是指链滴内部；相反，$r \gg D$ 则是指从链整体视野进行的观察。——译校者注

7.4 聚合物溶液

柔性聚合物长链在溶液中的性质主要按其在良溶剂条件下的行为加以描述。溶液中的聚合物在生物学和工业中有诸多应用，它们可用作增稠剂或稳定剂。这种分析可以扩展到凝胶溶胀和聚合物混合物。

7.4.1 三个区域

根据单体单元的浓度 c 或体积分数 $\Phi = ca^3$，聚合物溶液可以表征为三个不同的区域（图 7.16）。

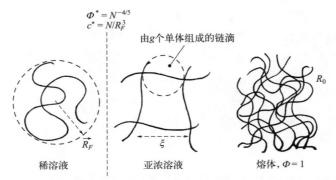

图 7.16 随浓度增大（从左到右）不同区域中聚合物链构型示意图

7.4.1.1 稀溶液

在稀溶液区域，聚合物链彼此分离。若 $\Phi < \Phi^* = N^{-4/5}$，聚合物溶液属于稀溶液。

聚合物分子链的尺寸 $R_F = N^{3/5}a$。根据稀溶液定律，渗透压由下式给出：$\Pi = (c/N)k_B T$，其中 c/N 为每单位体积的分子链数。在浓度 $c^* = N/R_F^3$ 时分子链彼此接触，并在 $c > c^*$ 时形成分子链的缠结，对应于亚浓溶液区域。

7.4.1.2 聚合物熔体

在高浓度的极限下，我们倾向于得到熔体。

聚合物熔体对应于 $\Phi = 1$。这是一种黏弹性的糊，其中聚合物链强烈缠结。熔体中的链具有理想链的构象，即 $R = R_0$，Flory 是第一位对此加以证明的人。中子散射实验证实了这一假设，其中一小部分链被氚标记。

7.4.1.3 亚浓溶液[1-2]

当 $\Phi < \Phi^* = \dfrac{Na^3}{R_F^3} \approx N^{-4/5}$，聚合物分子链为缠结状态。它们形成了一个网孔尺寸 ξ 的网络（图 7.16）。我们要推导 ξ 和渗透压，可以通过采用：①Flory-Huggins 理论（一种平均场理论）；②德热纳基于相变类比所建立的标度律。

7.4.2 Flory-Huggins 模型

7.4.2.1 聚合物-溶剂的溶液

直到发现 $n=0$ 定理之前，聚合物溶液都是通过 Flory-Huggins 理论[1] 加以描述。单体单元和溶剂均可放置在一个格子上，计算了聚合物-溶剂混合体系的熵 ΔS 和焓 ΔH。在平均场近似中，每单位体积溶液的自由焓 $G = \Delta H - T\Delta S$ 记为：

$$G = \left(\frac{k_B T}{a^3}\right)\left[\frac{\Phi}{N}\ln\Phi + (1-\Phi)\ln(1-\Phi) + \chi_F\Phi(1-\Phi)\right]$$

式中前两项代表混合熵，最后一项代表混合焓。称为 Flory 参数的 χ_F 考虑了单体与溶剂的相互作用。作为 c 函数的泰勒展开式给出了排除体积项 $(1/2)vc^2 k_B T$，其中 $v = a^3(1-2\chi_F)$。

当 $\chi_F = \frac{1}{2}$ 时，排除体积被抵消掉了 $(v=0)$，这定义出 Θ 温度。当温度低于 Θ 时，聚合物分子链处于不良溶剂中，溶液出现相分离：一个相聚合物非常浓；另一相则极稀。当温度高于 Θ 时，聚合物处于良溶剂中，溶液为均匀体系。在聚合物的单体单元溶解时 $(\chi_F = 0$ 和 $v = a^3)$，聚合物处于非常好的良溶剂中。

根据理想溶液定律，从 G 可以计算低浓度下的渗透压，即 $\Pi = (c/N)k_B T$。在与亚浓区域对应的较高浓度下，即对于 $\Phi = 1/N$，该定理可表示为 $\Pi = (1/2)vc^2 k_B T \sim c^2$（而不是实验测得的 $c^{2.25}$）。

7.4.2.2 两种聚合物的混合物

如果聚合度为 N 和 P 的两种聚合物混合，则平均场近似中的混合自由焓为：

$$G\big|_{m^3} = \left(\frac{k_B T}{a^3}\right)\left[\frac{\Phi}{N}\ln\Phi + \frac{(1-\Phi)}{P}\ln(1-\Phi) + \chi_F\Phi(1-\Phi)\right]$$

由此可得 $v = a^3\left(\frac{1}{P} - 2\chi_F\right)$。

如果这两种聚合物化学上全同，则 $v = a^3/P$，排除体积效应受到屏蔽（screened）。因此，如果我们考虑单链 N 在链 P 的熔体中的构型，Flory 的计算表明，则当 P 增加时，链 N 收缩，并当 $P = \sqrt{N}$ 时，链 N 变成理想链。

如果两种聚合物化学上是不同的，则当 $\chi_F > 1/2P$ 时，v 为负值，聚合物发生分离。对于单体单元—单体单元范德华相互作用，有 $\chi_F \approx 1$，且聚合物不混合。理解这一点在工业上相当重要：为了适应塑料的性质，聚合物合金不能采用类似于金属合金的方法而制得。因此，应合成含有几种类型单体的线形或者支化共聚物。另一种方法是合成二嵌段共聚物 AAAAAAAABBBBBBBBB，可用于使聚合物 A 和 B 的混合物稳定，正如表面活性剂可实现水和油的混合一样。

7.4.2.3 溶胀凝胶

将凝胶置于其良溶剂中，当 N 为无穷大时，Flory-Huggins 自由能可表示为：

$$G\big|_{m^3} = \left(\frac{k_B T}{a^3}\right)\left[\frac{\Phi}{N}\ln\Phi + \frac{(1-\Phi)}{P}\ln(1-\Phi) + \chi_F \Phi(1-\Phi)\right]$$

该自由能可用于计算凝胶在平衡时的溶胀。如果凝胶处于良溶剂中，则平衡浓度为浓度 c^*。

定理： 由交联聚合物形成的凝胶在浸入良溶剂中且膨胀至浓度 c^* 时，对应于体积分数 $\Phi^* = N^{-4/5}$，其中 N 是纠缠节点之间化学上计量的长度。

7.4.3 标度律和"链滴"模型

$n=0$ 定理一旦成立，推导临界现象的理论方法就可应用于聚合物体系，特别是标度律。我们发现，孤立链构型的知识允许我们推导出亚浓网络中筛网尺寸和渗透压[2]。

7.4.3.1 筛网尺寸 ξ

7.4.3.1.1 标度律论证

筛网尺寸 ξ 为长度标尺 R_F 和无量纲变量 $u = \Phi/\Phi^*$ 的函数。我们可以写出 $\xi = R_F g(u)$，当 $u \to 0$ 有 $g(u) \to 1$；而当 $u \gg 1$ 有 $g(u) \sim u^p$。对于 $u \gg 1$，ξ 变为不依赖于 N（$\xi_N \sim N^0$），可得 $p = -3/4$，由此：

$$\xi = a\Phi^{-3/4} \tag{7.10}$$

我们验证可得出：对于 $\Phi = \Phi^*$，$\xi = R_F$；而当 $\Phi = 1$，$\xi = a$。

7.4.3.1.2 "链滴"论证

这一结论也可从德热纳（图7.16）命名为"链滴"的尺寸为 ξ 的统计单元得出。在小于"链滴"尺寸 ξ 的尺度上，聚合物链的行为像一条孤立链。假设 g 是每一个"链滴"中的单体单元数量，则"链滴"的尺寸 $\xi = g^{3/5}a$。"链滴"形成紧密堆积的体系，导致第二个关系 $g = c\xi^3$。通过消除 g，我们得到公式（7.10）。ξ 同样还是一个长度，一旦超过此长度，排除体积效应将被屏蔽，它是单体单元浓度相关长度的度量。当尺度小于 ξ，单体单元的浓度是非常不均匀的；而在大于 ξ 的尺度下，它则变得均匀。

7.4.3.2 渗透压 Π

基于上述同样的原因，可以给出：

$$当 \Phi < \Phi^*, \Pi = \left(\frac{c}{N}\right)k_B T h(u) \text{ 和 } h(u) = 1$$

对于 $\Phi > \Phi^*$，$h(u) \approx u^q$。在亚浓区域，$u \gg 1$，Φ 与 N 和 $\Pi \approx N^0$ 相关，由此可得 $q = \frac{5}{4}$。

因此，当 $\Phi > \Phi^*$，$\Pi = k_B T/\xi^3 = (c/g)k_B T \approx (k_B T/a^3)(ca^3)^{2.25}$。

渗透压 Π 与稀溶液状态中链的密度成正比，与亚浓区域中"链滴"的密度成反比。幂指数 2.25 完全符合 $\Pi(c)$ 的实验定律。

7.4.3.3 半径 $R(c)$

随浓度 c 的增加，聚合物分子链"缩小"，其尺寸从稀溶液区域中的 R_F 减小到熔体

区域中的 R_0。对于亚浓区域，$R(c)$ 可以视为链滴组成的理想链的尺寸（图 7.17）：

$$R(c) = \left(\frac{N}{g}\right)^{1/2} \xi = N^{1/2} a \Phi^{-1/8}$$

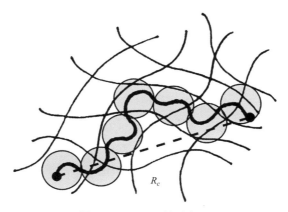

图 7.17 $R(c)$ 的示意图

7.4.3.4   单体单元-单体单元相关函数 $g(r)$

所有单体单元对之间的相关性可通过相关函数 $g(r)$ 定义：

$$g(r) = 1/c \left[c(r)c(0) - c^2\right]$$

近距离下，$r < \xi$，$g(r) = g_{self}(r) = 1/r^{4/3} a^{5/3}$。

$g_{self}(r)$ 是对于给定单体单元与此距离 r 处发现另一个单体单元的概率，由此可得 $g_{self}(r) = n(r)/r^3$，其中 $n(r)$ 是一个链滴中单体单元的数量，而 $r = n^{3/5} a$ 定义为 r 的链滴尺寸。

对于远距离，$g(r)$ 遵循简单的 Ornstein-Sernike 关系式（第 3 章）。

$$g(r) = c \frac{\xi}{r} e^{-r/\xi}$$

根据傅里叶变换，可得：

$$g(q) = c \frac{\xi}{q^2 + \xi^{-2}}$$

$g(q)$ 符合压缩和法则（the compressibility sum rule）：

$$g(q=0) = c\xi^3 = k_B T \frac{\partial c}{\partial \Pi}$$

$g(q)$ 可以通过 X 射线或者中子散射法测定。它对应于以同相散射的单体单元的数量。对于极限条件 $q\xi \gg 1$，$g(q)$ 必须与浓度 c 无关：

$$g(q) \sim \frac{1}{(qa)^{5/3}}$$

式中 $g(q)$ 为尺寸为 q^{-1} 的"链滴"中的单体单元数。

总而言之：ξ 是缠结亚浓溶液的瞬态网络的筛网大小。ξ 也是单体单元-单体单元相关性的屏蔽长度。

7.4.4 聚合物溶液中的相转变

我们在此描述聚合物溶液中的相转变。当聚合物溶解在溶剂中时,分离成聚合物富相和聚合物贫相,对于聚合物的分级具有实际应用,随着温度的降低,其中最长的链首先被分离。通过沉淀聚合物混合物,可生产用于超滤的双连续相聚合物产品。

7.4.4.1 聚合物-溶剂混合物

7.4.4.1.1 实验结果

我们在此举一个实例:四种分子量的聚苯乙烯 [$N=400$(A)、860(B)、2400(C)、12000(D)] 溶于环己烷的情况[3]。将单体浓度为 c 的聚苯乙烯溶液的温度降低,肉眼可见该体系分离为两相:一相是浑浊的、富含聚合物的;另一相是更清澈的。通过改变浓度或等效体积分数,可获得不同分子量聚合物的相图(图 7.18)。

由图 7.18 中的相图可见,共存曲线有一极大值,这是分层的临界点,对应于临界温度 T_c 和单体单元分数 Φ_c,取决于 N,并且在高浓度下,它们具有共同的渐近线。我们将会计算出临界温度。

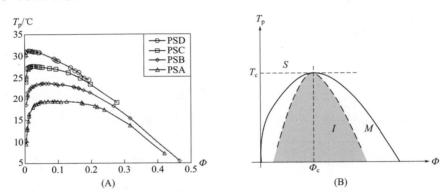

图 7.18 (A)沉淀温度 T_p 随环己烷中 PS(聚苯乙烯)体积分数的变化而变化;
(B)共存曲线、临界点和亚稳线的定义

7.4.4.1.2 模拟

我们发现,采用排除体积参数 $v=a^3(1-2\chi_F)$,可以对溶液中聚合物链单体单元间的相互作用进行表征,在 Θ 温度之下 v 被抵消为零。

如果 v 为负,在一固定浓度下,随着温度的降低,存在两相分离。图 7.18 所示的曲线 $T_p(\Phi)$ 是我们将描述的共存曲线。

这种相变可由 Flory-Huggins 混合自由能密度模拟而得:

$$G\mid_{m^3} = \left(\frac{k_B T}{a^3}\right)\left[\frac{\Phi}{N}\ln\Phi + (1-\Phi)\ln(1-\Phi) + \chi_F\Phi(1-\Phi)\right] = \frac{k_B T}{a^3}g(\Phi)$$

体系的总焓为 $G=\Omega G\mid_{m^3}=nk_B Tg(\Phi)$,其中 Ω 为溶液的体积,$n=n_1+n_2$ 为分子总数,n_1 为溶剂分子数,n_2 为单体数,且有 $\Phi=n_2/(n_1+n_2)$ 及 $\Omega=(n_1+n_2)a^3$。

7.4.4.1.3 双组分混合物的热力学

设定 μ_1 为溶剂的化学势，μ_2 为单体单元的化学势，μ 为交换化学势，$\mu = \mu_1 - \mu_2$，且 Π 为渗透压。

将 n_1 和 n_2 或者 Ω 和 n_2 作为自变量，可得：

$$dG = \mu_1 dn_1 + \mu_2 dn_2 = \mu dn_2 - \Pi d\Omega$$

由此定义了基于 g 和 $g' = dg/d\Phi$ 的化学势和渗透压：

$$\mu_1 = \frac{\partial G}{\partial n_1}\bigg]_{n_2, T} = k_B T(g - \Phi g')$$

$$\mu_1 = \frac{\partial G}{\partial n_2}\bigg]_{n_1, T} = k_B T[g + (1 - \Phi)g']$$

$$\mu = \frac{\partial G}{\partial n_2}\bigg]_{\Omega, T} = k_B T g'$$

$$\mu = -\frac{\partial G}{\partial n_2}\bigg]_{n_1, T} = \frac{k_B T}{a^3}(-g + \Phi g')$$

7.4.4.1.4 溶液的稳定性：$G(\Phi)$ 形状，双切线作图

写出两相中化学势相等的公式：$\mu_{\mathrm{I}} = \mu_{\mathrm{II}}$，我们可以说明体系分离为不同组成的两相：$\Phi_{\mathrm{I}}$ 和 Φ_{II}。如果 G'' 为正，则混合物是稳定的或为亚稳定的态，并通过富含聚合物液滴的成核和生长而产生分离（图 7.19）；如果 G'' 为负，则混合物变得不稳定：浓度涨落被放大。$G'' = 0$ 定义亚稳曲线［图 7.18(B)］。

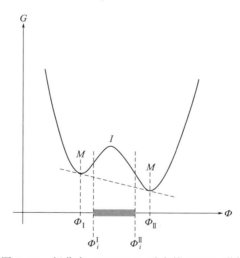

图 7.19　相分离（$T < T_c$）对应的 $G(\Phi)$ 形状

如果 $G'' > 0$，则溶液是稳定的（$\Phi < \Phi_{\mathrm{I}}$ 和 $\Phi > \Phi_{\mathrm{II}}$）或亚稳的；如果 $G'' < 0$，则溶液是不稳定的 $\Phi'_i < \Phi < \Phi''_i$

通过与范德华等温线进行类比，可以分析 $\mu(\Phi)$ 的形状（图 7.20）。

临界点定义为：$\dfrac{d\mu}{d\Phi} = \dfrac{d^2\mu}{d\Phi^2} = 0$，即 $g'' = g''' = 0$，由此可得：

$$\Phi_c = \frac{1}{\sqrt{N}} \text{ 且 } 1 - 2\chi_F = \frac{T_c - \Theta}{\Theta} = -\frac{1}{\sqrt{N}}$$

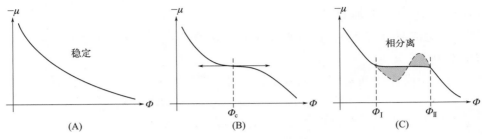

图 7.20　不同温度下的曲线 $\mu(\Phi)$

亚稳线的定义为：$g''=0$ 即 $2\chi_F = \dfrac{1}{N\Phi} + \dfrac{1}{1-\Phi}$

7.4.4.2　聚合物-聚合物混合体系

如果聚合度为 N 和 P 的两种聚合物 A 和 B 混合，则平均场近似中的混合自由焓为：

$$\Delta G\left(\frac{a^3}{k_B T}\right) = \frac{\Phi}{N}\ln\Phi + \frac{(1-\Phi)}{P}\ln(1-\Phi) + \chi_F\Phi(1-\Phi)$$

式中 Φ 为单体 A 的分数。

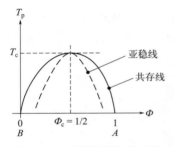

图 7.21　对称聚合物-聚合物
混合物的亚稳线和共存线

χ_F 值极低的情况下，$v = a^3\left(\dfrac{1}{P} - 2\chi_F\right)$ 为负。

在对称情况中，即 $N=P$，相图的形状如图 7.21 所示。临界点的定义如前所述。对于对称聚合物-聚合物混合物，我们发现 $\Phi_c = 1/2$ 和 $\Phi_c k_B T_c = NU/2$，其中 $U = \chi_F k_B T$ 是单体 A 和 B 之间的相互作用。临界温度与聚合度 N 成正比。因此，其值非常高，这也解释了为什么在室温下两相总是分离。

亚稳线方程由下式给出：

$$2U = \frac{k_B T}{N}\left(\frac{1}{\Phi} + \frac{1}{1-\Phi}\right)$$

7.4.4.3　小结

总之，溶液中聚合物长链的相分离的特征在于：当 N 变得非常大时 $\Phi_c \to 0$，$T_c \to \Theta$。对于聚合物熔体的混合物，如果 U 是单体 A 和单体 B 之间的相互作用，我们必须将 NU 与 $k_B T$ 进行比较。聚合物发生分离是因为熵与焓相比太低，无法促进混合。

参考文献

[1] P. Flory, *Principles of Polymer Chemistry*. Cornell University Press, 1967.

[2] P. -G. de Gennes, *Scaling Concepts in Polymer Physics*. Cornell University Press, 1979.

[3] A. R. Shultz, P. J. Flory, *J. Am. Chem. Soc.*, 74, 4760-4767 (1952).

7.5 界面处的聚合物

在许多食品、药品、化妆品和油漆的配方中，聚合物常被用作添加剂，它们可用作增稠剂和稳定剂。聚合物同样还用于改性基材的润湿性能和黏附性，通过聚合物长链与橡胶分子链的相互渗透将橡胶黏合在基材上。

7.5.1 历史背景：从印度墨水到聚合物电晕

印度墨水，实际上是大约公元前 4000 年由古埃及人发现。为了将炭黑颗粒分散在水中，他们在水中加入阿拉伯树胶——一种可溶于水并吸附在碳表面的长链多糖。在纯水中，胶体悬浮液很容易絮凝，使用阿拉伯树胶后，悬浮液可以稳定多年（图 7.22）。

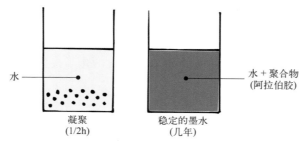

水

凝聚
(1/2h)

水＋聚合物
（阿拉伯胶）

稳定的墨水
（几年）

图 7.22 印度墨水被阿拉伯胶稳定

我们也可提及法拉第（1857 年）[1] 对胶体金悬浮液的稳定作用：胶体金带电并在纯水中形成红色溶液，通过添加盐，它可沉淀并变成乳白色和蓝色。法拉第采用白蛋白稳定悬浮液，使其盐不再发生沉淀。许多年后，化学家开始用乳胶对涂料进行立构稳定化（steric stabilization）[Osmond（ICI）[2]]，相关问题的解释在十年后由 Alexander[3]、Joanny、Leibler 和 de Gennes[4] 模拟提出。

"裸"碳颗粒通过范德华力（第 7 章 2.3 节）相互吸引，并以能量 $U \approx \dfrac{k_{B}TR}{d} \gg k_{B}T$ 黏附在一起，其中 R 是颗粒的尺寸，d 为其接触距离（即发生絮凝时原子尺寸的距离）（图 7.23）。

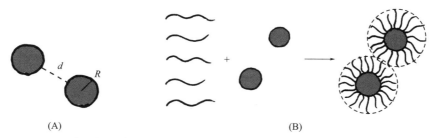

(A)

(B)

图 7.23 （A）两个"裸"碳颗粒的絮凝；（B）通过形成聚合物"电晕冠"来实现立构稳定

如果聚合物接枝到颗粒上，它们会形成"电晕冠"（corona），并防止颗粒在良溶剂中相互靠近。界面处的聚合物可产生如图 7.24 所示的三种构型：

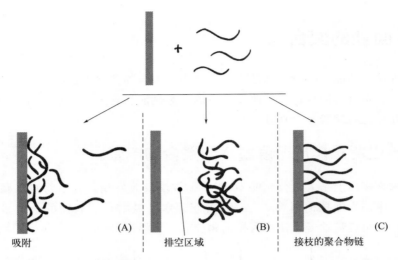

图 7.24 （A）吸附（过剩表面积 $\Gamma>0$）；（B）排空（$\Gamma<0$）；（C）接枝聚合物链

聚合物在溶液中的简单吸附、排空和聚合物长链的化学接枝将在下面进行讨论。

7.5.2 吸附聚合物：自相似网格

在此，我们来讨论电中性的柔性聚合物在良溶剂中的吸附。如图 7.25 所示，这种吸附作用在许多应用领域发挥着重要作用。

（1）立构稳定化

当聚合物吸附到颗粒上时，它会形成"电晕冠"，在颗粒之间产生立体排斥，并防止它们在范德华力的吸引相互作用下彼此黏牢。

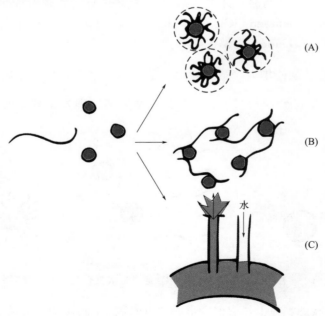

图 7.25 聚合物的吸附导致：（A）稳定；（B）絮凝；（C）二次采油

（2）提高采油率中添加剂的损失：增稠剂

如果采用水驱油●来开采更多的原油，最终会因为 Saffman Taylor 不稳定性[5] 而只采集到水：如果黏性液体被非黏性液体推动，则两种液体之间的前锋不稳定。水形成指进并与油相互交叉，最后我们在出口收集得到的是水，而不是油！因此，有必要通过添加聚合物来增加水的黏度。极少量的聚合物就可以使水"变稠"，例如使用由细菌或真菌产生的黄原酸。但是聚合物同时也吸附在大多数砂岩上，使得水的黏度急剧下降。岩石表面化学性质非常不均匀，很难找到不与岩石产生吸附的聚合物。

当油价下跌时，黄原胶被用作食品工业的增稠剂，特别是用于乳制品和果酱。

（3）通过桥接形成凝胶

如果大分子具有高的分子量并且胶体悬浮液有足够高的浓度，则产生凝胶。这种粒子聚集可能是一场灾难，也可能非常有益。该工艺已用于水的净化处理。也可以通过选择性絮凝提取石油中的某些成分，这种方法比蒸馏法的成本更低。

下面将研究电中性、长链柔性聚合物在高吸附极限（$U_{固体/溶剂} - U_{固体/单体} > k_B T$）内的吸附行为。

7.5.2.1 吸附聚合物层的表征

吸附聚合物层可由如下四种主要实验方法加以表征（图 7.26）。

（1）表面过剩 Γ（单体/m²）

单位面积上单体单元的吸附数量 Γ 可通过称重测量（采用超灵敏声学法）或采用放射性示踪剂得到。它对应于单体单元的致密单层：

$$\Gamma \sim a^{-2}, a = 单体尺寸$$

（2）聚合物涂层颗粒的流体动力学厚度

淌度（mobility）μ 由 Stokes 定律给出：

$$\mu_{bare} = \frac{1}{6\pi\eta R} \mu_{coted} = \frac{1}{6\pi\eta(R + e_H)}$$

通过爱因斯坦关系式计算扩散系数，可得

$$D_{bare} = \frac{k_B T}{6\pi\eta R} D_{coted} = \frac{k_B T}{6\pi\eta(R + e_H)}$$

采用沉降法、非弹性光散射（ILS）或简单的黏度法，可以确定 e_H，这一结果有利于扩散层模型。该实验结果应用于在水介质中溶液涂敷 POE 的聚苯乙烯胶乳，可得出 $e_H = aN^x$，且 $x = 0.58$。

（3）椭圆偏光法

在 Brewster 角处记录偏振光的反射 $i = i_B$，其中感应偶极子在反射光束的方向上。由于光是横向激发，反射强度为零。表面条件的微小变化将恢复光强度。一种非常灵敏的零度方法可用于检测表面改性情况。根据椭圆偏振数据，我们可以测定表面过剩 Γ 和单体单元分布 $\Phi(z)$ 的第一矩 e_e，定义为：

---

❶　即所谓的二次采油。——译校者注

$$\Gamma = \frac{1}{a^3}\int \Phi(z)\mathrm{d}z \ \text{和} e_e = \frac{\int z\Phi(z)\mathrm{d}z}{\int \Phi(z)\mathrm{d}z} \qquad (7.11)$$

Kawaguchi 等[6] 采用金属（铬）/PS/CCl$_4$ 体系时发现 $e_e = aN^{0.4}$。

（4）$\Phi(z)$ 的分布剖面详述

采用"瞬逝波诱导荧光"（EWIF）和中子散射可对 $\Phi(z)$ 进行详细表征。由于在中子散射中穿过壁的信号太弱，因此 Loic Auvray 在中子衍射实验中采用一组吸附聚合物的珠子为研究对象。

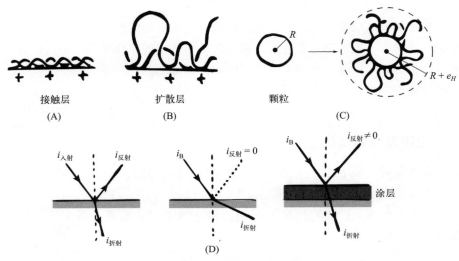

图 7.26　吸附聚合物层的表征

（A）重量表征：表面过剩 Γ；（B）采用椭圆偏振计可得厚度 e_e；（C）沉降：流体动力学长度 e_w；（D）偏振光的反射❶

7.5.2.2　吸附层的描述：自相似网格

自相似网格平均场计算不能很好地描述表征 $\Phi(z)$，因为它假设聚合物浓度是均匀的，不能包含大的涨落。我们在此介绍德热纳的推导，由此几乎无需计算便可得出分布剖面！此处，我们将证明分形自相似网格的作图方法（图 7.27）。

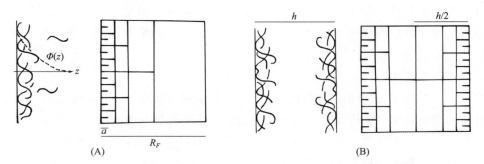

图 7.27　（A）吸附聚合物层的描述：自相似网格 $\xi = z$；（B）两个吸附聚合物层之间的排斥

---

❶　原文图名有误，已更正。——译校者注

我们已经看到，亚浓溶液可能是这样一幅物理图景：含有 g 个单体的链滴，其尺寸为 ξ，呈紧密堆积。所以有 $\xi = g^v a$，链滴为溶胀的聚合物链，因为链滴紧密排布，所以有 $g = c \xi^3$。故从这两个关系式求得：$\xi = a(ca^3)^{-3/4} = a\Phi^{-3/4}$。

对于自相似网格，德热纳表示仅需一个长度即可描述聚合物层，这导致 $\xi = z$，即到壁的距离。由 $\xi = z = a\Phi^{-3/4}$，得出：

$$\Phi(z) = (a/z)^{4/3} \tag{7.12}$$

浓度随到壁的距离增加而缓慢降低。

自相似网格受到两个截止（cut off）的限制：在短距离上，$z_{min} = a$，为单体尺寸；在长距离上，$z_{max} = R_F$，后者即远离壁的稀溶液中的聚合物尺寸。如果溶液是亚浓溶液，则有：

$$z_{max} = \xi_{bulk}$$

与实验数据比较：根据式（7.11）和式（7.12）求出 $\Gamma = a^{-2}$，且 $e_e \approx N^{2/5}$，积分由 R_F 主导。流体动力学长度 $e_H \approx R_F$。Auvray 和 Cotton[7] 通过中子散射测量了 SiO_2-PDMS-$C_{12}H_{12}$ 体系的分布 $\Phi(z)$，可见自相似网格的理论模型与实验数据完全一致。

7.5.2.3 胶体保护：两平板间的排斥

将平板长时间放置于恒温液槽，以达到平衡的过剩表面。如图 7.27（B）所示，当达到不变的 $\Gamma = \Gamma_{eq}$ 时，平板会移动并靠得更近。链重排所需的时间非常长，Γ 保持不变。随后在两个平板之间有一个排斥 U，这是由电晕冠之间排除体积的相互作用导致的。

在两个平板之间，单体产生的渗透压 Π 升高。两个平板之间的力 F 与距离 h 之间的关系为：

$$F = -dU/dh = \Pi(h/2) \approx k_B T/h^3$$

由此：

$$U(h) \approx k_B T/h^2 \tag{7.13}$$

7.5.3 排空❶：絮凝、尺寸排除色谱法

当聚合物溶液与排斥壁接触时，在壁之上出现无聚合物区域，称为排空层。1954 年，Asakura 和 Oosaka[8] 首次在稀溶液中发现了这一现象，Leibler、Joanny 和 de Gennes[4] 使用聚合物的标度理论对亚浓溶液进行了讨论。

7.5.3.1 排空层的结构

图 7.28 给出了排空层的示意：

① 对于稀溶液，其厚度为 R_F。

② 对于亚浓溶液，其厚度为屏蔽长度 ξ。平板上聚合物体积分数 Φ_s 通过溶剂的化学势相等进行估算，可得：

---

❶ 原文为 depletion，按多数英文科技词典通常译为"耗尽"，但目前不少译者倾向改译为"排空"。按本书图 7.28 的示意与后文中认为 depletion 的本质属排除体积效应，因此本书中采用此译名。——译校者注

$$\Pi = \frac{k_B T}{\xi^3} = \frac{k_B T}{a^3} \Phi_s$$

由此得出：

$$\Phi_s = \Phi_b^{9/4}$$

浓度分布由标度律给出 $\Phi(z) = \Phi_b \left(\dfrac{z}{\xi}\right)^m$，$\Phi(z) = \Phi_s = \Phi_b^{9/4}$，可得 $m = 5/3$。

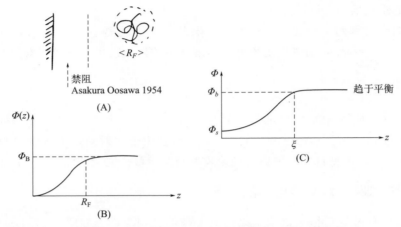

图 7.28　(A) 排空层示意图，排斥壁附近的单体密度分布；(B) 稀溶液中；(C) 亚浓释溶液

同样也研究了液-气界面的排空层。在聚合物溶液的自由表面，如果聚合物的表面张力 γ_p 低于溶剂的表面张力 γ_L，则聚合物被吸附，表面张力 γ 降低。另一方面，如果 $\gamma_p > \gamma_s$，则在表面上形成排空层，且表面张力 γ 增加：

$$\gamma = \gamma_L + \Pi \xi = \gamma_L + k_B T / \xi^2$$

γ 的增加对应于在渗透压 Π 下将单体单元从排空层排出所做的功。

7.5.3.2　胶体粒子之间通过排空层的相互作用

因为渗透压是推动粒子接触的驱动力，所以在亚浓区域中，粒子之间的吸引力很大。图 7.29 示意了渗透压引起的两个平板和两个颗粒之间的吸引力。能量 F 与平板之间的距离 D 的关系式为：

$$-\frac{\partial F}{\partial D}\bigg|_{D=0} = \Pi(\Phi_0) = \frac{k_B T}{\xi^3}$$

$$-F_0 = \frac{k_B T}{\xi^2}$$

单位面积的排空黏附能则为 $W_{adh} = -F_0 = k_B T / \xi^2$。

半径 b 大于相关长度 ξ 的两个颗粒具有接触面积 ξb。它们的总相互作用能由下式给出：

$$U = -(k_B T / \xi^2) \times \xi b = -k_B T b / \xi$$

7.5.3.3　排空诱导黏附能的实验测量

已证明，非吸附的水溶性聚合物可以诱导磷脂双分子层的吸引。在脂质泡囊和活细胞

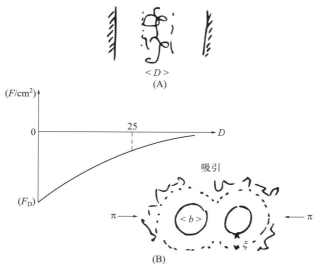

图 7.29　在（A）两块板之间和（B）两个颗粒之间的吸引

上，用双移液管技术测量了右旋糖酐因排空引起的黏附能 W_{adh}，如图 7.30 所示。

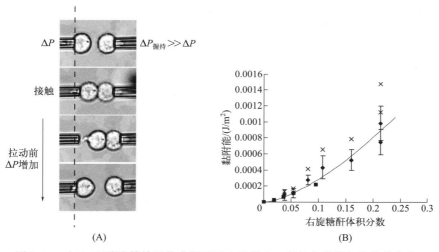

图 7.30　（A）双移液管抽吸技术测量两个黏附在一起的非黏附细胞的分离力；
（B）黏附能与右旋糖酐浓度的关系（这条线是按照德热纳理论上的定律所确定的）[9]

两个细胞在微量移液管的微弱吸力下保持接触，1s 后因右旋糖酐的排空而黏附。

用双吸移液管技术测量分离过程的力 F_s。在强烈抽吸作用下，一个细胞被右侧的微量移液管抽吸。施加到另一个细胞的抽吸增加，右侧的微量移液管向右移开。细胞离开左侧微量移液管，然后两个细胞分离 [图 7.30（A）]。根据细胞分离前的最后一次抽吸压力，可以推导得出分离力 F_s，并进行理论分析。由 F_s 的测试结果，可以通过 Johnson-Kendall-Roberts（JKR）公式[10] 得出单位面积的黏附能 W_{adh}：

$$W_{adh} = \frac{2F_s}{3\pi R}$$

德热纳推导出单位面积 W_{adh} 的表达式，它是聚合物体积分数 Φ 的函数，在良溶剂中得出：

$$W_{adh} = \left(\frac{k_B T}{a^2}\right)\Phi^{1.5} \qquad (7.14)$$

式中 $k_B T$ 是热能；a 为单体的尺寸。理论拟合 $W_{adh}(\Phi)$ 如图 7.30（B）所示。

7.5.3.4　尺寸排除色谱法（SEC）

SEC 主要用于分析和分离大分子，如蛋白质或聚合物。该过程在色谱柱中进行，柱中紧密填充有微米级微球，微球含不同尺寸的孔。这些孔可以是表面上的凹陷或贯穿微球的通道。当聚合物稀溶液沿色谱柱向下流动时，小粒子进入孔隙，而大粒子不能进入太多的孔隙。由此，大分子比小分子更快地流过色谱柱，即分子越小，保留时间越长。SEC 中使用的某些载体可以描述为大分子尺寸范围内（10～500Å）的"分形"，如图 7.31 所示。该方法仅通过两个参数来表征色谱柱：D_f 是多孔粒子的分形维数，L 是较大孔隙的维数。我们在图 7.31 中给出了与聚合物亚浓溶液相关的排除体积。

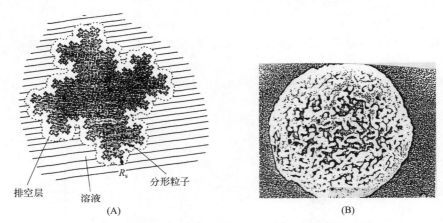

图 7.31　在分形粒子中排空层是聚合物线团的排除体积（选自文献［11］）

7.5.4　化学接枝：聚合物链刷

7.5.4.1　接枝聚合物的构象

接枝到粒子表面的聚合物链是否真的像"刺头"发型那样伸直？

考虑聚合度为 N 的长链，其接枝表面密度为 $\Sigma = 1/D^2$，这里 D 是接枝点之间的距离。聚合物链刷浸入良溶剂中，有如下两个区域：

① **"蘑菇链❶"区域：** 如果 $D \gg R_F$，则聚合物链占据体积为 R_F^3，其中 $R_F = N^{3/5}a$，

---

❶　原文为 mushroom，也是德热纳创造的描述高分子链构象的术语，译为"蘑菇链"。由于高分子链的构象研究的是分子几何学，因此主要涉及空间中的形状。在这门学科发展过程中，高分子物理学家在严格复杂的数学推理之后，想有一幅直观的物理图景，于是引入了 coil（线团）、tail（尾形链）、loop（环形链）等日常物品转换的术语。德热纳继承和发扬了这种传统，除 mushroom 外，还发明了术语 brush（刷状链）、pancake（煎饼链）等术语，已经为高分子学界广泛接受。目前，各英汉高分子词汇中并没有收录这些译名。——译校者注

是自由链的尺寸（Flory 半径）。与在稀溶液中的情况相比，它们并没有拉伸（图 7.32）。

②**"刷状链"区域**：如果 $D \ll R_F$，聚合物链受到拉伸，并形成刷状（图 7.33）。如果 L 是聚合物链刷的厚度，则每条链的 Flory 能量可以写成排除体积项和熵项的总和（本章 7.3 节和图 7.34）：$F_{ch}/k_BT \approx Nv(N/LD^2)+(L^2/R_0^2)$，$v$ 是排除体积（在良溶剂中 $v=a^3$），R_0 是理想链的半径。F_{ch} 对 L 求导极小化，可以得出聚合物链刷的厚度 L_e 为：

$$L_e = Na(a^2/D^2)^{1/3} = Na\Phi_s^{1/3}$$

式中 Φ_s 为接枝位点的表面分数（$\Phi_s=a^2/D^2$）。

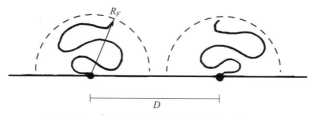

图 7.32　"蘑菇链"构象的区域，$D \gg R_F$

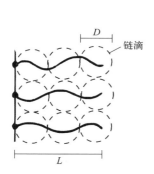

图 7.33　"刷状链"构象的区域，$D \ll R_F$

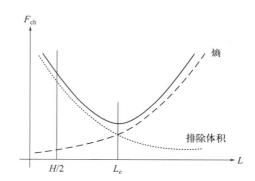

图 7.34　链的自由能随厚度的变化

采用链滴论证也可以很容易地得到这个结果（图 7.33）。链被描述为尺寸为 D 的一串链滴，每个链滴包含 g_D 个单体（$g_D^{3/5}a=D$）。可得：

$$L_e = \frac{N}{g_D}D = Na\left(\frac{a^2}{D^2}\right)^{1/3}$$

7.5.4.2　两个聚合物链刷之间的排斥

两个接枝表面在距离 H 处相互靠近（图 7.35）。如果 $H<2L_e$，聚合物链刷不会相互渗透，而是自身压缩。每个聚合物链刷的厚度为 $L=H/2$。曲线 $F_{ch}(L)$ 表明，每条聚合物链的能量由排除体积所控制（图 7.34）。

单位接触表面积的排斥能为：

$$U = 2vk_BT\frac{2N^2}{H}\times\frac{a^3}{D^2} \approx N^2\Phi_s^2\frac{k_BT}{Ha}$$

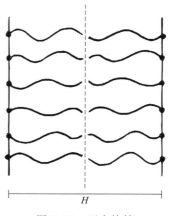

图 7.35　两个接枝
表面之间的空间排斥

排斥力为：$f=-(\partial U/\partial H)\propto 1/H^{2}$。

这种空间排斥力可采用 Israëlashvili 表面力测量仪进行实验测定（第 2 章 2.3 和 2.5 节）。

7.5.5 结语

接枝或吸附聚合物链刷常被用于稳定胶体悬浮液和乳液。

在生物技术领域，水溶性聚合物链刷被用于防止蛋白质吸附在植入物表面。另一个例子是用作药物载体的"隐形"泡囊。注射到血液中的脂质泡囊在不到一小时内被清除，但如果它们被聚乙二醇（PEG）包裹，则泡囊的寿命为几天。

非黏附基底上聚合物的排空可用于沉淀所有类型的物体，从胶体粒子到活细胞。

最后，聚合物链刷可以起到黏合促进剂的作用。如果在玻璃上接枝可与橡胶形成互穿结构的聚合物长链，橡胶在玻璃上的黏附能将会增高 50 至 100 倍。

参考文献

[1] M. Faraday, *Philos. Trans. R. Soc. Lond.*, 147, 145-181(1857).

[2] D. W. J. Osmond, D. J. Walbridge, *J. Polym. Sci. Part C.*, 30, 381-391(1970).

[3] S. Alexander, *J. Phys.*, 38, 983-987(1977).

[4] J. F. Joanny, L. Leibler, P. -G. de Gennes, *J. Polym. Sci. Part B.*, 17, 1073-1084(1979).

[5] P. Saffman, G. Taylor, *Proc. R. Soc. A.*, 245, 312-329(1958).

[6] M. Kawaguchi, S. Hattori, A. Takahashi, *Macromolecules*, 20, 178-180(1987).

[7] L. Auvray, J. P. Cotton, *Macromolecules*, 20, 202-207(1987).

[8] S. Asakura, F. Oosaka, *J. Chem. Phys.* 22, 1255-1256(1954).

[9] Y. -S. Chu, S. Dufour, J. P. Thiery, E. Perez, F. Pincet, *Phys. Rev. Lett.*, 94, 028102(2005).

[10] K. L. Johnson, K. Kendall, and A. D. Roberts., *Proc. R. Soc. Lond. Ser. A.*, 324, 301 (1971).

[11] M. Lemaire, A. Ghazi, M. Martin, F. Brochard-Wyart, *J. Biol. Chem.*, 106, 814-817 (1989).

7.6 聚合物熔体动力学：蛇行模型

德热纳的"蛇行模型"描述了熔体中柔性聚合物的动力学性质，其中的长链表现得像蛇在草丛中穿行一样（如图 7.36）。

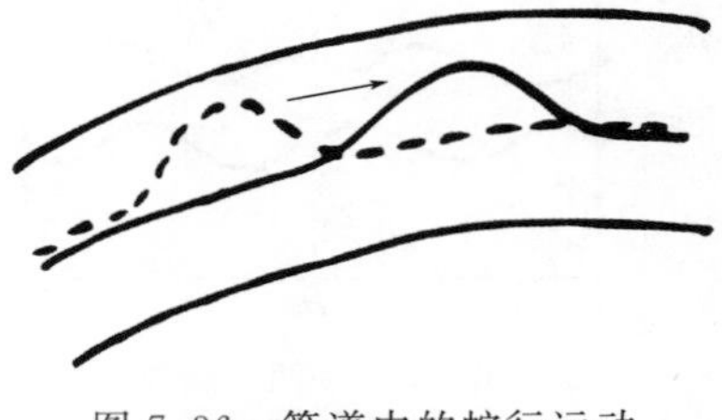

图 7.36 管道中的蛇行运动

这个模型表现了德热纳的风格，他把科学家比作丛林中的野蛮人，而不是在他的法兰西公学院（1971年）果园里的园丁；他在科学中使用了同样的比喻（用蛇来比喻聚合物），把这些思想如诗一般地带进我们的生命，而且这些思想很难再用别的方式来表达

（图 7.36）。

因为长链不能相互交叠，所以它们在熔体中缠结，造成了各种复杂的纽结（knot）。而这些缠结点正是它们特殊的动力学性质的来源。取一点超黏的糊状物，比如叫作弹性橡皮泥的一种硅树脂聚合物熔体（见第 8 章 8.8 节），把它塑形成球状，如果你投出去，它会像一个橡胶球一样反弹回来。可是如果你把它静置在桌子上，它会像液体一样慢慢扩散开。这个体系在短时间里表现得像固体，在长时间里却像液体一样流动。类似地，把两个小的弹性橡皮泥球放置在一起，如果时间很短，它们会像固体球一样分开。可是，如果让它们接触几秒以后，你会发现它们黏在一起并部分融合，此时如果你试着分开它们，它们会变形并形成一条聚合物线。这种自黏合现象使得它可以黏合数千米的聚乙烯管道并用来输送天然气，而不需要其他黏合剂。

7.6.1　黏弹性

聚合物熔体是很黏的：它们在短时间内行为如橡胶，如果施加慢速扰动，它们就会像正常液体一样流动。这种现象的解释也早就知晓，聚合物链是缠结的：在短时间内，聚合物链之间的纽结来不及解开，所以其行为如交联体系。在长时间尺度内，布朗运动解开了纽结。分隔这两个区域的时间为蠕变时间（creep time）T_r。

在 Ferry 所著的经典教科书里描述了聚合物的力学性质[1]。在 $t=0$ 时刻，施加一个应力 σ 到截面为 S 长度为 l_0 的聚合物棒上。检测其伸长 $l(t)$ 与时间 t 的函数关系。图 7.37 表示了柔量 $J(t)$，定义为形变 ε 与应力 σ 之比，其中形变 $\varepsilon=(l-l_0)/l_0=\delta l/l_0$。$J(t)$ 曲线给出了描述黏弹性流体的三个参数：弹性模量 E、黏度 η、蠕变时间 T_r，其中蠕变时间分隔了弹性区域和黏性区域，在高分子物理学中又称之为蛇行时间（reptation time）。

为了模拟黏弹性液体的 $J(t)$ 曲线，最简单的模型是麦克斯韦模型［如图 7.37(B)］。张力 σ 施加到两个元件上，即"黏壶"和"弹簧"，分别产生形变 ε_2 和 ε_1。

有如下关系：

$$\sigma=E\varepsilon_1=\eta\dot{\varepsilon}_2$$
$$\varepsilon=\varepsilon_1+\varepsilon_2$$

因此有：$(d\sigma/dt)+(E/\eta)\sigma=E\dot{\varepsilon}$

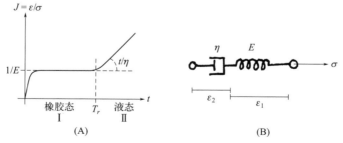

图 7.37　(A) 柔量 $J(t)$；(B) 描述黏弹性的麦克斯韦模型示意图，由一个黏壶和一个弹簧串联而成，$\varepsilon=\varepsilon_1+\varepsilon_2$

这个应力弛豫等式适用于所有的黏弹液体。在短时间尺度内，$J=\varepsilon/\sigma=1/E$，在长时间尺度内，$J=(1/\eta)t=(1/E)t/T_r$，其中 $T_r=\eta/E$，如图7.36所示。

7.6.1.1 弛豫时间 T_r

所有体系都有弛豫时间，对标准液体来说弛豫时间通常很小，在 10^{-10} s 量级。对聚合物熔体，T_r 相比于单体单元的弛豫时间 τ_0 来说是很大的：

$$T_r=\tau_0 N^a \tag{7.15}$$

式中 $3<a<3.5$。取 $\tau_0=10^{-10}$ s，我们发现对长链来说，T_r 在几分钟这个量级（聚合度大约为 10^4）。

在短时间内，$t<T_r$；或在高频时，$\omega>1/T_r$，聚合物熔体的行为如固体橡胶。另一方面，在长时间时 $t>T_r$，或低频时 $\omega<1/T_r$，聚合物熔体的行为如液体。

7.6.1.2 弹性模量 E

当两个缠结点之间的距离很小的时候，杨氏模量 E 很大。定义 N_e 为"化学距离"，即缠结点之间的单体单元数目。对于一个弹性体来说，弹性模量正比于交联点密度：

$$E=\rho\frac{k_B T}{N_e} \tag{7.16}$$

式中 $\rho=1/a_0^3$ 是单位体积单体单元数表示的密度；a_0 是单体单元尺寸；ρ/N_e 是缠结密度。

缠结阈值，即能够产生缠结的最小单体单元数，在 $N_e\sim 200$ 量级。

7.6.1.3 黏度 η

麦克斯韦类型的黏弹性液体，由一个串联的黏壶和弹簧表征［图7.37(B)］，麦克斯韦特征时间（T_r）、弹性模量 E 和黏度 η 三者之间的关系为：

$$\eta=ET_r \tag{7.17}$$

当 $N>N_e$ 时，由式(7.15) 和式(7.16)，得到：

$$\eta\sim N^a \tag{7.18}$$

当 $N<N_e$ 时：没有缠结。为了求出对应的弛豫时间，我们利用 Rouse 方法[2]，由弹簧连接的一串珠子-弹簧来模拟聚合物链。按照直觉，链的扩散系数 D 可相对于单体单元的扩散系数 D_0 而推导出来，关系为 $D=D_0/N$。因此，Rouse 弛豫时间 τ_{Rouse}，即链扩散到一个等于其自身尺寸 R_0 的距离所需的扩散时间，定义为 $D\tau_{\text{Rouse}}=R_0^2$，即 $\tau_{\text{Rouse}}=\tau_0 N^2$，其中 $\tau_0^{-1}=k_B T/\eta_0 a_0^3$，$\eta_0$ 是单体单元的黏度。另外，每条链的渗透模量为 $k_B T$ 的量级，等于 $E=\rho(k_B T)/N$。

利用式(7.17) 中黏度和弛豫时间的标度关系，有：

$$\eta=\eta_0 N \tag{7.19}$$

黏度 η-链长 N 双对数曲线显示出了两个区域（如图7.38）。

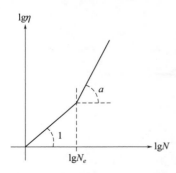

图7.38　黏度 η 随 N 的对数变化和 N_e 的测定

测量不同链长的 η，就可以得到 N_e，这是一个得到 N_e 的简单方法。

7.6.2 蛇行模型

这个模型源自 Sam Edwards 的图像（1967 年）[3]，其中把熔体中的聚合物链描述成管道里的受限链，受限是由于其他链所施加的拓扑约束。管道尺寸取决于缠结距离（图 7.39）。

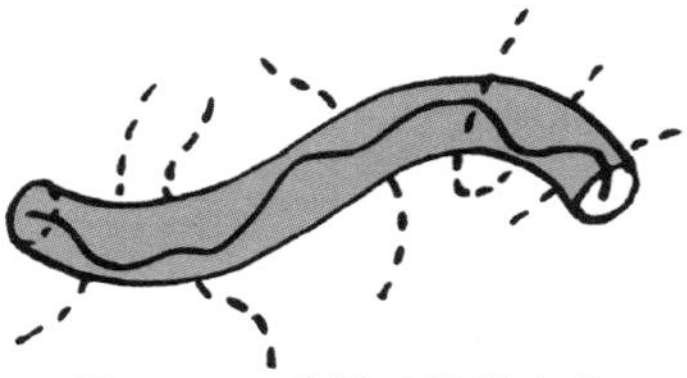

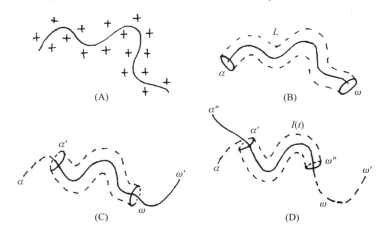

德热纳增补了一个构想，高分子链的布朗运动使得链可以穿过管道，就像亚热带草原上的蛇一样，这就产生了蛇行模型[4]。德热纳向一位没有科学背景的听众这样解释这个模型，他拿出一盘煮了很久的意大利面，其中一根面条被染成红色，通过拉这根红色的面条，他展示了由于拓扑约束，这根面条有复杂的路径。聚合物熔体相当于一盘受热激发的意大利面。那样一种体系的详细描述看上去是不成比例的复杂：组结有 60 种以上的拓扑类型（topological class）。但是我们将看到，蛇行模型却是异常简单。

图 7.39　受限于管道中的聚合物链的 Edwards 模型
管道的直径是使链缠结的纽结尺寸，量级约为 5nm

由于其他链的拓扑约束，一根高分子链只能在管道里沿着轴运动（如图 7.40）。管道的横向尺寸 d 对应于由 N_e 个单体单元组成的理想链滴的尺寸，即 $d = N_e^{1/2} a$，管道的曲线长度等于理想链滴的数目 N/N_e 乘以理想链滴的尺寸，即 $L = Na/N_e^{1/2}$，运动是扩散型的（图 7.40）。

图 7.40　（A）链被约束于管道，这种约束是由其他链所产生的拓扑约束（以"＋"表示）；（B）~（D）管道中链的布朗运动的三个连续的步骤：（B）初始时间状态；（C）链从 ω 向前移动到 ω'；（D）链从 α' 向后移动到 α''，它失去了对原始管道的记忆

7.6.2.1 蛇行运动时间 T_r

链在管道中怎么运动？如果受限链以速度 V 滑动，拖拽力是所有单体单元摩擦力之和，即 $F_v = N\eta_0 a_0 V$，其中 $V = \mu_t F_v$。我们定义 $\mu_t = (\mu_0/N)$，是链在管道中的迁移率（mobility），而 μ_0 是每个单体单元的迁移率。

管道中链的扩散系数由爱因斯坦公式给出，$D_t = \mu_t kT = (D_0/N)$。链在管道中扩散

长度为 L 时所需要的时间是 T_r，这也是链失去初始构象整个记忆的时间，可以由经典扩散关系 $L^2 = 2D_t T_r$ 得到：

$$T_r = \tau_0 \frac{N^3}{N_e} \tag{7.20}$$

注意当 $N = N_e$ 时，T_r 就变成 Rouse 时间。

7.6.2.2　熔体的黏度

黏度是弹性模量乘以蛇行运动时间 T_r［式（7.20）］，即：

$$\eta = \eta_0 \frac{N^3}{N_e^2} \tag{7.21}$$

需要注意的是，在 $N = N_e$ 处，非缠结熔体的黏度公式与上式出现连续性。实验上测得，上式中 N 的幂指数略大于 3。

7.6.2.3　自扩散：D_{self}

考虑一条测试链，在熔体中被标记出来。在一个远大于蛇行时间 T_r 的时间 t 之后，链的质心移动了距离 x，其均方为：

$$x^2 = 2D_{\text{self}} t \tag{7.22}$$

因为管道是弯曲的，所以自扩散系数 D_{self} 与 D_t 不同，但是很容易从蛇行模型中推导出来。在时间 T_r 内，链移动的曲线长度为 L，但是其质心移动的距离只等于其回转半径 R_0。所以有两个关系：$D_t T_r = L^2$ 和 $D_{\text{self}} T_r = R_0^2$，因此得到 $D_{\text{self}} = D_t (R_0^2 / L^2)$，或：

$$D_{\text{self}} = \frac{D_0 N_e}{N^2} \tag{7.23}$$

取 D_0 约为 $10^{-5} \text{cm}^2/\text{s}$，$N_e$ 约为 100 和 N 约为 10^4，得到 D_{self} 约为 $10^{-11} \text{cm}^2/\text{s}$。

7.6.3　自扩散实验

实际上，自扩散是一个很缓慢的过程。一个实验所需要的时间 t 与发生自扩散所移动的距离 l 有关，$D_{\text{self}} t \approx l^2$。在通常的示踪技术中，$l > 1\text{mm}$，$t \gg 10^9 \text{s}$。做这个实验，我们或者等待一个很长的时间，或者把扩散长度降低几个数量级。

在第一种实验方法中，Klein 和 Briscoe[5] 利用氘代聚乙烯作为标记链，在质子化聚乙烯熔体中扩散，并用 C—D 键的红外吸收振幅来测量标记单体单元的局部浓度。然后获得了总的浓度剖面分布曲线，其空间分辨率为 0.1mm，时间大概需要一个月。他们测量了不同分子量的 D_{self}，得到的 D_{self}-分子量的函数关系与蛇行模型的预测非常接近。

另一个聪明的技术，叫作受迫瑞利散射（FRS），被法兰西公学院的 Rondelez 和 Léger 小组引入高分子物理中。这个实验使得分辨率可以到 l 约为 $1\mu\text{m}$，因此可以把实验时间减少到几分钟[6]。利用这个技术，标记链携带一个光致变色基团，光致变色基团是一个环状分子，在受到辐射时环被打开，从而改变其吸收。样本用干涉条纹光照射，产生的亮条纹（此处分子是旋光活性的）与暗条纹交替出现，导致光激发分子的空间周期性分布，如图 7.41 所示。光激发分子的周期性分布用作第二激光光束的吸收光栅，对光激发类型很敏感。阻隔光照后，由于标记聚合物的扩散，光栅淡出。这种淡出现象被第二激光束检测到，由此测出由于光栅所产生的衍射图，并作为时间的函数而变化。衍射强度的降低直接反映了链的扩散动力学。FRS 是这样一种示踪技术，它可使扩散长度降低到几微米，但又不会损失精确度。

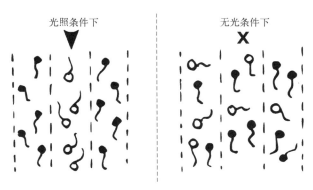

图 7.41　受迫瑞利散射

包含几条标记有光致变色染料的聚合物链的聚合物熔体（或溶液）暴露在强光的干涉条纹中；在光照区域，染料变暗，在其他地方保持透明，深色和透明条块因扩散而褪色，这是由低功率激光器发出的布拉格反射光来监测的

特征空间尺寸是干涉条纹距离或者波数 q 的倒数（$q=2\pi/i$，i 是干涉条纹距离），因此，$D_{self}q^2=1/\tau$，τ 是特征扩散时间。衍射强度 $I_q \sim I_0 e^{-t/2\tau}$，因此可以直接得到 τ 和 D_{self}。

FRS 技术被用于测量聚合物溶液中的自扩散。测量缠结聚合物溶液中的自扩散似乎先天就比熔体中更困难，因为需要考虑浓度影响。聚合物链仍然不能相互交叠，但是这时候管道的尺寸与聚合物溶液的筛网尺寸 ξ 相关。聚合物链可以看成是尺寸为 ξ 的一串链滴。我们在本章 7.7 节，把蛇行模型应用到聚合物亚浓溶液中来推导 D_{self}。

当聚苯乙烯溶解在苯中时，法兰西公学院的研究组测得 $D_{self} \approx c^{-1.7\pm0.1}N^{-2\pm0.1}$，证实了标度理论（本章 7.7 节）。

7.6.4　蛇行可视化：利用巨型聚合物的一个实验

接着上面说到的先驱工作，其他几个实验研究通过测量聚合物本体性质，证实了理论预测。但是，聚合物链蛇行的直接可视化是 1994 年 Chu 的研究小组利用 DNA 做出来的[7]。如图 7.42 所示的荧光显微镜照片所示，在同种没有标记的 DNA 分子（因此是不

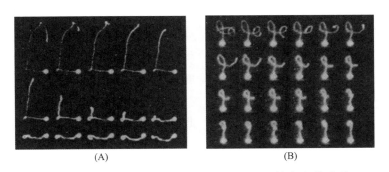

(A)　　　　　　　　　　　(B)

图 7.42　荧光 DNA 链在未标记链中的蛇行（摘自文献［7］）

可见的）的浓溶液中，一条已标记的 DNA 链是可见的，即它被光镊突然拉伸后（通过一个珠子吸附在一端）的弛豫过程。

7.6.5 带电和中性聚合物链的分离

如果聚电解质可以通过超离心分离，那么无论它们的长度如何，都可以在电场中以相同的速度运动：带电聚合物的电泳迁移率与聚合物分子量无关。

如 DNA 一样的聚电解质的基本分离原理，其实是聚合物流转于障碍物而通过凝胶，就是基于蛇行模型的。

第一个 DNA 分离技术是利用琼脂或聚丙烯酰胺凝胶电泳。带电荷的分子被混合进水溶胀的凝胶中，它们在电场 E 中以速度 μE 移动。电泳迁移率 μ 随分子量增加而下降，利用这点就可以实现分离。然而，处在这个线性区域，即速度正比于电场 E 的区域，必须要使用弱电场（E 为 1~300V/cm）。在强电场中，DNA 被拉伸，链尺寸正比于 N，而不再是正比于 $N^{1/2}$，从而失去了选择性。

最近，利用微流体和微加工的优势，产生包含磁颗粒的微通道，当施加磁场时形成圆柱或支柱（图 7.43）[8]。

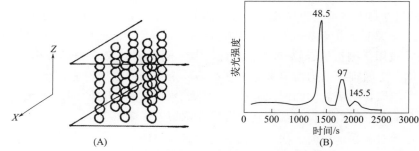

(A)　　　　　　　　　　(B)

图 7.43 （A）部分含有作为障碍物的磁珠柱的微流通道示意图；
（B）荧光检测三种类型的 DNA 的分离情况，长度分别为
48.5kbp、97kbp 和 145.5kbp（×10^3 碱基对）（摘自文献 [8]）。

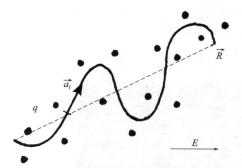

图 7.44 跨越障碍的 DNA 链的蛇行模型示意图
q 为每个单体单元的电荷，力为 $\vec{f_i}=q\vec{E}$

电泳迁移率定义为 $\vec{V}=\mu_E(N)\vec{E}$，为了确定它对 N 的依赖性，我们回到蛇行模型（图 7.44）。

管道中的拉伸力为 $f_t=\sum_i \vec{f_i}\ (\vec{a_i}/a)=\rho\vec{E}\vec{R}$，如图 7.37 所示。但是，我们可以看到，曲线速度为 $V_t=(\mu_0/N)f_t$。质心的速度为 $\vec{V}=V_t(\vec{R}/L)$，因此定义电泳迁移率为：$\mu_E(N)=(\mu_0/N)q(R^2/L)\sim 1/N$。这表明此种方法的确具有好的尺寸选择性。

参考文献

[1] J. D. Ferry, *Viscoelastic Properties of Polymers*. New York, NY: Wiley, 1970.

[2] P. -G. de Gennes, *Scaling Concepts in Polymer Physics*. Cornell University Press, 1979.

[3] S. F. Edwards, *Proc. Phys. Soc.*, 92(1), 9-16(1967).

[4] P. -G. de Gennes, *J. Chem. Phys.*, 55, 572(1971).

[5] J. Klein, B. Briscoe, *Proc. R. Soc. Lond. A*, 365, 53(1979).

[6] L. Léger, H. Hervet, F. Rondelez, *Macromolecules*, 14, 1732-1738(1981).

[7] T. T. Perkins, D. E. Smith, S. Chu, *Science*, 264, 819-822(1994).

[8] P. S. Doyle, J. Bibette, A. Bancaud, J. L. Viovy, *Science*, 295, 2237(2002).

7.7 聚合物溶液动力学

我们描述了在良溶剂溶液中聚合物线团的动力学。从稀溶液极限的定理中，利用动态标度律，可以把动力学行为延伸至亚浓溶液的极限上来。在聚合物熔体动力学中，我们可以讨论亚浓溶液限制下的自扩散，此时聚合物链是缠结的。动态标度律更有效，因为只有一个单一长度 ξ，这既是排除体积相互作用的静态屏蔽长度，也是流体动力学相互作用的动态屏蔽长度。

需要注意的是，对于二元混合物，如聚合物和溶剂，我们能够定义三个扩散系数：协同扩散系数 D_{coop}，与整体浓度 c 的涨落有关；自扩散系数 D_{self}，与长链聚合物在均匀浓度下瞬时聚合物网络中的布朗运动有关；还有溶剂的自扩散系数 D_0，是一个常数。协同扩散系数 D_{coop} 是一个随浓度增加而增加的函数，因为在高渗透压时，与浓度涨落相关的回复力变得更强。另一方面，D_{self} 是一个随浓度增加而降低的函数，因为溶液变得更加缠结。

与临界现象类似，或者与"$n=0$"定理类似，聚合物溶液动力学可以用标度律来描述，用动态标度指数 z 表征。理论值 $z=3$ 与实验值一致。

7.7.1 单链动力学

在外力 F（重力，磁场等）作用下，线形聚合物的一条柔性链（N 个单体单元）在溶剂（黏度为 η）中以速度 $V = s_{ch}F$ 移动，其中 s_{ch} 是链的迁移率。下面我们将描述 Rouse 和 Zimm 模型的迁移系数，还将讨论带电聚合物链这个特殊例子。

7.7.1.1 Rouse 模型：不动的溶剂[1]

首先定义单体单元的迁移率 s_0。在力 f 的作用下，单体单元以速度 V 运动。斯托克斯-爱因斯坦定律为 $f = 6\pi\eta aV$，其中 a 是单体单元尺寸。通过定义迁移率 $V = s_0 f$，我们得到 $s_0 = 1/(6\pi\eta a)$。

考虑一条链，包含有 N 个单体单元，拖拽力 F 是施加在每个单体单元上的摩擦力之和，即 $F = N6\pi\eta aV$（图 7.45）。

因此我们发现，$s_{ch} = s_0/N$。由于热扰动，链有布朗运动，用扩散系数 D_{ch} 来表征。利用爱因斯坦关系，有：

$$D_{ch} = s_{ch}k_B T = \frac{s_0}{N}k_B T = \frac{D_0}{N} \tag{7.24}$$

式中 D_0 是单体单元的扩散系数。最后，我们定义 Rouse 弛豫时间 τ_R，根据扩散方程 $D_{ch}\tau_R = R^2$ 可知，对于理想链，$\tau_R = \tau_0 N^2$，其中 τ_0 是分子的特征时间，大约为 10^{-10} s。

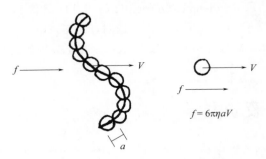

图 7.45 Rouse 模型中聚合物链的示意图
每个珠子代表一个单体单元
聚合物是在力 f 下以速度 V 移动的一串珠子

这种情况对应聚合物熔体或浓溶液中的聚合物链。在稀溶液中，这个模型是无效的，因为聚合物链会携带着溶剂分子一起运动。

对于波矢 $qR > 1$，有单体单元的涨落，动态标度律假设 $\omega(q)$ 是关于 q 和特征长度 R 的齐次函数：

$$\omega(q) = \frac{1}{\tau_0 N^2}\Omega(qR)$$

当 $x \to 0$ 时，$\Omega(x) \to 1$。当 $x \to \infty$ 时，$\Omega(x) \to x^z$。

指数 z 可以从这个条件里推出：在大 q 时，动力学与 R 无关。因此导出对于理想链，$z = 4$，$R = R_0 = N^{1/2}a$。

7.7.1.2 Zimm 模型：拖拽溶剂[2]

如图 7.46 所示，施加在单体单元 n 上的力 f_n 产生了一个叫作远程"回流"的速度场：

$$\vec{V}(r) = \sum_n \vec{f_n} \times \frac{1}{6\pi\eta|r - r_n|} \tag{7.25}$$

对所有单体单元的运动求和，我们发现链驱动着溶剂一道像一个球一样运动，球的流体动力学尺寸 R_H 与 Flory 半径相当（本章 7.3 节）：$R_H \approx R_F \approx N^v$，其中 v 是 Flory 指数（良溶剂中 $v = 3/5$，Θ 溶剂中 $v = 1/2$）。最后，我们发现：$V = F/(6\pi\eta R_H)$，$s_{ch} = s_0/N^v$。由爱因斯坦方程有：

$$D_{ch} = \frac{k_B T}{6\pi\eta R_H} \sim N^{-v} \tag{7.26}$$

Zimm 特征时间 τ_z 为：

$$D_{ch}\tau_z = R_F^2, \text{即} \tau_z = \eta_0 R_F^3 / (k_B T) \approx N^{3v} \text{。}$$

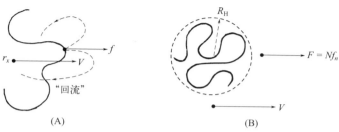

图 7.46 （A）作用于单体单元 n 的力 f_n 所导致的回流；
（B）高分子线团流体动力学上像一个半径 $R_H \approx R_F$ 的球

在稀溶液中，聚合物链拖拽着溶剂分子一起运动，像一个半径为 $R_H \approx R_F$ 的球。由于这个原因，通过描述尺寸为 R_F 的悬浮珠的爱因斯坦公式，可以很好地计算聚合物稀溶液的黏度。

对波矢 $qR_F > 1$ 的单体单元的扰动，动态标度律假设：

$$\omega(q) = \frac{1}{\tau_z}\Omega(qR)$$

当 $x \to 0$ 时，$\Omega(x) \to 1$；当 $x \to \infty$ 时，$\Omega(x) \to x^z$。指数 z 可以通过这个条件推导：在大 q 时，动力学与 R 无关。由此导出 $z = 3$。这个结果已经被 Adam[4] 利用非常长的聚苯乙烯（PS）分子（$M = 3 \times 10^7 \text{g/mol}$）❶ 在大 q 的极限条件下（$qR \approx 10$），用非弹性光散射实验得到了证实。

7.7.1.3 Debye 屏蔽：自由回流情况

考虑溶液中一条带电的聚合物链在电场 $\vec{E}$ 下运动（图 7.47）。沿着链，在 Debye 长度 κ_D^{-1} 上发生了对电荷的屏蔽（第 2 章 2.4 节），典型的 Debye 长度在 $10 \sim 100\text{Å}$，取决于溶液中盐的浓度。根据 Debye 理论可知，对流体动力学相互作用的屏蔽与对静电相互作用的屏蔽一样。实际上，如果我们考虑一个尺寸为 κ_D^{-1} 的链滴，作用于单体单元上和反离子上的电力之和相互抵消，根据式(7.24)，长程上没有诱导流动。

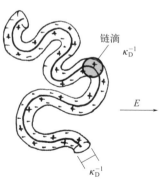

图 7.47 溶液中电场 E 下聚电解质链的示意图 Debye 屏蔽长度 κ_D^{-1} 也是流体动力学屏蔽长度

带电聚合物因此就像单体单元迁移率为 s_0 的 Rouse 链。通常电力定义为 $F = QE$（其中 E 是电场，Q 是总电荷），得到：$V = (s_0/N)QE = s_0 qE = \mu_E E$，其中 $q = (Q/N)$ 是单体

---

❶ 原书有误，已经参考文献 [4] 加以更正。——译校者注

单元上的电荷，μ_E 是电泳迁移率，与 N 无关（$\mu_E \propto N^0$）。因此，聚电解质链能够通过凝胶电泳分离。在沉降中，链的行为如一个半径为 R_F 的球。

7.7.2 聚合物溶液涨落动力学：协同扩散系数

图 7.47 阐释了从稀溶液到亚浓溶液区域，描述聚合物溶液动力学的主要特征参数。聚合物溶液动力学依赖于浓度，取决于协同扩散系数 D_{coop}，如图 7.48 所示，下一个小节有解释。

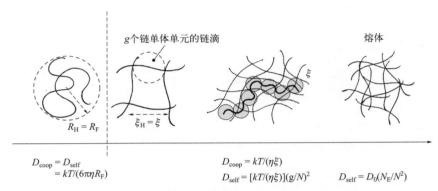

图 7.48 聚合物溶液的动力学

在稀溶液区域，$D_{coop} = D_{self} = k_B T/(6\pi\eta R_H)$。在亚浓溶液区域，$D_{coop} = D_{blob} = k_B T/(6\pi\eta\xi)$，$D_{self} = D_{blob}(g/N)^2$

7.7.2.1 沉降系数 s：流体动力学屏蔽长度 ξ

溶液中的每个单体单元都受到力 f_m（f_m 可以是离心力）。由此导致了聚合物的沉降速度[❶] V_p：

$$V_p = sf_m \tag{7.27}$$

上式定义了沉降系数 s。

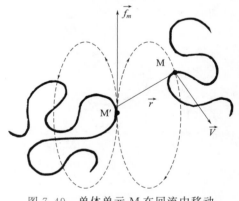

图 7.49 单体单元 M 在回流中移动（箭头所示），回流是由另一单体单元 M′ 在力 f_m 作用下引起的

在 Kirkood 和 Risemann 方法中（详细计算方法见文献 [3]），单体单元 M 从相邻单体单元 M′ 感受到了流动场，如图 7.49 所示。M 的速度 $V(M)$ 是由 Oseen 张量 [式（7.25）] 给出的所有力对回流的贡献之和。找到一个单体单元在 M 和 M′ 的概率，由相关函数给出 $1/c\langle c(0)c(r)\rangle$。为了使溶剂保持在稳态，一定要有一个压力梯度刚好平衡单位体积的力 cf_m。加上这一项，得到概率为 $1/c\langle c(0)c(r)\rangle - c = g(r)$。求和有：

$$s = \int \frac{1}{6\pi\eta r} g(r) \mathrm{d}r \tag{7.28}$$

---

❶ 原书用的是漂流（drift）速度，按内容已改正。——译校者注

式中 $g(r)=c(\xi/r)e^{-r/\xi}$。

这个公式表示，回流被屏蔽了，所以有了基本结论：相关长度 ξ 是流体动力学相互作用的屏蔽长度。

从式(7.27) 可以导出：

$$s=\frac{g}{6\pi\eta\xi}\sim c\xi^2\propto c^{-0.5} \qquad (7.29)$$

链滴既是静态单元，又是动态单元：

$$s_{blob}=\frac{s}{g}=\frac{1}{6\pi\eta\xi}$$

在浓度为 c^* 或更低时，是稀溶液区域，为单链状态：

$$s=\frac{N}{6\pi\eta R_F}\sim N^{0.4}$$

用超离心法可以直接测量 s（图7.50）。

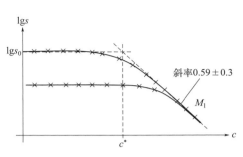

图7.50 用超离心法测定良溶剂（苯）中不同分子量 M 的聚苯乙烯的沉降系数-浓度关系
超过临界浓度 c^*，s 与 M 无关

7.7.2.2 协同扩散：D_{coop}

考虑波矢为 q、单体单元浓度为 c 的纵向模式[4-5]，如图7.51所示。

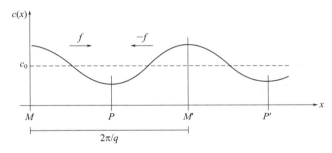

图7.51 聚合物溶液的纵向模式

$$c(x,t)=c+\delta c_q(t)\cos(qx)$$

这种浓度模式在每个单体单元上产生的力 $f_m=-\dfrac{\partial\mu}{\partial x}$，单体单元的流量 J_p 为：

$$J_p=cv=cs\left(-\frac{\partial\mu}{\partial x}\right)=-cs\frac{\partial\mu}{\partial\pi}\times\frac{\partial\pi}{\partial c}\times\frac{\partial c}{\partial x} \qquad (7.30)$$

利用流体动力学关系 $\dfrac{\partial\mu}{\partial\pi}=\dfrac{1}{c}$，有：

$$J_p=-s\frac{\partial\pi}{\partial c}\times\frac{\partial c}{\partial x}=-D_{coop}\frac{\partial c}{\partial x} \qquad (7.31)$$

在式(7.31) 中代入沉降系数 $s=\displaystyle\int 1/6\pi\eta rg(r)\mathrm{d}r$，渗透压缩系数 $\chi=(\partial c/\partial\Pi)$，它与相关函数 $g(r)$ 的关系为 $\chi=(1/k_BT)\displaystyle\int g(r)\mathrm{d}r$，则：

$$D_{coop} = \frac{k_B T \int \frac{1}{6\pi\eta r} g(r)\,dr}{\int g(r)\,dr} = \frac{k_B T}{\eta \xi} \sim c^{0.75} \quad (7.32)$$

上面我们利用了 Ornstein-Zernike 近似 $g(r) \cong (1/a^2 r)e^{-r/\xi}$。

加入守恒式 $(\partial c/\partial t) + (\partial J/\partial x) = 0$，得到弛豫速率为：

$$\omega(q) = D_{coop} q^2 \quad (7.33)$$

这只有在 q 小时才成立。由动态标度假设有：

$$\omega(q) = D_{coop} q^2 \Omega(q\xi)$$

当 $x \to 0$ 时，$\Omega(x) \to 1$；当 $x \to \infty$ 时，$\Omega(x) \to x^z$。指数 z 由这个条件推出：q 大时，动力学与 R_P 无关。最后得到动力学指数 $z = 3$。

在大的波矢 $q\xi > 1$ 时，$\omega(q) \sim q^3$。

瞬时凝胶区域：$\omega T_r < 1$ 定义了流体动力学区域，在这里，长链是弛豫的，D_{coop} 被称为"等温"扩散系数。另一方面，当 $\omega T_r > 1$ 时，链不能弛豫缠结，溶液行为不像液体，而像凝胶。在这个区域，测量热力学的 D_{coop}，得出同样的标度行为。

协同模式被 Adam 和 Delsanti 用非弹性光散射实验所证实[6]。实验测得，D_{coop}-c 的临界指数为 0.68，比理论值 0.75 小。浓度 $c^* \sim M^{-0.81}$ 处，是稀溶液和亚浓溶液区域的交界处。此时分子量依赖性非常接近标度理论预测的 $M^{-0.8}$。

7.7.2.3 凝胶动力学

图 7.51 表示了浸泡在良溶剂中的聚合物凝胶。凝胶的变形可以由交联点的位移 $u(x)$ 来表征。

溶胀的凝胶可以用筛网来表示，其尺寸由 Flory 半径给出（图 7.52）。凝胶涨落的动力学方程由弹性力和摩擦力的平衡给出。对形变 $u(x)$，方程式为：

$$E\frac{\partial^2 u}{\partial x^2} = 6\pi\eta R_F \frac{c}{N} \times \frac{\partial u}{\partial t}$$

式中 $E = (c/N)k_B T$ 是弹性模量；$6\pi\eta R_F$ 是每个链滴的摩擦力；c/N 是链滴的密度。

得到同样的 D_{coop} 表达式：

$$D_{coop} = \frac{k_B T}{6\pi\eta R_F}$$

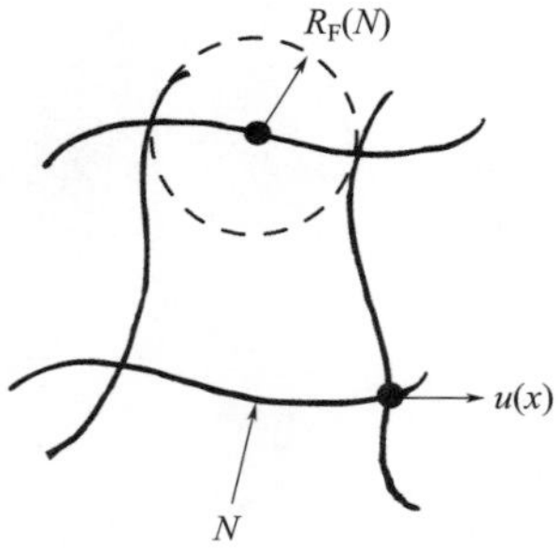

苯乙烯和二乙烯基苯（DVB）以 1∶4 的比例进行阴离子嵌段聚合，合成了模型聚合物网络。把它们浸入良溶剂（苯）中，会溶胀。平衡时，每个 PS 链尺寸为 $R_F = N^{3/5}a$。这就是德热纳证明的 c^* 定理。

协同扩散常数，由在良溶剂中溶胀聚合物网络的光散射实验得到，根据标度律随平衡浓度而变化，与亚浓溶液中所观察到的现象类似[7]。

图 7.52 浸没在良溶剂中的溶胀凝胶示意图

平衡时，单体单元浓度 c 为 $c^* = N/R_F^3$，N 为交联点之间的单体单元数，$R_F = N^{3/5}a$ 为 Flory 半径。凝胶的变形用 $u(x)$ 表征

7.7.2.4 亚浓溶液中的自扩散 D_{self}

缠结点之间的平均距离就是聚合物溶液的筛网尺寸 ξ。可以把测试链看成是由连续的尺寸为 ξ 的链滴组成，如图 7.48 所示。其长度为 $L_t = (N/g)\xi$。如果 g 是每个链滴的单体单元数目，为 $g = c\xi^3$，则链沿管道的迁移率是 $s_t = s_{blob}/(N/g)$，其中 $s_{blob} = k_BT/(\eta\xi)$ 是一个链滴的迁移率。由爱因斯坦关系 $D_t = k_B T s_t$ 可知，沿管道的扩散系数 D_t 与 s_t 相关。与熔体情况类似，我们定义蛇行时间 T_r 为扩散一个长度 L_t 所需要的时间：$D_t T_r = L_t^2$。但是质心只移动了距离 $R(c)$，则定义 D_{self}：

$$D_{self} T_r = R^2(c), \quad D_{self} = \frac{k_BT}{\eta\xi}\left(\frac{g}{N}\right)^2$$

式中 $R(c)$ 是理想链链滴的半径，$R(c) = (N/g)^{1/2}\xi$；T_r 是链完全更新其构型所用的时间，即质心移动一个距离 $R(c)$ 所需要的时间。所以良溶剂中缠结链的自扩散为：

$$D_{self} = D_0 N^{-2} \Phi^{-7/4}$$

这与 Leger 和 Rondelez 用 FRS 测得的实验结果一致（本章 7.6 节和文献［6］）。

$$D_{self} \sim c^{-1.7\pm0.1} N^{-2\pm0.1}$$

7.7.2.5 动态标度指数 z

表 7.3 给出了通过大量实验技术得到的 z 值。

表 7.3 指数 z 的实验测定值 ❶

测定方法	z 值
扩散系数 D	2.91
迁移率（沉降法）	2.88
$\Delta\omega_q$	2.85
黏度	2.82
力学性质	2.78

注：指数 z 定义为 $\tau_z \sim R^z$；其理论值 $z_{theo} = 3$。

参考文献

［1］P. E. Rouse, *J. Chem. Phys.*, 21, 1272(1953).

［2］B. H. Zimm, *J. Chem. Phys.*, 24, 269(1956).

［3］P. -G. de Gennes, *Scaling Concepts in Polymer Physics*. Cornell University Press, 1979.

［4］M. Adam, M. Delsanti, *Macromolecules*, 10, 1229(1977).

［5］C. Destor, F. Rondelez, *J. Polym. Sci.*, 17, 527(1979).

［6］M. Adam, M. Delsanti, *J. Phys.*, 37, 1045(1976).

［7］J. P. Munch, S. Candau, *J. Phys.*, 38, 971(1977).

（李晓毅　严玉蓉　贝中武　郑　静　钱志勇　译）

---

❶ 原书表头有所调整。——译校者注

第 8 章　日常生活中的软物质

8.1　自清洁表面：从荷叶到鲨鱼皮肤

让我们来比较一下图 8.1 中的照片：其中（A）是在海上航行几个月后的船体；（B）是鲨鱼皮；（C）是荷叶。为什么鲨鱼皮和植物叶片不会脏？

图 8.1　（A）船体的"脏"表面；（B）鲨鱼的自清洁表面
（版权属于 Shutterstock）；（C）纽约中央公园的荷叶（照片源自 FBW）

贝壳容易黏附在船体上，几个月之后，藻类和贻贝几乎就完全覆盖船体。化学处理是无效的，因为贻贝和其他贝类可以非常牢固地黏附在所有亲水性和疏水性的表面上，并且能够抵御风暴。贻贝分泌胶水，也给胶水行业带来了灵感。远洋运输极其重要，因而这些海洋污染问题成为了许多研究的主题（例如，美国北卡罗来纳大学 Jan Genzer 的论著[1]）。

更概括地说，我们将在这里描述植物和动物如何产生防污表面。自然界提供了许多控制污垢机制的实例，这里将介绍超疏水性（即极端的不润湿）及其应用。这些天然进化产生的防御类型可以复制（仿生物表面，biomimetic surface）或改进（受生物启发表面，bio-inspired surface），以解决人造结构上的污垢问题，例如玻璃摩天大楼或卢浮宫金字塔。

这个研究领域在过去很多年里都非常活跃，主要是研究防止和控制污垢的新物理机制。3D 复制和 3D 打印的新纳米技术的出现，使得可以复制天然表面，可以发明新结构，纳米和微尺度系统的表征和建模现在已经触手可及。此外，拉伸和诱导皱纹，使表面产生力学形变（如人类皮肤皱纹），我们有可能组装新的结构，并去理解重要的物理现象❶。

8.1.1　天然防污机制

大多数源自海洋生物的植物都具备一层膜，可以保护它们免受恶劣外部环境的影响，更关键的是，使它们能够抵抗脱水干燥。在植物发育的过程中，植物的表皮变得更加多样化。已经出现了一些功能特性，例如水的流动控制、表面润湿特性、对污染物和病原体的抵抗力[2]、信息素分泌、抗辐射、光合作用控制以及改善其力学性质和热性质。

植物的表皮细胞有一个向外分层的结构（图 8.2）：在质膜纤维素膜之外的角质层是由角质和纤维素组成的层，是汗液的屏障，也是细胞的结构元素。在与环境直接接触时，或多或少的蜡薄膜覆盖在角质层上，并可能呈现二级结构，如各种形式的晶体：茸毛、斑块、乳突等。角质层的多变结构有多种用途：控制水分供应、润湿性等。这些结构的研究范围从细胞群的微观尺度到细胞表面的纳米尺度。事实上，植物表面的润湿性能是由所有这些尺度的结构所控制的。它们还取决于一个简单的物理化学因素：覆盖角质层的蜡的特性（二维薄膜，三维晶体）。

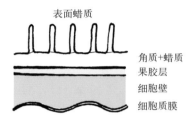

图 8.2　植物叶片外表面的结构图

8.1.2　粗糙表面上的润湿

由疏水性、超疏水性、亲水性和超亲水性这些性质，可以产生四种润湿区域，最适宜于每种植物在其环境中的生存。通过测量接触角和滞后现象（前进角和后退角之间的差异，第 4 章 4.4 节），可以表征这些润湿行为，并通过产生沉积液滴运动的基材的临界倾斜角来进行评估。

覆盖植物的蜡是一种疏水性材料，但表面的结构使得改变这种行为成为可能：由杨氏关系定义的接触角考虑了没有粗糙度的理想表面。假设液滴与表面完全接触的 Wenzel 方程提供了一个修正，以考虑材料的粗糙度 r，从而放大亲水或疏水行为（图 8.3）。根据

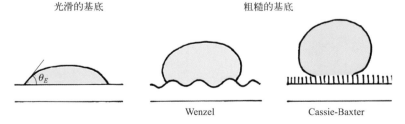

图 8.3　取决于表面粗糙度的不同润湿区域

---

❶　可参阅 F. Brochard-Wyart 和德热纳的论文"软皮肤为何会起皱"（*Science*，Vol. 300，p441，2003）。——译校者注

Wenzel 定律（1936 年）：$\cos\theta_w = r\cos\theta_E$，式中 θ_w 是表观接触角，θ_E 是杨氏接触角。如果 $\theta_E < \pi/2$，$\theta_w < \theta_E$，则粗糙的基材更亲水；如果 $\theta_E > \pi/2$，$\theta_w > \theta_E$，则当 $\theta_w = \pi$ 时，基质变得更疏水，甚至超疏水。

8.1.3　自清洁过程

花瓣允许授粉昆虫接近，亲水行为是所必需的。在花瓣中，细胞仅被一层二维蜡膜或分泌毛和密腺体覆盖。

超亲水行为在需水量大的植物中被观察到，如泥炭藓或根系：它们的细胞壁是多孔的，或配备有乳突或茸毛以利于吸水。孔径大小适用于可用的水源：露水、薄雾或雨水。

简单的疏水行为可以防止在叶片上形成水膜，但同样也会妨碍光合作用所需的二氧化碳的运输。在叶子上，通常观察到凸起细胞或具有角质层结构的细胞被蜡或三维晶体所覆盖。

在某些植物（莲花、芋头、金莲花）的叶子上，由于表面上存在螺柱状结构（凸起细胞或具有乳突的细胞），可观察到超疏水行为，表面顶部有三维的表面蜡质晶体（图 8.2）。这种表面对液滴与水仅产生非常有限的接触，空气被困在表面不平整处。这种观察到的行为遵循 Cassie 定律（图 8.3）。当液滴与空气接触时接触角变得更大。

这种行为为这些植物的叶子提供了自清洁的性质，防止大于螺柱间距的颗粒沉积，这些较大的颗粒会被叶子表面流动的水带走。此外，一些水生蕨类植物具有超疏水性质的多毛表面，可以通过保持气体（空气）膜使它们漂浮。这种现象在动物界也很常见：水蜘蛛会制造一个大气泡，用作其居屋；鸭子具有超强的疏水性，因为它们的羽毛上有疏水性纳米颗粒，所以它们永远不会沾湿。已经有人尝试用纳米颗粒制造自干洗发水，以便让人带着干燥的头发离开游泳池；然而事实证明，由于其对头发有其他不良影响，因此不可能使用这些纳米颗粒。

8.1.4　工程自清洁表面

了解这些行为，特别是在荷叶效应的情况下，使得设计超疏水表面成为可能：自清洁，或即使在水下也"不湿"，这种现象可以减少流体运动或运输中的流体动力学阻力。可提高游泳运动员成绩的鲨鱼皮泳衣在奥运会上是被禁止的。

由于进化，大自然为地球上每个地方的动植物所面临的问题提供了无数的解决方案。材料科学，尤其是表面物理化学，通过从大自然中汲取灵感，可以为各种问题提供创新的解决方案，如从公共建筑的维护到海洋运输，甚至到微流体等。

参考文献

[1] J. Genzer, K. Efimenko, *J. Bioadhesion Biofilm Res.*, 22, 339-360(2006).
[2] K. Koch, B. Bhushan, W. Bathlott, *Soft Matter*, 4, 1943-1963(2008).

8.2　分子烹饪和细胞生物学中的水凝胶珠粒

8.2.1　球形化和分子烹饪

许多生鲜食品（如牛奶），或其他通过简单烹饪操作加工的食品（如蛋黄酱），都是乳状液（第4章4.1节）。用蛋黄卵磷脂稳定的油滴大小为亚毫米级，且数量众多，这使蛋黄酱外观看起来几乎是固体。但在美食烹饪中也可以找到不同的分散系统。21世纪初，分子烹饪的一种时尚，是通过所谓的球形化技术使用水凝胶。1942年，William Peschardt在联合利华担任化学家，为烹饪应用申请了专利[1]，但直到2003年，西班牙El Bulli餐馆的厨师Ferran Adriá才开发并推广了这项技术。与用琼脂可以实现的凝胶化不同，球形化包括部分凝胶化，即将液态食物的液滴封装在一个固体膜中。为了做到这一点，厨师们使用了两种添加剂：海藻酸钠和乳酸钙。

8.2.2　藻酸盐水凝胶的形成

海藻酸钠是一种从褐藻中提取的生物相容性聚合物。更准确地说，它是一种由两种单体组成的多糖，即甘露糖醛酸(M)和古糖醛酸(G)。残基G和M上羧基（ $-\overset{\overset{O}{\|}}{C}-O-$ ）的存在使海藻酸盐带有高负电荷。因此，二价阳离子，尤其是钙，可以通过在同一藻酸盐链内或两个分子之间络合一些 $-\overset{\overset{O}{\|}}{C}-O-$ 来诱导交联桥。由于构象的原因，钙和单体G之间的相互作用亲和力大于钙和单体M之间的相互作用亲和力。这导致凝胶具有"蛋盒"结构，如图8.4(A)所示。

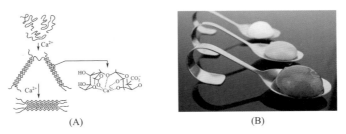

(A)　　　　　　　　　　(B)

图8.4　(A) 钙离子交联海藻酸钠的示意图，以及物理凝胶内钙桥的化学结构放大图；(B) 由海藻酸钠和草莓或芒果汁重新组合而成的风味球（版权属于Shutterstock）

为了形成美味的珠粒，我们只需将稀释的海藻酸钠溶液与食品混合，然后将其封装成果酱或果泥。通过将溶液装入注射器并在钙浴中滴下小液滴，表面层的交联速度足够快，以至于液滴在冲击过程中不会散开。然后钙离子从溶液中进入藻酸盐和食物的液滴中。通过忽略任何对流，并假设钙的运输以及液滴的交联动力学受扩散控制，可知直径为2mm（与落在自身重量下的水基液滴大小相对应，第4章4.3节）的液滴达到完全凝胶化所需的时间为 $t \sim R^2/2D$ ，其中 R 为液滴的半径， D 是钙离子的扩散系数， $D = 10^{-9}\,\mathrm{m}^2/\mathrm{s}$ ，即

$t\sim 1h$。诀窍是在几分钟后将珠子从钙浴中取出，以确保珠粒的核心保持液态。从味觉的角度来看，让一层薄薄的海藻酸盐壳在他（或她）的牙齿之间爆裂，让包裹的味道释放出来，要比有味道的口香糖的感觉令人愉快得多。也可以使用勺子制备更大的水滴，并且可以重新制作草莓或芒果口味的小球［图 8.4(B)］。为了保留液体核心，最佳陈化时间为 2 分 30 秒。

在开始像 Ferran Adriá 这样的烹饪冒险之前，有必要强调几点，让这项技术变得精致。第一，由于残留的微量钙，含有藻酸盐分子的液体核心最终会随着时间的推移发生凝胶化，这些风味珍珠茶通常不能保存超过 48 小时。第二，控制海藻酸盐膜的厚度仍然是凭借经验的，因此需要大量的反复试验。第三，这些珠粒是手工制作的，这限制了它们的产量。这里需要提一下 Ferran Adriá 的餐厅在他的一些同事组织的诉讼之后关门了，他们认为这些添加剂虽然是天然的，但在大量摄入时会对健康产生有害影响（呕吐和腹泻）。为了限制海藻酸盐的含量，Thierry Marx 等其他大厨也试图改变这些珠粒的成型技术。Thierry Marx 与巴黎高等物理学与化学工业学院的化学家 Jérôme Bibette 合作，通过使用研究实验室开发的微升-毫升流体装置（micro-/milli-fluidic device），开发出了一种液体中心完全不含海藻酸盐的风味珠粒。生产原理基于同轴毛细管系统中两种液体的共挤出[2]。食物悬浮液注入中央毛细管，海藻酸钠溶液注入外部毛细管。在双同心针的出口处，液滴是复合的。海藻酸钠溶液外层的厚度可以通过毛细管截面的比例和流速来控制。相对于食物悬浮液流速而言，海藻酸钠流速越低，外层越薄。当液滴达到毛细管长度固定的极限尺寸（即表面张力与重力之比）时，液滴就会分离，它们会滴落到氯化钙或乳酸的凝胶浴中（图 8.5）。由于海藻酸盐的交联几乎是瞬时的，因此形成了捕获食物悬浮液的藻酸盐薄壳。

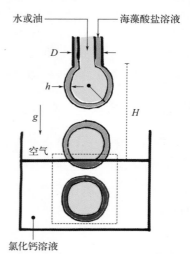

图 8.5　液芯风味珠粒的制作原理
（摘自文献［2］）

Marx 和 Bibette 带来了一项控制液滴对钙浴表面影响的革新。为了避免液滴在完全凝胶化之前冲击破壳，解决方案包括：①在钙浴表面添加微量表面活性剂，这会降低溶液的表面张力，从而降低通过界面所需的能量；②向海藻酸钠溶液中添加表面活性剂。第二种方案效果更为微妙：与钙离子接触的表面活性剂沉淀使液滴的刚度瞬时增加，这对冲击引起的湍流起到了保护作用[2]。

8.2.3　组织工程和肿瘤学中的应用

海藻酸盐珠粒的应用超出了烹饪领域，这种食物悬浮液的方法也用于癌细胞[3]。由于水凝胶是可渗透的，孔径约为 20nm，细胞分裂所需的所有营养物质（蛋白质和氧气）都可以通过胶囊自由扩散并允许被包裹的细胞增殖。由于海藻酸盐是天然的细胞排斥剂，因此细胞形成细胞聚集体，称为多细胞球体［图 8.6(A)］，这被认为是良好的体外微肿瘤模型。这开辟了高通量筛选化疗新药的可能性。最近，在 Aquitaine 光学研究所与日内瓦的 Aurélien Roux 实验室的合作下，开发这项技术的学生 Kévin Alessandri 及其同事

Maxime Feyeux（多能干细胞专家）成功地将干细胞封装起来，并将其转化（或分化）为膜中的神经元[4]［图 8.6(B)］。这种技术在组织工程（有机芯片）和再生医学领域（例如作为帕金森病细胞疗法的多巴胺能神经元移植）得到了广泛的应用。

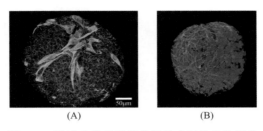

图 8.6 通过光学显微镜获得的多细胞球体图像
(A) 肿瘤（红色）和基质（绿色）细胞（由 Fabien Betillot 提供）；
(B) 神经元（细胞核呈蓝色，轴突呈洋红色）（由 Kévin Alessandri 提供）球体的直径约为 $300\mu m$

参考文献

［1］ W. Peschardt，Brevet US 2403547A(1942).

［2］ N. Bremond，E. Santanach-Carreras，L.-Y. Chu，J. Bibette，*Soft Matter*，6，2484-2488(2010).

［3］ K. Alessandri，B. R. Sarangi，V. V. Gurchenkov，B. Sinha，T. R. Kiessling，L. Fetler，F. Rico，S. Scheuring，C. Lamaze，A. Simon，S. Geraldo，D. Vignjevic，H. Domejean，L. Rolland，A. Funfak，J. Bibette，N. Bremond，P. Nassoy，*Proc. Natl Acad. Sci. USA*，110，14843-14848(2013).

［4］ K. Alessandri，M. Feyeux，B. Gurchenkov，C. Delgado，A. Trushko，K-H. Krause，D. Vignjevic，P. Nassoy，A. Roux，*Lab Chip*，16，1593-1604(2016).

8.3 像蜘蛛和蜥蜴一样在水上行走

Émile Duclaux 在 1872 年的毛细现象基本理论[1] 中写道："每当一种液体有一个自由表面时，它就像包裹在一层可收缩且非常薄的膜中，不断地绷紧，当它破裂时，又会重新密封。当一切都处于静止状态时，通过将它与包裹液体的一层非常薄的橡胶膜进行比较，我们可以清楚地了解到这一点。"

这层膜的强度足以让一个人在水上行走吗？我们是否一定需要滑水板并处于运动状态？在水面上休息甚至行走的重量是否有上限？

8.3.1 水上休息：当表面张力抵消重量时

有一个经典的儿童实验，可以在互联网上找到，即将回形针放在水面上，并通过添加微量的洗洁精降低水的表面张力使回形针下沉［图 8.7(A)］。

回形针
(A)

水蜘蛛
(B)

荷叶上的水滴
(C)

图 8.7 （A）一个漂浮在水面上的回形针；（B）一只水蜘蛛在水面上行走；
（C）不会在超疏水表面上扩散的一滴水（版权属于 Shutterstock）

类似地，水黾（或称水蜘蛛）也用它们细长的腿漂浮在水面上 ［图 8.7(B)］。尽管会使水面变形并形成弯月面，但蜘蛛的重量由表面张力 γp 补偿，其中 p 是腿的周长。因此，对于蜘蛛来说，重要的是"制造大空隙"，也就是说将腿水平放置。通过采用直径为 $100\mu m$、长度约为 2cm 的腿，我们发现表面张力产生的力约为 5mN （$\gamma = 72mN/m$），而其重量 $P = mg$ 仅为 1mN （质量 m 为 100mg）。这种效应使它在比水密度更高的情况下仍能漂浮，而腿部有许多小毛发的存在则使这种效应更加明显。事实上，覆盖这些毛发的蜡状材料不仅有助于增加疏水性，而且粗糙度在它们的超疏水方面也起着决定性作用[2]（本章 8.1 节）。这是 Cassie 描述的润湿情况，与 Fakir 液滴的行为相对应。表面能的最小化涉及气穴的形成，而不是在整个毛发中形成紧密的液体-固体接触。同样的现象也适用于荷叶和被炭黑覆盖的表面 ［图 8.7(C)］。

8.3.2 轻巧水蜘蛛的运动

水蜘蛛是如何移动的？它们像划船桨的方式一样，捶打着中间的一对腿。根据牛顿第三定律，动量转移到水（和空气——但由于其密度远低于水的密度，其贡献被忽略）。从水面上拍摄昆虫的照片可以看出波浪的运动方向与昆虫的运动方向相反。这些毛细波自然会成为提供这种动力的手段。这些波的（相）速度取决于重力加速度 g、表面张力 γ 和水的密度 ρ。详细的计算[3] 表明，对于水-空气界面，这些毛细波只存在于相速度高于

$$c^* = (4g\gamma/\rho)^{1/4} \approx 23cm/s$$ 的情况下。因此，为了产生使其向前移动的毛细波，水蜘蛛必须以大于 23cm/s 的速度移动它的腿，或者以约 50 圈每秒的速度转动它们。对于幼小的水蜘蛛，这显然是不可能实现的，然而，它们也能移动。动物运动方面的专家 John Bush[4] 及其博士生、麻省理工学院的 David Hu 已经解决了这个悖论[5]。通过使用快速摄像机记录蜘蛛宝宝，并追踪分散在水中的分散颗粒以可视化流体流动，美国研究小组表明，动量传递主要与小漩涡的散布有关。这个过程与鸽子飞翔或鱼类游泳的过程类似。对蜘蛛来说，漩涡是在水-空气界面[6] 处产生的（图 8.8）。

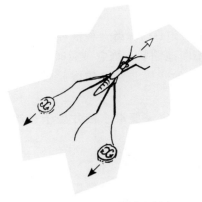

图 8.8　轻巧水蜘蛛在水面上
移动时产生的漩涡示意图

8.3.3　笨重蜥蜴的运动

对于所有较笨重的动物，其特点是 Baudoin 数 $P/(\gamma p)>1$（其中 P 是重量，γp 是表面张力），上述论点不再有效。事实上，一个体重 100kg 的人只有脚的周长约为 5km 的情况下，才能通过毛细力来平衡他的体重。在不那么极端的情况下，100g 的小蜥蜴的脚应该在 50cm 左右。然而，蛇怪蜥蜴可在水上行走，它们漂浮的原因在于它们的运动。蛇怪蜥蜴在水面上的行走，或者更确切地说是奔跑，实际上是由两个主要阶段组成：垂直推力（由脚掌在水面上拍打产生）和水平推力（由水平攻击产生）[7]。在脚部撞击阶段，蜥蜴脚的虚拟质量受到加速作用，达到一定速度，此速度即脚撞击水面的速度，所涉及虚拟质量与此速度的乘积，正好对应所涉及的动量传递。虚拟质量由碰撞产生的空气腔体积导出。速度是用快速照相机测量的。通过将动量传递除以接触持续时间得到的力约为 0.3N。在水下攻击阶段，水动力阻力与速度的平方成正比，可以估计为 1N 左右，足以支撑 130g 蜥蜴的重量。阻力与速度平方的关系让我们理解了为什么跑得快是有利的。

与蜥蜴相比，人们会发现脚与身高比例较小的人类采用这种方法，在 100m 赛道上以 10m/s 左右的速度奔跑的世界纪录保持者至少应该跑得快三倍才有机会不下沉。实现这一点的技巧与毛细作用无关，例如用玉米淀粉的悬浮液代替水，这种悬浮液的剪切增稠特性使其在缓慢混合或受压时表现为黏性液体（蜂蜜），在突然加压时表现为固体，然后你就有可能在玉米淀粉池里跑步，即使是缓慢的，只要你不停下来。

参考文献

[1] M. E. Duclaux, *J. Phys. Theor. Appl.*, 1, 197-207(1872).

[2] M. Callies, D. Quéré, *Soft Matter*, 1, 55-61(2005).

[3] P. -G. de Gennes, F. Brochard-Wyart, D. Quéré, *Gouttes, bulles, perles et ondes*. Belin, 2005.

[4] J. W. M. Bush, D. L. Hu, *Annu. Rev. Fluid Mech.*, 38, 339-369(2006).

[5] D. Hu, *How to Walk on Water and Climb Up Walls: Animal Movement and the Robots of the Future*. Princeton University Press, 2018.

[6] M. Dickinson, *Nature*, 424, 621-622(2003).

[7] T. Hsieh, G. V. Lauder, *Proc. Natl Acad. Sci. USA*, 101, 16784-16788(2004).

8.4　像壁虎一样爬墙

8.4.1　壁虎的表现与分泌物的机制

谁曾梦想过像蜘蛛侠一样，徒手攀爬建筑物的墙壁？我们可能正在实现这个梦想，即在理解动物的运动之后就可能实现。在公元前 4 世纪，亚里士多德对啄木鸟很着迷，因为它们像壁虎、蜥蜴一样能够爬树甚至倒立（Aristotle, *The History of Animals*）。啄木鸟和松鼠将爪子伸入树干，以增加摩擦力和附着力并补偿重力。在较小的规模下，蟑螂会完成相同类型的行为。机制是相同的，因为这些昆虫的腿上也有爪子。然而，与壁虎不同，所有这些有爪子的动物在攀爬抛光的建筑物墙壁时都无能为力。壁虎是否像一只蜗牛或是四足蛞蝓，它们分泌一种触变性黏液，静止时呈固体，运动时呈液体？壁虎是否还像一只大蚂蚁（有粗糙表面的爪子），它分泌液体并利用毛细黏附力（第 4 章 4.2 及 4.3 节）黏附在光滑表面上？不，因为一方面壁虎在途中不会留下任何液体的痕迹，另一方面，与蜗牛相反，它可以黏附在亲水表面（如干净的玻璃）和疏水表面（如不粘锅）上。

8.4.2　壁虎的分层黏附结构

美国波特兰大学的 Kellar Autumn 小组已经阐明了壁虎黏附和运动的奥秘。美国研究人员从 R. Ruibal 和 V. Ernst[1] 于 1965 年报道的对壁虎腿的详细观察得知，壁虎的平均质量为 50g，有四条腿（每条腿的面积为 1.00mm^2），由五个趾组成。趾垫是一个高度分支的结构，趾上布满条状刚毛，这些刚毛长 $100\mu m$，直径 $5\mu m$，密度为 $10000/\text{mm}^2$，每条腿上有 100 万条。这些刚毛自身分支成 $100\sim1000$ 个原纤维，由一个 200nm 的匙突端接。这种分层结构（图 8.9）使壁虎能够承受大约 20N 的拉力，即其重量的 40 倍。

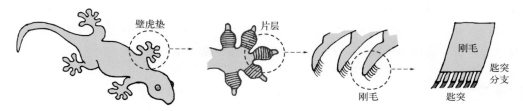

图 8.9　具有分层结构的壁虎黏附系统

匙突的存在表明它们可以在吸力现象中充当吸盘，从而产生相当大的黏附力。然而，在 1934 年，德国研究人员 Wolf-Dietrich Dellit[2] 放弃了这一假设，他证明了新鲜切割的壁虎腿的附着力在真空下没有改变。在不知道壁虎腿的确切结构的情况下，Dellit 提出了一种通过腿和表面之间的接触产生的带电机制，从而产生静电相互作用，这种相互作用也可以在玻璃棒摩擦猫的皮肤或纸巾时产生。1949 年，Dellit 证明了在用于抑制静电相互作用的电离空气的照射下没有改变黏附力后，排除了这一新假设[3]。

有一种假设：亚微米匙突可能通过范德华力与表面相互作用[4]，Kellar Autumn 小组在 2002 年对此进行了测试。在此情况下，其本身并不需要产生电荷，因为范德华相互作用本质上是偶极的。但是，如第 2 章 2.3 节所述，这些相互作用在自然界中总是存在的，它们是非常短程的每单位面积的 E（在分子尺度上约为 $1/d^6$；在两个表面之间约为 $1/d^2$），因此，它们只有在分离距离为纳米量级时才有效。事实上，当我们将手掌彼此触碰时，它们不会保持黏着，因为皮肤的粗糙度使得实际的"原子"接触区仅代表手掌表面的一小部分，这不足以形成强烈的黏附。事实上，刚毛的柔韧性使匙突能够优化与表面的实际接触面积，从而导致黏附能的放大，这就是壁虎的优势。

8.4.3 附着力的测量

对壁虎腿分离力的直接测量表明，两条前腿可以承受 20N。因此，$200\ mm^2$ 相应的面积大约包括 200 万条刚毛和约 10^9 个匙突。假设匙突是半径 $R=100nm$ 的半球体，根据传统的黏附理论（Johnson-Kendall-Roberts 理论），用于分离匙突的力 $f_{spatula}$ 约为 $W \times R$，其中 W 是分离能量密度。如果相互作用为范德华类型，则为 $50\ mJ/m^2$，$f_{spatula}$ 约为 $5nN$。则双脚合力为 $f_{total} = N_{spatula} \times f_{spatula} \approx 5N$，略低于实测力，但是同一个数量级，这表明壁虎腿的黏附力主要由范德华相互作用决定的假设是成立的。这些相当大的附着力最终引发了壁虎如何能够如此迅速地移动的问题，因为它们需要不到 15ms 的时间来分离它们的脚。事实上，刚毛是弯曲的。由于这种不对称性，断裂力变成了刚毛和表面之间的相对角度的函数，这允许蜥蜴奔跑。

8.4.4 仿生壁虎

这些实验开创了许多仿生方法，有望让我们最终成为蜘蛛侠。例如，黏黏虫三代（Sticky Bot）是斯坦福大学根据壁虎的原理发明的[5]，而且麻省大学阿默斯特分校❶的一个团队已经在市场上推出了一种超强的壁虎皮胶带 Geckskin[6]。

参考文献

[1] R. Ruibal, V. Ernst, *J. Morphol.*, 117, 271-293(1965).

[2] W. -D. Dellit, Jena Z. *Nature*, 68, 613-656(1934).

[3] W. -D. Dellit, *Deut. Aquar. Z.*, 2, 56-58(1949).

[4] K. Autumn M. Sitti, Y. A. Liang, A. M. Peattie, W. R. Hansen, S. Sponberg, T. W. Kenny, R. Fearing, J. N. Israelachvili, R. J. Full, *Proc. Natl Acad. Sci. USA*, 99, 12252-12256(2002).

[5] S. Kim, M. Spenko, S. Trujillo, B. Heyneman, D. Santos, and M. R. Cutkosky, Robotics, *IEEE Transactions on*, 24(1), 65-74(2008).

[6] M. D. Bartlett, A. B. Croll, D. R. King, B. M. Paret, D. J. Irschick, and A. J. Crosby. *Advanced Materials*, 24, 1078-1083(2012).

8.5 植物的毛细作用

8.5.1 树木中的汁液上升和空化现象

植物叶片中的水分和营养物质，以及光合作用的糖返回到植物的各个部位，让人想起

---

❶ 原文为 University of Amherst，但按照文献［6］，实际上应为 University of Massachusetts Amherst，译文已更正。——译校者注

动物通过静脉和动脉网络的血液循环。然而，与动物的血管系统不同，植物中涉及的过程完全是被动的。乔木树的奇迹之一是其高度接近 100m（图 8.10）。使用 Jurin 定律（第 4 章 4.3 节），我们马上可以发现木质部毛细管的半径极小值应为 $r \approx (2\gamma/\rho g h) = 200\text{nm}$，这样才能使毛细作用有效。然而，由于木质部传导管的最小半径为 $20\mu\text{m}$，因此应该使用其他机制。渗透作用可以渗透到根部，并最多上升到 $h \approx \left(\dfrac{cRT}{\rho g}\right) = 20\text{m}$（对于 30g/L 左右的高糖浓度和 300g/mol 的分子量）。事实上，树液的抽吸主要是由树叶水平面上的蒸发产生的。然而，静水压力 $P(H) = P_0 - \rho g h$ 的表达式表明，对于地平面的大气压，在地平面以上 $H = 10\text{m}$ 处达到真空。因此，超过这个高度，水处于负压的亚稳态。树液必须上升，同时保持其凝聚，以避免空化现象（栓塞）。这一领域的研究仍很活跃。

图 8.10　乔木树中的毛细作用和汁液上升

8.5.2　真菌孢子的表面张力推进

如果毛细作用对树木没有那么大的帮助，我们将看到它在某些植物的繁殖中起着主导作用。孢子或花粉在蘑菇和植物中的传播确实至关重要，因为有必要转移所需的物质来确保下一代的繁殖。至于真菌[1]，孢子是相当细长的颗粒，长度约为 $10\mu\text{m}$。它们生长在蘑菇的薄片上。面临的挑战是将它们从薄片层中弹出，首先通过水平轨迹使它们到达中间点，然后在空气（或风）对流的情况下使它们自由下落［图 8.11(A)］，这会使它们散开，一小时内可以排出几百万个孢子。而且孢子具有对恶劣天气条件（霜冻、潮湿、干旱）强有力的抵抗特性。

这种机制已经被阐明，喷射是通过在孢子底部冷凝产生水滴而发生的。更准确地说，这种凝结是由溶质（甘露醇）在脐侧附肢渗出引起的[3]。在潮湿的大气中，这种液滴会生长并最终接触到正在润湿的孢子。液滴在孢子上的扩散是在由毛细作用和惯性（$\rho V^2 \approx \gamma/R$）之间的平衡引起的特征速度下发生的，即 $V \approx \sqrt{\gamma/(\rho R)}$。当液滴半径 $R \approx 5\mu\text{m}$ 时，V 可以达到 10m/s。与表面积（$\approx \gamma R^2$）减少相关的能量增益转化为动能释放（$\approx \rho R^3 V^2$）到液滴，然后到孢子。这个想法首先由 Turner 和 Webster[4] 提出，并由 X. Noblin（是 Nice Sofia Antipolis 的研究员）进行了验证、精确和量化。当时他正在美国哈佛大学

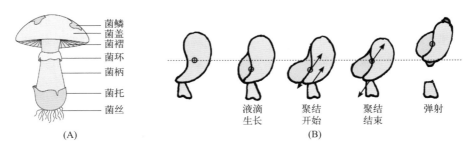

图 8.11 （A）蘑菇薄片层上掉落的孢子（版权属于 Shutterstock）；（B）放大的孢子
液滴在孢子底部凝结，然后孢子喷出。箭头表示所涉及的力。液滴和孢子施加的力产生了液滴-孢子
复合物在质心处施加的全局力。"支撑物"（脐侧附肢）的反作用力最终达到了断裂力的水平（摘自文献［2］）

Jacques Dumais 的实验室做博士后[2]。

　　X. Noblin 和他的同事们使用一台高速相机以 2.5 万帧每秒的速度获取图像，记录下了单个孢子的喷射过程。能量转移（在液滴的聚凝和孢子的推进之间）发生在不到 $4\mu s$ 的时间内。这种表面能转化为动能导致初始速度接近 $1m/s$，并且液滴施加在孢子上的力（反之亦然）约为 $1\mu N$。孢子的推进顺序让人想起人的跳跃，即弯曲双腿，然后推动自己。在这里，地面的反应起到了水滴聚凝的作用，并允许水滴跳跃。值得注意的是，最好的动物跳跃者的起跳速度也只有几米每秒。在它们的例子中，由于质量要大得多，动量也要大得多，但空气中的摩擦使他们的速度比这些微米大小的孢子慢得多。

参考文献

［1］A. Buller, *Researches on Fungi*, vols. 1-7. London, UK: Longmans, Green and Company (1909 & 1950).

［2］X. Noblin, S. Yang, J. Dumais, *J. Exp. Biol.*, 21, 2835-2843 (2009).

［3］J. Webster, R. Davey, N. Smirnoff, W. Fricke, P. Hinde, D. Tomos, J. Turner, *Mycol. Res.*, 99, 833-838 (1995).

［4］J. Turner, J. Webster, *Chem. Eng. Sci.*, 46, 1145-1149 (1991).

8.6　厨房中的液滴

8.6.1　液滴的蒸发

　　留在餐桌上的水滴第二天就不见了，显然水已经蒸发了。如果房间或桌子很热，这种蒸发会加速。如果现在一滴水被一滴咖啡代替，咖啡颗粒会沉淀在桌子上并留下干燥的痕迹。直觉上，我们可能会认为在中心能发现更密集的咖啡颗粒，在边缘发现更稀的颗粒，因为中心（在液滴圆顶附近）的液体体积大，因此颗粒的数量高于液滴边缘。实际上，我们观察到的是皇冠形状的图案［图 8.12（A）］，几乎所有的粒子都聚集在最初液滴的边缘。这种效应被命名为"咖啡渍效应"，芝加哥 James Frank 研究所的 Tom Witten 于 2000 年对其进行了解释[1]。如果液滴的接触线被"困住"，就会发生这种情况，这通常是在真实表面上的情况，这些表面在原子尺度上不具有地形光滑性和化学均匀性。如图 8.12（B）所示，在蒸发过程中，液滴的体积减小，但有必要通过离心液体流动补偿边缘附近去除的液体，以保持相同的足迹（或接触面）。这种液体流动携带着咖啡颗粒。另一方面值得注意的是如果水滴在蒸发时收缩，咖啡豆颗粒的沉积将更加均匀。

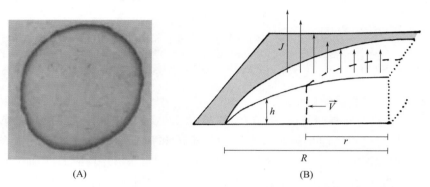

(A)　　　　　　　　　　　　　　(B)

图 8.12 　（A）咖啡渍的照片；（B）带有被困接触线的蒸发液滴的绘制图
蒸汽流量 $J(r)$ 在外围较高，因为当远离中心 $r=0$ 时，面积较大。下降高度 $h(r)$ 减小。但是，在外围相应的体积损失小于蒸发损失的体积。因此，有一个以平均速度流动的离心液体来补偿这种体积损失

8.6.2　液滴的悬浮

再考虑一滴纯净水，如果将一滴水放在比水的沸腾温度高得多的非常热的表面上会发生什么？人们会期望伴随液滴爆炸的瞬间发生蒸发或剧烈沸腾。然而，事实并非如此。每个人都已经在他们的厨房里体验过这种情况，或者在炙热的烹饪盘上有意或无意地滴上水滴。水滴保持圆形并获得极大的流动性：它们开始在盘子上跳舞。这种现象被称为加热效应或命名为 Leidenfrost 效应（他是 18 世纪对此感兴趣的一位德国医生）[2]。一个世纪后，Jules Verne 在他的书 *Michel Strogoff*（1876 年）中也使用了这种效应。在那本书中，他的英雄在击败敌人之前将眼睛暴露在白热的剑下模仿失明。当刀刃靠近时，他的眼泪蒸发了，形成了一层绝缘和保护性的蒸汽膜。这正是水滴与烹饪盘不直接接触，但停留在 $100\sim200\,\mu m$ 厚的蒸汽垫上所发生的情况（图 8.13）。这个垫子通过自身排气，使在盘子上跳舞的水滴产生不稳定的运动。并且这个产生的蒸汽膜可以不断更新。

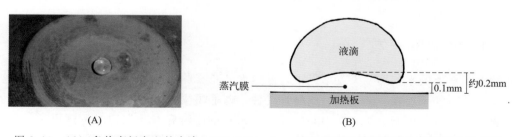

(A)　　　　　　　　　　　　　　(B)

图 8.13 　（A）炙热烹饪盘上的水滴；（B）Leidenfrost 效应中液体悬浮在蒸汽垫顶部的示意图

8.6.3 液滴的自推进

2006 年，瑞典 Lund 大学的教授 Heiner Linke 在加热到 350℃的锯齿形黄铜表面上滴上酒精（乙醇）。如果锯齿图案不对称，则液滴会在锯齿向下倾斜的方向上自行推进（图 8.14）。其稳态速度可达 10cm/s。锯齿的排布允许蒸汽流"整流"或漏斗状流动。观察到分散在蒸汽中的小颗粒沿着更平缓的斜坡移动，然后撞到更陡的斜坡并被疏散到一边。这种蒸汽流产生一种拉动液滴的黏性力，从而改变运动方向。

图 8.14　乙醇滴加热至 300℃在锯齿形表面上移动（按照修正的 Leidenfrost 效应）（摘自文献 [2]）

8.6.4 运动的水滴

对于固体表面上移动液滴，在 1995 年，Thierry Ondarçuhu[3] 假定了一种完全不同的方式。该实验采用了含有溶解硅烷分子的烷烃液滴。如第 4 章 4.5 节所述，硅烷是表面活性分子，由氢化或氟化长链和一个亲水的头基组成，后者可以与玻璃硅醇表面基团（Si—OH）反应形成共价键。因此，如果将干净、亲水的玻璃表面浸入硅烷溶液中，它就会变成疏水的。当 T. Ondarçuhu 在玻璃表面上滴加一含有全氟癸基三氯硅烷分子的烷烃，然后用玻璃吸管轻轻推动它时，液滴开始以自支撑运动长距离移动。值得注意的是，通过创建一种"呼吸模式"，即通过我们的口腔呼吸在玻璃上产生雾，它优先凝结在亲水区，这使得重建液滴的轨迹成为可能，并通过移动验证液滴是否留下了硅烷分子。需要注意的是，图 8.15（A）的照片中，轨迹有点不规则，因为玻璃的不均匀性使液滴偏转，但它是严格自回避的，即轨迹不相交。本书的作者之一（FBW[4]）已经进行过精确的计算。在这里我们仅对潜在机制进行定性解释。硅烷分子在玻璃上沉积，并增大接触角。在轻弹时，水滴的一部分"看到"了一个裸露的玻璃表面，因此，其接触角较小 [图 8.15（B）]。

作用在后部（A 点）和前部（B 点）的液滴上的毛细管力没有得到补偿。液滴朝着固体-空气界面能最高的方向移动。按照数量级的计算表明，含有 50mmol/L 硅烷的液滴可以在影响耗尽之前移动至少 10m。

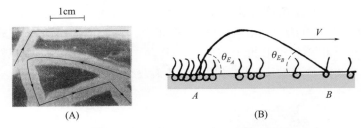

图 8.15 （A）呼吸图再现了"跑步下降"的轨迹（T. Ondarçuhu）；
（B）绘图显示因润湿性不同而产生的液滴形状

参考文献

[1] R. D. Deegan et al. ,*Phys. Rev. E* ,62,756-765(2000).

[2] G. Lagubeau M. Le Merrer,C. Clanet,D. Quéré,*Nat. Phys.* ,7,395-398(2011).

[3] F. Domingues Dos Santos,T. Ondarçuhu,*Phys. Rev. Lett.* ,75,2972-2975(1995).

[4] F. Brochard-Wyart,*Langmiuir* ,5,432-438(1989).

8.7 从皂泡到飓风

8.7.1 Rayleigh-Bénard 不稳定性

在重力作用下，水流入保持垂直的皂膜，因此薄膜的上部变薄了。它在破裂前变成黑

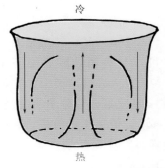

图 8.16 平底锅中的 Rayleigh-Bénard 对流花纹（不稳定性）

色薄膜（例如通过吸附作为成核剂的灰尘）。如果在薄膜的底部和顶部之间设置水循环，这种排水现象可以在微重力下减缓或得到补偿，但这在实践中并不容易实现。然而，延长气泡寿命的一个相当简单的方法是加热它，尽管乍一看完全违反常理。其原理在于使用地球物理学、气象学、天体物理学和海洋学中众所周知的流体动力学不稳定性，即 Rayleigh-Bénard 不稳定性。如图 8.16 所示，在锅中加热水时观察到 Rayleigh-Bénard 对流花纹❶。由于烹饪盘和液体表面之间存在温度梯度，并且由于热水的密度低于冷水，所以热水分子在容器中上升，而靠近冷表面附近的分子下降，并维持这种

---

❶ 原文为 Rayleigh-Benard cells，其中的 cell 通常直译为格子，在远离平衡自组织理论中，这一现象更经常称为 Benard pattern（convection），说明的正是图 8.16 所示的现象，故改译。—译校者注

循环，从而产生对流滚动。质量、热传输和流体动力学守恒方程（Navier-Stokes）的完整解析表明，温度梯度存在一个临界值，低于该临界值热能供应不足以补偿热耗散和黏性耗散，并使液体流动，超过某个阈值，系统就会变得混乱。显然，如果人们希望通过加热肥皂膜和产生对流滚动来抵消排水，那么风险就是水分蒸发得更快。

8.7.2　皂泡中的气旋形成

Bordeaux 大学的 Hamid Kellay 小组创造了一种设备，可以形成、加热、供水和可视化半个皂泡。他们的装置由一个空心黄铜环组成，该环带有一个入口和一个出口，用于从恒温器中进行水循环。这个环有一个圆形的狭缝，里面装满肥皂水，用作水箱。半个气泡是用吸管吹出来的，其可视化是在白光下通过一张描图纸进行的，以确保光线在大面积上的散射。

在没有温差 ΔT 的情况下，彩色干涉条纹排列为平行层［图 8.17(A)］。这种分层是持续排水的标志。当 ΔT 略高于对流阈值时，对流羽流出现在赤道，并向极点上升［图 8.17(B)］。对于高 ΔT，排水层完全消失，无序对流倾向于使皂膜的厚度均匀化［图 8.17(C)］。

图 8.17　（A）半个气泡的图像 $T=0$：排水；（B）$T=11℃$：对流风羽的外观；（C）$T=40℃$：整个气泡上的无序对流；（D），（E）气泡和地球大气层中的气旋
（（A）～（D）：摘自 Fanny Seychelles 的论文；（E）版权属于 Shutterstock）

Hamid Kellay 和他的同事还观察到，赤道产生的一些羽流进一步转化为朝向极地的漩涡。值得注意的是，皂泡内的这些漩涡与气象图上显示的飓风非常相似［图 8.17(E)］。通过改变尺度，分析和比较气泡和热带气旋中漩涡的轨迹、速度和寿命，Bordeaux 大学的科学家已经证明这两种现象之间存在着精确的类比。这两个系统都可以被认为是伪二维的，因为地球大气层的厚度与地球大小的比值（100km/12700km）远低于 1，尤其是这两种类型的气旋，其运动都是摆线的，在观察到减小和完全消失之前，经历速度增加到最大值的过程。在这个皂泡模型的帮助下，还可以建立一个强有力的气旋运动定律，从而进行更可靠的预测。事实上，通过以均方位移(MSD)$\langle r^2(\tau)\rangle=\langle[r+(t+\tau)-r(t)]^2\rangle$（请看第 2 章 2.3 节）为特征的轨迹运动偏差的统计研究，Kellay 和他的合作者发现 MSD～$t^{1.6}$，这意味着该运动不是布朗型的，而是过度扩散型的。更准确地说，这些涡旋和气旋

的轨迹被称为"Levy 飞行"，可以用一个不稳定的轨迹来描述，其每个位移点之间的间隔随着时间的推移是不规则的。虽然这类位移的起源仍在讨论中，但事实仍然是这项研究使我们有可能进行简单的研究，从而更好地理解和预测气旋和飓风的运动。

8.8 弹性橡皮泥

8.8.1 历史背景

现在，弹性橡皮泥是儿童玩具和成人对抗压力的用具。然而，它起源于二战期间旨在合成人造橡胶的研究工作中。当日本控制了大多数亚洲橡胶生产国时，美国陆军面临橡胶短缺的风险，因为他们需要橡胶来生产卡车轮胎、靴子和飞机零部件，这促使他们启动了密集的合成橡胶的研究项目。弹性橡皮泥是最初失败而后成功的故事。事实上，在通用电气和道康宁两家公司，James Wright[1] 和 Earl Warwick[2] 这两位化学家独立地将硅油与硼酸混合。1943 年，他们都为自己的发明申请了专利，尽管得到的弹性橡皮泥的性质明显不符合预期的军事要求。事实上，这种化合物表现出非常不寻常的特征：当它被扔到墙上时会反弹；在不受压力时会像蜂蜜一样流动形成水坑。1949 年之前，这种弹跳和流动的橡皮泥没有任何用处，当一家玩具店公司的顾问 Peter Hodgson 认为这种化合物对儿童和父母都有吸引力时，才决定生产和商业化这种后来成为"弹性橡皮泥"的东西（图 8.18）。

图 8.18　20 世纪 50 年代最初商业化的"弹性橡皮泥"（版权属于 Shutterstock）

8.8.2 唯象学模型

弹性橡皮泥是黏弹性材料的一个众所周知的例子，通过上述观察可以定性地感知其性质。为了提供定量描述，通常使用唯象学流变模型。最简单的模型由弹簧和黏壶组成（图 8.19）。胡克弹簧解释了弹性响应：$\sigma = k\varepsilon$，σ 表示应力，ε 表示应变，k 表示弹簧常数。牛顿黏壶允许对黏性耗散进行建模：$\sigma = \eta\dot{\varepsilon}$，黏度为 η。

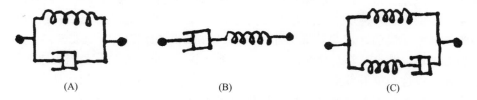

(A) (B) (C)

图 8.19　（A）Kelvin-Voigt 模型；（B）麦克斯韦模型；（C）标准线性固体（Zener）模型

Kelvin-Voigt 模型由与一个黏壶并联的一个弹簧组成，基本方程为 $(1/k)\sigma=\varepsilon+(\eta/k)\dot{\varepsilon}$。形变受到弹簧响应的限制。该模型适合描述黏弹性固体，即主要表现为弹性固体但包含一些黏性耗散的材料。

麦克斯韦模型由一个弹簧与一个黏壶串联组成，基本方程为 $\eta\dot{\varepsilon}=\sigma+(\eta/k)\dot{\sigma}$。只要保持负载，弹簧的形变将是有限的，而黏壶将继续形变。该模型更适合描述黏弹性液体。

应当注意，$\eta/k=\tau$ 具有时间维度，代表瞬态应变或应力施加的特征弛豫时间。

弹性橡皮泥具有中间行为。如图 8.19 所示，需要添加一个弹簧 K 与麦克斯韦模型 $(k，\eta)$ 并联，以考虑应力弛豫后的蠕变和橡胶残余刚度。这对应于标准线性固体模型，即所谓的 Zener 模型。通过考虑总应力为 $\sigma=K\varepsilon+\sigma_{\text{Maxwell}}$ 和总应变为 $\varepsilon=\varepsilon_{\text{spring}k}+\varepsilon_{\text{dashpot}\eta}$，我们可以得出以下基本方程：

$$\dot{\sigma}+\frac{1}{\tau}\sigma=(k+K)\dot{\varepsilon}+\frac{K}{\tau}\varepsilon \tag{8.1}$$

为了进行频率分析，我们使用以下符号在傅里叶变换空间中求解式(8.1)：$\tilde{\sigma}(\omega)=FT[\sigma(t)]$，$\tilde{\varepsilon}(\omega)=FT[\varepsilon(t)]$，因此 $j\dot{\tilde{\sigma}}(\omega)=FT[\dot{\sigma}(t)]$，$j\dot{\tilde{\varepsilon}}(\omega)=FT[\dot{\varepsilon}(t)]$。

我们可以得到：

$$\frac{\tilde{\sigma}(\omega)}{\tilde{\varepsilon}(\omega)}=\frac{K+j(k+K)\omega\tau}{1+j\omega\tau}$$

它定义了复数模量 $\widetilde{G}(\omega)=[\tilde{\sigma}(\omega)/\tilde{\varepsilon}(\omega)]$。实部称为储能或弹性模量 $\mathfrak{Re}[\widetilde{G}(\omega)]=G'(\omega)$，虚部表示损耗或黏性模量 $\mathfrak{Im}[\widetilde{G}(\omega)]=G''(\omega)$。

$G'(\omega)=\{[K+(k+K)\omega^2\tau^2]/(1+\omega^2\tau^2)\}$ 和 $G''(\omega)=(k\omega\tau/1+\omega^2\tau^2)$

这两个模量如图 8.20 所示。

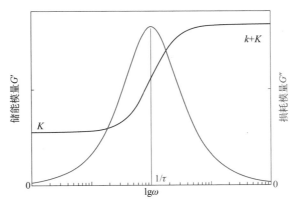

图 8.20　储能模量 G' 和损耗模量 G'' 随频率 ω 的变化

在高频时，即在短时间内，弹性橡皮泥的弹性呈现极大值。通常，撞击的持续时间是几分之一秒，对应于 $>10\text{Hz}$ 的频率。黏度曲线呈钟形，这意味着黏度在高频和低频下达到低值。极大黏度的峰值对应于时间尺度 $t=\tau$；对于弹性橡皮泥[3]，典型时间尺度的数量级为 0.1s。

8.8.3 微观解释

弹性橡皮泥的主要成分是聚二甲基硅氧烷（PDMS，或硅基聚合物）和硼酸（或硼砂）。PDMS 是线形分子链，其端基由硼酸 $B(OH)_3$ 水解。硼的三价性质不但允许两条 PDMS 链端对链端连接，而且也可以交联并形成三维网络。当施加短时间刺激（例如弹跳时的冲击）时，弹性橡皮泥的行为类似于弹性体（或橡胶），发生弹性变形：所有 B—O—Si 键保持完整。然而，如果采用长时间的刺激（例如在静止重力的作用下），可逆的 B—O—Si 键可能会解开，并且观察到的弹性橡皮泥流动是 PDMS 链蛇行的宏观结果。

参考文献

［1］J. G. E. Wright，Patent Date：1944-12-23. US2541851A.

［2］R. R. Mcgregor，E. Leathen Warrick，Patent Date：1943-03-30. US2431878A.

［3］R. Cross，*Am. J. Phys.*，80，870（2012）.

（贝中武　郑　静　钱志勇　译）

第 9 章 技术中的软物质

9.1 抗反射膜

9.1.1 Katharine Blodgett 的发现

Katharine Blodgett［图 9.1(A)］的生活极不寻常，她的名字与 Langmuir-Blodgett(L-B) 薄膜中的 Irvin Langmuir 的名字联系在一起［Langmuir-Blodgett(L-B) 薄膜是指吸附在固体表面的两亲分子的有序分子层（第 6 章 6.2 节）］。她于 1898 年出生于美国纽约州，在参观父亲工作单位通用电气实验室时遇到了 Langmuir，之后她去英国师从 Ernest Rutherford（1906 年获得诺贝尔化学奖）攻读博士学位。1926 年，她成为第一位从剑桥大学获得物理学博士学位的女性，然后回到美国，在通用电气公司担任 Langmuir 的助手，研究沉积在液体上的有机单分子薄膜（约 3nm）。Langmuir 因这项工作而获得 1932 年诺贝尔化学奖。Blodgett 发现：在形成硬脂酸钙膜［$(C_{17}H_{35}COO)_2Ca$］后，将玻璃片浸入水中并缓慢取出，当在水面上形成单分子膜时，玻璃片会变干。这促使 Blodgett 假定，由于将疏水链暴露在空气中，因而亲水端基 $(COO)_2^- Ca^{2+}$ 附着到玻璃上，从而导致水膜被抽出。由此，Langmuir 和 Blodgett 可以通过重复不断浸渍，制备更厚的薄膜。Katharine Blodgett 于是明白了在玻片上制作这种抗反射的 L-B 膜之重要性。按照"薄膜结构和制备方法"的神秘标题，通用电气公司为该想法申请了专利（美国专利 2220660-16，1938 年 3 月），Blodgett 在 1939 年于 *Physical Review* 期刊上发表了一篇题为《利用干涉阻断玻璃光的反射》的文章。她特别展示了一种仪器，其玻璃表盘被光线照亮，其中只有一半表盘经过 L-B 涂层处理［图 9.1(B)］。在未经处理的一半表盘上有强烈的反射，出现令人眼花缭乱的效果，使指示无法被读取；而经过抗反射涂层处理的部分，则不是这种情况。

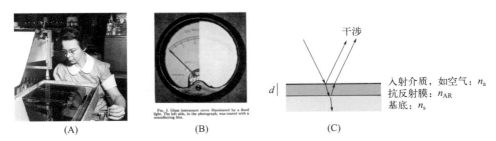

(A)　　　　　　　　(B)　　　　　　　　(C)

图 9.1 （A）Katharine Blodgett 在 Langmuir 天平前工作的照片；
（B）选自 Katharine Blodgett 的文章中的，显示了抗反射效果；（C）抗反射处理的工作原理

9.1.2 抗反射涂料的工作原理

尽管玻璃是透明的，但 Fresnel 定律表明，在垂直入射下，玻璃（折射率 $n_v = 1.5$）

在空气 ($n_a = 1$) 中的反射率是:

$$R = \left(\frac{n_a - n_c}{n_a + n_c}\right)^2 \approx 4\%$$

为了减少这种反射,在玻璃表面上沉积一层折射率为 n_{AR} 的薄膜,从而产生两个界面,分别是空气-LB 和 LB-玻璃,它们会产生两个干涉的反射光束。对于单色光束 (波长 λ),如果两次反射之间的光程差为 λ 整数倍的一半 [图 9.1(C)],则干涉将是破坏性的。这对应于薄膜内部 1/4 波长的倍数的薄膜厚度,即 $\lambda/4n_{AR}$。对于完全破坏性的干涉,两个反射的幅度必须相等,如果 n_{AR} 是空气指数和衬底指数的几何平均值 ($n_{AR} = \sqrt{n_a n_v} = 1.22$),则可以得到。另一方面,消光只对一个波长的光有效,而不是对整个光谱有效。在实践中,Katharine Blodgett 无法调整 L-B 薄膜的光学指数 (花生酸镉薄膜约为 1.54),她针对接近可见光谱中心的 $\lambda = 550\text{nm}$ 优化了层数,其对应于人眼的灵敏度极大值。

9.1.3 技术进步和自然灵感

值得注意的是,早在 1939 年,电影《乱世佳人》的导演就使用 Blodgett 的方法来处理摄影机的镜头。然而,虽然现在所有的眼镜镜片、相机镜头、太阳能电池和电视屏幕都覆盖有抗反射涂层,但从那时起,这一工艺得到了改进。一种普遍使用的材料是氟化镁 (MgF_2),其折射率 ($n = 1.38$) 更接近于理论最佳指数值,并且其真空蒸发比 L-B 薄膜的吸附具有更好的玻璃附着力,因此更坚固。为了将抗反射特性扩展到所有波长并避免单层处理的彩色外观,我们的想法是设计具有可变厚度和折射率的多层堆叠。这种优化要求光学仪器制造者,精确计算所有界面的反射系数和振幅反射光束的反射。在这种方法中,低折射率介质和高指数介质交替沉积。另一种方法还包括在理想情况下使用梯度折射率涂层避免材料与其周围环境之间折射率的突然变化,该涂层基于入射介质与材料之间 (通常是空气与玻璃之间) 折射率的渐进适应。事实上,早在 1879 年,瑞利就描述了两种介质之间的密度梯度 (也就是折射率梯度) 对光束路径的"弯曲"效应,从而避免反射。这导致了在夏季观察到了所谓"蜃景效应"。然而,以可控的方式产生折射率梯度是一个相当大的技术挑战。一些夜间活动的昆虫的伪装策略启发了一种奇妙的方法,它们具有较强的收集夜间低水平光辐射的能力。蛾蝶就是一个很好的例子 [图 9.2(A)]:它们在角膜表面形成了一个六角形的锥形或圆柱形纳米结构网络,其尺寸 ($\approx 100\text{nm}$) 小于可见光波长。这种周期性结构具有抗反射效果,如图 9.2(B) 所示,由于突起的纳米几何形状而产生折射率梯度,并允许指数从 1.54 (角素) 逐渐减小到 $n_a = 1$。复制自然界观察到的相似的纳米结构表面是人们积极研究的主题。中国台湾 H. H. Yu 教授的研究小组已经证明,制备这种突起网络结构的最有效方法之一是在塑料纳米球上制备 Langmuir-Blodgett 单层。为什么胶乳珠在水面上是稳定的,它们的行为像两亲分子吗?这个问题大约在 40 年前由 Pawel Pieranski 解决[1]。沉积在水面上的聚苯乙烯磺酸钠部分浸入水中,其可电离基团 (磺酸钠) 只在浸入部分解离,这导致电荷分布不对称。在反离子的存在下,这会产生一个双电层,从而产生一个有效的宏观偶极子。排列的偶极子之间的排斥作用是胶体网络形成的根源,类似于在蛾蝶眼表面发现的胶体网络[2]。

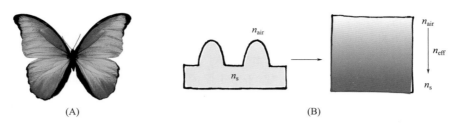

图 9.2 抗反射分级索引胶片

(A) 在夜间的蛾蝶（版权属于 Shutterstock）；(B) 表面有纳米突起，以模拟梯度折射率

参考文献

［1］P. Pieranski,*Phys. Rev. Lett.*,45,569-572(1980).

［2］W. K. Kuo et al.,*ACS Appl. Mater. Interfaces*,8,32021-32030(2016).

9.2 基于向列相液晶的人工肌肉

9.2.1 肌肉和人工肌肉的概述

肌肉由肌肉纤维组成，这些纤维是长的多核圆柱形细胞。每根纤维本身由肌节组成的肌原纤维束组成。肌节是基本的收缩单位，由两种类型的细丝（富含肌动蛋白和肌球蛋白的细丝，第 10 章 10.4 节）组成，它们彼此相对滑动，有助于延长或缩短肌肉纤维，从而产生肌肉收缩。除了反射运动外，肌肉收缩还是由大脑的有意识活动引起的。它通过神经系统向运动神经元发送刺激，在这种情况下发送的是电化学信号。运动神经元通过神经肌肉接头与肌肉纤维直接接触，正是在这个突触上，神经递质（乙酰胆碱）被释放，并触发生物化学串联反应（biochemical cascade），使肌肉收缩。

现在这个复杂的整体设计过程已经得到充分理解。当然，目前用于再生医学或之前用于制造机器人的、开发制造人工肌肉的策略是一个非常活跃的研究领域。显然，这些规范必须适应所提出的应用。例如，固体驱动器（压电或铁电）在外场作用下的变形，使许多机器人和假肢设备的生产成为可能，这些设备通常比自然肌肉更有效、更灵敏，它们不会"感觉"疲劳，并能产生更大的力。另一方面，它们笨重、僵硬，不适合做精细的动作，比如面部表情的动作，或者更简单地说：抓球的动作。因此，开发出了其他许多方法，然而要对这些方法的利弊进行全面考察，需要较长的时间。

9.2.2 基于 pH 值的化学肌肉

我们想在此提及德热纳在 1997 年提出的一种物理化学方法[1]。这是基于 1949 年 Katchalsky 提出的一个想法，即利用膨胀水凝胶将化学能转化为机械能的可能性。在实践中，这是首次使用带羧酸基团（—COOH）的聚合物链来实现这个设想。当加入氢氧化钠（OH⁻）后，酸基变成羧基（—COO—）：通过引入一些静电斥力来拉伸柔性聚合物链。添加盐酸（H⁺）使羧酸基团重新质子化，使凝胶收缩至初始状态。为了将这些分子拉伸和收缩转移到更宏观的尺度，Katchalsky 交联了聚合物链（通过聚丙烯酸与多元醇的酯化反应）。图 9.3 显示了这种"基于 pH 值的肌肉"的工作原理。该系统的主要问题是，在每个循环中都加入了钠离子和氯离子，最终完全屏蔽了静电相互作用。另一个缺点是反应的速度，它受到 OH⁻ 或 H⁺ 扩散到凝胶中的速率的限制：每次伸展或放松都需要几分钟的时间来建立……与生物肌肉相比，这太慢了。

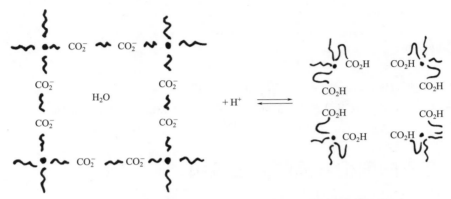

图 9.3　Katchalsky 在 1949 年提出的"基于 pH 值的肌肉"原理

9.2.3　德热纳的向列肌

基于这一想法，德热纳建议使用液晶对温度、光或电场等物理刺激的快速反应。例如，使用思维实验时，在向列相-各向同性转变温度 T_N 以下的向列相网络（图 9.4）被拉长。当温度升高到 T_N 以上时，介晶基团变得无序和网络收缩。

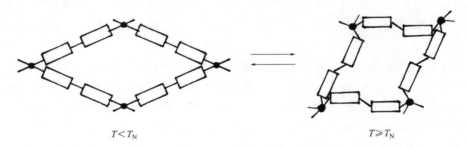

$$T < T_N \qquad\qquad T \geq T_N$$

图 9.4　"向列肌"的原理图

如果向列相网络是单畴的，也就是说，如果介晶基团是按照指向矢宏观定向的，这种效应甚至会更显著。为了促进这一点，德热纳建议化学家使用三嵌段共聚物与无中间基柔性部分(C)进行凝胶交联，与向列相部分(N)交替使用（图 9.5）。由于热的扩散速度比分子快，这种热响应向列相系统改变形状的速度比分子更快。热脉冲可以通过激光或引入掺杂剂（如碳纳米管）快速实现，但为了完成循环，需要冷却，而且这个过程确实要长得多，因此限制了系统响应时间。

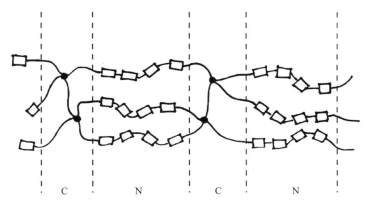

图 9.5　一种可能实现原理：由橡胶部分(C) 和向列相部分(N) 组成的液晶肌肉

9.2.4　亚快速人工肌肉的制造

来自 Curie 研究所的两位化学家 M. H. Li 和 P. Keller，根据合成的限制条件，实验性地调整了人工肌肉设计，特别是考虑另一种类型的刺激[2]。他们没有使用所谓的主链聚合物，即将介晶基团插入主链的核心，而是合成了侧链聚合物，使介晶基团侧向附着在聚合物链上 [图 9.6(A)]。选定的介晶基团包含偶氮苯功能，已知在紫外光照射下可发生顺反异构化，且反式异构体呈棒状，具有介晶性质，而弯曲的顺式异构体不是介晶，因此，在 365nm 处，光照会引起向列相弹性体发生向列相-各向同性转变 [图 9.6(B)]。在取向薄膜上大约 10s 可获得 15%～20% 的收缩。

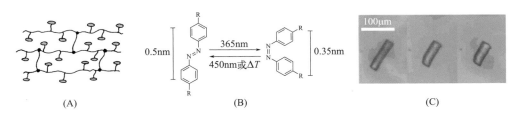

图 9.6　(A) 侧链交联向列型聚合物；
(B) 光照下的反应实体和可逆构象变化；(C) 反应实现（辐照条件下从左到右收缩）

在 Curie 研究所微加工物理学家 A. Buguin 的帮助下，他们通过在磁场下将分子交联以促进取向，制造出直径为 $20\mu m$、长度为 $100\mu m$ 的小柱状体。他们获得的这些微致动器的收缩率达到 35% [图 9.6(C)]。另一方面，使用可见光照射或加热，系统的可逆性要低得多，再次证明该体系有一定局限性。这些人造液晶"肌肉"在日常生活中的应用还很遥远，而这些成果可能更多是概念性的方法。然而，这表明液晶除了通常用于电视机的显示功能外，还可以有意想不到的应用。

参考文献

[1] P. G. de Gennes, *C. R. Acad. Sci. Sér. II*, 324, 343-348(1997).
[2] M. H. Li, P. Keller, *Philos. Trans. R. Soc. A*, 364, 2763-2777(2006).

9.3　油漆的魔力

涂料的化学基础成分是聚合物树脂，其中还添加了颜料和其他添加剂。为了在墙壁上形成一层均匀的漆膜，重要的是要确保油漆具有足够的黏性，以避免油漆在墙上涂抹后向下流动。但我们忘记了，如果把一桶油漆中的聚合物，以聚合物熔体的小液滴形式倒入溶液中，油漆会非常黏稠，使我们无法将其混合均匀。油漆的秘密在于使用的是胶乳聚合物。

9.3.1　胶乳粒子概述

胶乳是聚合物颗粒的水溶胶体悬浮液。"胶乳"一词来自拉丁语，意为"酒"，在 17世纪被人们用来指代某些植物的汁液，如橡胶树，其汁液是天然胶乳。这些胶乳被玛雅人和阿兹特克人用作服装和制作初级靴子的防水剂。在第二次世界大战期间，德国天然橡胶工业发明了一种新的合成工艺：乳液聚合。（离子）表面活性剂、水和单体的混合物的乳化作用，使不溶性单体形成液滴。聚合引发剂的加入引发聚合，从而使聚合物液滴成核。它们随着单体的扩散而逐渐增大，直到单体耗尽为止。在 J. C. Daniel 和 C. Pichot[1] 关于胶乳专著的序言中，德热纳写道：

这些合成胶乳具有罕见的品质：

① 颗粒/水混合物不是很黏稠（黏度远低于同等浓度聚合物的普通溶液），因此易于处理。

② 通过铺展和干燥，在颗粒连接处形成聚合物薄膜，归因于精细的化学调整。

③ 通过在初始液滴中混合"硬"单体（苯乙烯）和"软"单体（丁二烯），可以调节最终产品的力学性能。

④ 胶乳液载体为水：使用过程中不含有毒溶剂。

胶乳有很多用途，主要在油漆和纸张涂布中作胶黏剂。全球聚合物产量为 2 亿吨，胶乳产量约为 10%，市场潜力巨大。

9.3.2　胶乳的黏度

德热纳强调胶乳的第一个特征，即聚合物含量高而其黏度又低，我们将以巴斯夫公司销售的一种增稠剂 Sterocoll 作为举例说明，它是一种富含羧酸基团的聚合物颗粒的酸水性聚合物分散体。聚合物分散体可用水稀释至约 5% 的浓度，它仍然是一种白色液体，只是比水的黏度稍大一些。加入少量的氢氧化钠溶液，pH 升高，导致羧酸基团转化为带负电荷的羧酸盐。这使得聚合物颗粒溶于水，形成聚合物溶液，同时，黏度显著增加。几分钟后，得到一种凝胶。

9.3.3　漆膜的形成

胶乳干燥成膜共有三个阶段（图 9.7）：

① 水蒸发使这些颗粒浓缩，直到它们堆积在一起。就像水果摊上的橙子一样，颗粒

可以占据 64% 的体积（随机堆放时）或 74% 的体积（紧凑堆积时），剩下的都是水。

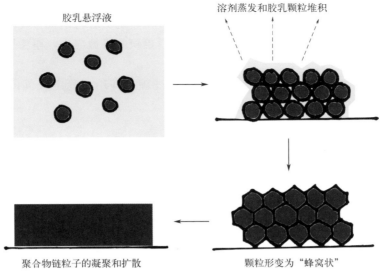

图 9.7　胶乳成膜过程中几个步骤的示意图

② 随着干燥过程的进行，颗粒集合受到压缩。如果粒子是不可形变的（杨氏模量＞10^7 Pa），那么这个过程就停止了。这种有孔的薄膜可以透气，但很脆弱。如果引入一些"软"单体（按照德热纳采用的术语），粒子就会形变，呈多面体或蜂窝的形状，但它们仍然是单个的粒子。薄膜则变得更加凝聚，继续发生"呼吸"，这是建筑涂料的一个优势。对胶乳的表面处理过程允许在该阶段停止。在进入干燥的第三阶段之前，让我们看看导致胶乳形变的力的来源（图 9.8）。当两个颗粒发生接触时，其间的水膜加深。聚合物膜层的表面压力由下式[1] 给出：$P = \gamma\left[(1/\gamma_1) - (1/\gamma_2) + (2/\gamma)\right]$，式中 γ 为聚合物-水界面张力。当 γ_1 减小时，P 增大，当曲率半径小于 10nm，界面张力约为 0.1J/m² 时，P 可以达到 10^7 Pa。

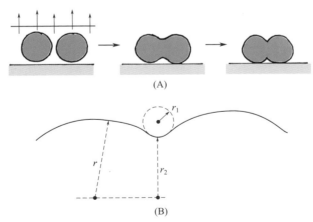

图 9.8　（A）聚焦于两个胶乳粒子的干燥步骤，在水分蒸发过程中，
界面"加深"；（B）定义不同曲率半径的符号

③ 最后，如果粒子是可形变的，聚合物链将通过界面从一个粒子扩散到相邻粒子。当界面逐渐消失时，颗粒变得难以区分，薄膜成为均相。这个过程对应于胶乳的凝聚。

这些成膜机制仍在从基础理论观点进行研究，尤其是随着时间推移发生的老化和裂纹形成。例如，观察表明，由于干燥过程中整个漆膜累积的机械应力，厚漆膜比薄漆膜更容易开裂。

此外，值得注意的是，通过控制胶乳的表面处理（即用于稳定胶乳的表面活性剂类型），可以生产允许水通过的涂料或其他防水涂料。

9.3.4 纸张涂层

胶乳的另一个重要应用是纸张涂层。在纸纤维上沉积一层薄薄的胶乳将纤维结构转化为粒状结构（图 9.9），具有更好的印刷性能（因此具有更好的渲染效果）。纸张的外观（光泽度，白度）也得到了改善。

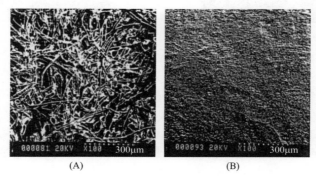

图 9.9　电子显微镜图像
（A）未涂胶乳的涂布纸；（B）涂有一层胶乳的涂布纸
［摘自陶氏胶乳聚合物"工业胶乳应用"（"Industrial Latex Applications" by Dow Emulsion Polymers）］

参考文献

[1]J. C. Daniel,C. Pichot,*Les latex synthétiques*. Lavoisier/Tec et Doc,2006。

9.4 彩虹服

我们周围的大多数颜色都来自于颜料的选择性吸收，这些颜料是在物体的体积或表面形成的。然而，特别强烈和明亮的颜色来自于光与微纳米结构的相互作用，这导致干涉（本章9.1节）或衍射。动物和植物利用这些所谓的光子结构（即具有可见光波长顺序周期性的规则结构）来产生迷人的光学效果。这些结构颜色可以是彩虹色（如果它们根据视角变化）也可以是非彩虹色（如果相反情况）。这已经成为技术应用的灵感来源，比如彩虹色的衣服，当衣服拉伸或起皱时颜色会发生变化。

9.4.1 什么是光子晶体?

光子晶体是一种折射率周期性变化的材料（其长度范围与光的波长相当）。多层堆叠（或布拉格反射镜）通常被称为一维光子晶体，其周期性垂直于层平面。

通过对光学折射率为 n_a 和 n_b、厚度为 d_a 和 d_b 的两种介质之间的每个界面处产生的干涉进行推理，并通过定义折射角 θ_a 和 θ_b（图 9.10）以及从折射率为 n_0 的空气中入射的角度 θ_0，我们可以证明，在波长 $\lambda_{\max}$ 处（对于角度 θ_0）存在反射峰，其表示为：

$$m\lambda_{\max} = 2\left(d_a\sqrt{n_a^2 - n_0^2\sin^2\theta_0} + d_b\sqrt{n_b^2 - n_0^2\sin^2\theta_0}\right) \tag{9.1}$$

式中 m 是整数。

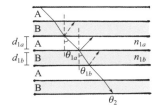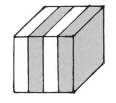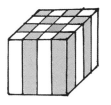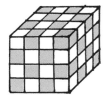

图 9.10　用于干涉计算的多层膜和符号
分别为一维、二维和三维光子晶体

当物体被白光照射时，我们通常会看到对应于 $\lambda_{\max}$ 的特定颜色。如果堆积的底层是黑色的，它会吸收所有尚未反射的光，使反射的颜色非常明亮。当基底层变得更明亮时，它在所有频率下反射更多的光，然后这些光被传输到上层，从而产生不太明亮的效果或银色、金色的外观。一个更完整的计算（适用于二维和三维光子晶体）是基于麦克斯韦方程组的平面波展开来推导能带图。传播方程给出了频率 ω 随波矢量 $\vec{\kappa}$（垂直于波前和标准 $2\pi/\lambda$）的变化，并显示了禁带的出现（因此也显示了能量）。禁止传播的频率范围对应于反射波，如一维系统所示。

9.4.2　自然界中的光子结构

有许多植物和动物利用光子结构创造出结构色[1] 和彩虹色，用于伪装、性别选择或吸引传粉者（图 9.11）。

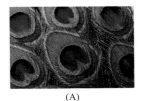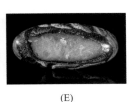

(A)　　　　　(B)　　　　　(C)　　　　　(D)　　　　　(E)

图 9.11　自然界光子结构的例子
（A）孔雀羽毛；（B）金龟子；（C）尖翅蓝闪蝶；（D）茸毛双盖蕨的幼叶；
（E）色彩斑斓闪耀的蛋白石［(A)、(B)、(C) 和 (E) 版权属于 Shutterstock；(D) 摘自文献［1］］

早在 1665 年，胡克在其著作《显微术：用放大镜对微小物体的一些生理学描述》

（Micrographia：or Some physiological descriptions of minute bodies made by magnifying glasses）中，就报道了他观察到的孔雀羽毛根据观察角度的不同而改变颜色的情况。

一个更经典、更深入研究的例子是蝴蝶的翅膀。例如，尖翅蓝闪蝶有一对带有圣诞树鳞片的微结构翅膀。金龟子具有金属和彩虹色反射，这些反射来自不同指数层的分层，这会造成光干涉和高光谱选择性。类似地，热带蕨类植物茸毛双盖蕨因为它们的多层结构叶子最初是蓝色的，后来在生长过程中变成绿色。在矿区，我们还发现了彩虹色的蛋白石。最著名的蛋白石是由缓慢水解反应形成的二氧化硅微球组成，并在连续层中组织形成。此外，一些生物能够根据环境可逆地改变其结构颜色，这就是天牛甲虫的情况，它在干燥状态下有金色的反光，在潮湿时会变成红色，其鳞片的多层结构的物理化学特征为低接触角，因此水能够吸附并渗透。在此过程中，光子结构的折射率会改变，反射波长的波段也会改变。

9.4.3 彩虹服

所有这些自然观察激发了化学家们的灵感，他们想通过加入光子结构来创造彩虹色材料。最近开发了复合蛋白石，特别是聚合物蛋白石[2-3]。图 9.12（A）显示了合成聚合物蛋白石的示意图，该蛋白石由弹性体基质中三维晶体粒子组成，技术上的困难来自于需要制造一种晶体结构，这种结构具有类似于布拉格反射镜的特性，从而产生光干涉。英国剑桥大学 Jeremy Baumberg 的研究小组选择了一种新颖的方法，合成了核壳型亚微米粒子：由聚苯乙烯（PS）制成的核是硬的，而由丙烯酸乙酯（PEA）制成的壳是软的。这里，软-硬的区别来自以下事实：PEA 的玻璃化转变温度约为 0℃，在室温下是黏弹性的[图 9.12（B）]。因此，通过加热颗粒，PEA 壳结构形成黏性基质，用于填充 PS 核之间的空隙。通过剪切样品或挤压样品获得分层 [图 9.12（C）]。紧凑填料导致了立方型结构（ccp）。颜色从红色到绿色，取决于它们所处的观察角度 [图 9.12（D）]。

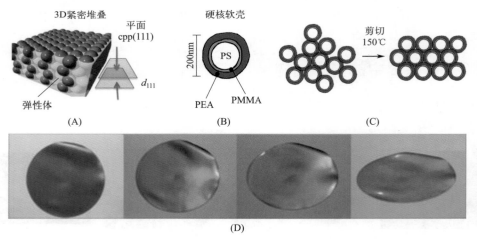

图 9.12 （A）聚合物蛋白石；（B）粒子的核壳结构（摘自文献 [2]）；
（C）通过加热和剪切制备光子晶体的方法（摘自文献 [3]）；（D）从不同角度看到的聚合物蛋白石

交联后，这些蛋白石变成弹性体，可以形成具有非常明亮结构颜色的薄片或纤维。更重要的是，它们的弹性体特性使它们具有延展性。在拉伸作用下，同一平面内粒子之间的距离增加，但排列的不同层之间的距离减小（由于体积守恒）。根据公式(9.1)，随着层间距离的减小，波长减小，对应于从蓝色到红色，再到绿色和黄色的转变。

这项发明的使用价值是制作颜色鲜艳的彩虹服，这些颜色随着身体的运动而变化（图 9.13）。一位英国时装设计师在巴黎的一场高级时装表演中使用了这种服装，我们什么时候才能在日常生活中看到这样的服装？

图 9.13　弹性蛋白石服装示例

参考文献

[1] J. Sun，B. Bhushan，J. Tong，*RSC Adv.*，3，14862-14889(2013).

[2] C. E. Finalyson C. Goddart，E. Papachristodoulou，D. R. E. Snoswell，A. Kontogeorgos，P. Spahn，G. P. Hellmann，O. Hess，J. J. Baumberg，*Optics Express*，19，3144-3154 (2011).

[3] C. E. Finalyson，J. J. Baumberg，*Polym. Int.*，62，1403-1407(2013).

（于　艳　郑　静　钱志勇　译）

第 10 章 生物学中的软物质

这是德热纳所绘的一张图（FBW 私人档案）：

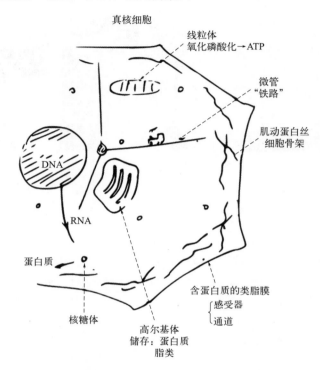

许多细胞组分，包括细胞核内的 DNA、脂膜和细胞骨架丝，都可以用软物质物理学的概念来描述。下面几节将举例说明这种方法。

10.1 DNA 的弹性和压缩性

10.1.1 如何测量聚合物单链的弹性？

聚合物是软物质材料中的一类。正如液晶或泡沫那样，软物质的特点是对微弱的扰动有巨大的响应。这些响应可以在宏观系统上观察到，比如英式果冻或橡皮筋，与铁块或木棒相比，它们在拉力下的变形大得多。但在分子水平上发生了什么呢？

想象的实验是抓住一条聚合物链的两端，并使它们彼此分离 [图 10.1（A）]。同时测量施加的力与伸长，将力视为伸长的函数，我们就可测定聚合物链的弹性。然而，在实践中，很难合成分子量可控且分子量足够高的聚合物，以使它们肉眼可见，从而可以进行测量。凝聚在人类染色体中的每种 DNA，末端距长度达好几厘米，而大多数噬菌体（感染细菌）的 DNA 分子只有几十微米。因此，DNA 被生物物理学家认为是模型聚合物。DNA 的碱基、腺嘌呤（A）、胸腺嘧啶（T）、鸟嘌呤（G）和胞嘧啶（C），与糖和磷酸结合组成核苷酸，这是构成 DNA 的单体。其特殊的双螺旋结构使其成为所谓的半柔性聚合物（见第 7 章 7.2 节）。其性能接近于理想聚合物。DNA 在水中的构型是一种无规则卷曲结构。在第 7 章 7.2 节中，我们推导了这个熵弹簧的刚度。如果不参考相应的公式，我们可以定性地认为，"解开"线团所需的力很小，就像从毛线球中抽出纱线一样（前提是没有打结）。这个力的数量级是多少呢？此外，对于大多数在小变形时表现出线性弹性的材料（即测得的力与它的伸长率成正比），在大变形时预计会出现偏离这种线性行为的情况，并伴随着材料的硬化或软化。那么，对于 DNA 呢？如何测量这种聚合物线团的力-伸长关系？

图 10.1 （A）测量 DNA 分子弹性性质的实验[1]；
（B）设计用于微纤维测量力的实验装置（摘自文献 [2]）
PMT—光电倍增管；PC—个人电脑

在 20 世纪 90 年代中期，俄勒冈大学的 Carlos Bustamente 小组[1] 和居里研究所的 Didier Chatenay 小组[2] 进行了图 10.1(A) 中提出的实验。尽管实验装置略有不同，但工作原理保持不变。我们在这里描述法国小组的实验。选择的 DNA 是 λ 噬菌体（一种病毒）的 DNA，该噬菌体有 48502 个碱基对，总长度为 $16.4\,\mu m$。为了在显微镜下观察它，人们使用可插入双螺旋碱基对之间的荧光染料（名为 YOYO、TOTO 等）。但实验本身是在"盲"条件下进行的，利用了 DNA 分子末端在化学上与其他基团不同的事实，其可以与某些分子发生特异性反应。它们的一端被类固醇地高辛（Dig）修饰，另一端被维生素生物素（Biot）修饰。生物素对蛋白质（在蛋清中发现）、抗生物素（Av）有很高的亲和力，而地高辛有一种特异性抗体即抗地高辛（anti-Dig）。因此，当覆盖有抗生物素的微珠和涂覆有抗地高辛的光纤浸入含有这些功能化 DNA 分子的溶液中时，在热涨落作用下，DNA 末端最终一端锚定在珠子上，另一端锚定在光纤上。因此，光纤和珠子可以作为拉伸 DNA 分子的把手。为了测量力，光纤被用作测力计或力传感器。珠子的位移，通过 DNA 连接器连接到光纤上，导致光纤发生偏转，其行为类似于光束。为了获得更好的力灵敏度，对该方法进行了改进，将光纤刻蚀到直径约 $10\,\mu m$，并通过校准来确定其刚度。然后，在显微镜下，测量光纤表面和珠子表面之间的距离，即 DNA 分子的长度，同时测量连接到微操作器的珠子移开时光束的偏转。实验方案如图 10.1(B) 所示。

10.1.2　DNA 的弹性性质

所测力范围在 1pN 到 100pN 之间。DNA 分子首先在弱力作用下伸长，这对应于上面提到的熵起作用的区域。当我们接近 DNA 的轮廓长度时，拉长 DNA 所需的力进一步增加，这是因为我们开始拉伸原子键。蠕虫链模型是聚合物理论中的经典模型，它可以帮助我们解释这两个区域。另一方面，令人惊讶的是超过约 70 pN 的阈值后发生的事情，在这个阶段，DNA 双链在不需要任何外力的情况下突然拉伸了 60% ［图 10.2(A)］。最后，对于较大的拉伸，我们发现一种与最初观察到的行为类似的弹性行为，这一过程以断裂（或 DNA 分子两端之一的脱离）结束。这一恒定张力下巨大伸长的区域是一个稳定期（称为过度拉伸），这让人想起一级相变，例如水沸腾：当水加热到 100℃ 左右时，它开始蒸发，蒸汽和液态水共存，温度保持在 100℃，直到所有液态水被蒸发，额外提供的能量用于加热蒸汽。这里，我们看到了 DNA 分子的结构转变。然后，数值模拟[3] 表明，DNA 的过度拉伸与双螺旋的展开 ［图 10.2(B)］ 和沿分子轴的碱基对分离有关。碱基不再以螺旋结构堆叠，而是几乎垂直于磷酸盐骨架的轴线，呈"阶梯"状排列。

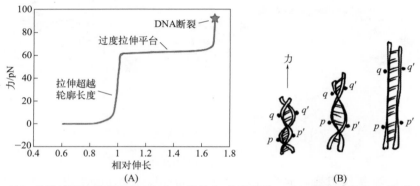

图 10.2 （A）显示过度拉伸的双链 DNA 分子的力-伸长曲线；（B）拉伸过程中 DNA 构象示意图
点 p、p'、q 和 q' 允许沿双螺旋设置参考

乍一看，人们可能会认为，这项研究只显示了一种奇特的 DNA 结构，且其是通过加大（在这个尺度上）外力产生的。实际上，这项工作引发了生物物理学的许多进一步研究。许多与 DNA 相互作用的蛋白质，如 RecA 重组酶蛋白或执行 DNA 转录的 RNA 聚合酶，只有当 DNA（局部）处于这种超拉伸结构时，才能发挥作用。

10.1.3 细胞核 DNA 调节之谜：组蛋白的作用

除了其独特的弹性性质，DNA 还是一种聚电解质，即一种高电荷聚合物，因为其主链上的所有磷酸基团都带负电。生物培养基通常是含盐的，K^+、Cl^-、Ca^{2+} 的浓度大于 1mmol/L，这意味着 Debye 屏蔽距离通常在 1nm 到 10nm 之间（第 2 章 2.4 节）。因此，静电相互作用在细胞或组织水平上通常是无关紧要的。然而，在细胞核内部静电相互作用则至关重要。特别是，我们将在这里看到，在 DNA 压缩和细胞生命的关键步骤（如转录过程）中，需要对 DNA-蛋白质静电相互作用进行精细控制。

沿着 DNA 的高线性电荷密度主要影响 DNA 分子的"刚性"。除了将两条链缠绕成双螺旋构象外，即使静电屏蔽长度是纳米级，相同电荷的接近也不利于折叠，因此有助于增加双链 DNA 相关长度，即 $l_p=50nm$，即约 150 个碱基对。由于人类基因组包含大约 $3×10^9$ 个碱基对，通过连接所有染色体获得的 DNA 聚合物的总长度相当于一个 $N=3×10^9/150=2×10^7$ 的"虚拟"聚合物链"单体单元"（链段长度为 l_p）。根据第 7 章 7.2 节，在理想链的模型中，相应聚合物线团的尺寸 $R_0 = N^{1/2} l_{\rm p} = 250 \mu m$。与基因组 2m 的轮廓长度相比，这似乎是很小的。但是，这个基因组被容纳在细胞核中，对于哺乳动物，细胞核的尺寸约为 $5 \mu m$，这又如何解释呢？

要将半径为 $250 \mu m$ 的线团压缩成半径为 $5 \mu m$ 的细胞核，所需的 DNA 压缩是通过添加称为组蛋白的蛋白质实现的，真是令人惊讶。作为尺寸缩减方法，添加材料是一种优先的想法。组蛋白是八聚体蛋白，具有小桶形（直径 7nm，长度 6nm），带高度正电荷（+146）。带负电的 DNA 分子通过库仑相互作用与组蛋白结合。能量极小化（释放的反离子产生的静电增益和曲率能量损失之间的平衡）产生了 DNA-组蛋白混合结构，称为核小体，其中 DNA 围绕每个八聚体组蛋白旋转 1.7 圈。140 个 DNA 碱基对直接相互作用，60 个碱基对作为两个核小体之间的连接物。于是，一个核小体平均由一个组蛋白八聚体和 200 个 DNA 碱基对组成。因此，为了将整个基因组压缩成核小体，我们需要 $3 \times 10^9 / 200 \approx 10^7$ 个组蛋白。

因此，图 10.3 所示的核小体大致是一个长 6nm、直径 $7+2 \times 2 = 11$nm 的圆柱体，这意味着它的体积为 $\pi d^2 h / 4 \approx 570$nm^3。因此，$10^7$ 个核小体占据的体积为 5.7μm^3，仅为细胞核体积的 1/20！因此，添加 1000 万个组蛋白八聚体可以将 DNA 压缩到细胞核中。请注意，这种被称为"线上珠"的结构只是 DNA 压缩的第一步，接着是核小体构成的染色质纤维，然后是延伸和压缩的染色体形式。

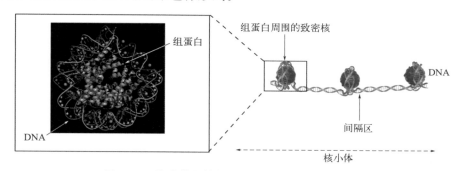

图 10.3　核小体的结构（版权属于 Shutterstock）

虽然这种由强静电相互作用介导的 DNA 在组蛋白周围的压缩有利于调节 DNA 在细胞核中的容纳，但这种基于 DNA-蛋白质紧密结合的结构在转录过程中产生了另一个问题，即 DNA 碱基的可达性。这一过程是利用 DNA 碱基序列携带的遗传信息并将其转化为蛋白质的第一步，这些蛋白质将在细胞内完成多种功能。信使 RNA 是 DNA 和蛋白质之间的中间产物，其合成涉及基因组的转录：RNA 聚合酶是一种蛋白质复合物，具有将两条 DNA 链中的一条"转录"为 RNA 序列（单链）的功能。为此，双螺旋必须部分变性，即 DNA 碱基之间的氢键局部断裂，允许 RNA 聚合酶结合和碱基可达性（图 10.4）。Steve Block 及其同事[4] 进行了一个概念上简单的体外实验，结果表明，RNA 聚合酶在打开 DNA 双链并在核苷酸存在的情况下聚合 RNA 序列时，会施加约 5pN 的力沿着 DNA 分子移动。然而，其他体外实验表明，核小体内 DNA 和组蛋白之间的静电相互作用需要至少 20pN[5] 的力来破坏结构并打开 DNA。换句话说，核小体是转录的屏障，防止 RNA 聚合酶沿着 DNA 滑动并合成 RNA。RNA 聚合酶在体内成功地完成了转录工作

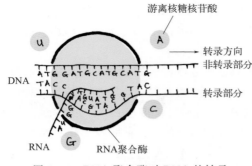

图 10.4　RNA 聚合酶对 DNA 的转录

如何解释？

Carlos Bustamente 及其同事[6] 提出并证明，转录是由核小体涨落所允许和调节的，即通过核小体的一种"呼吸"。该实验包括将单个核小体通过 DNA 间隔连接在被双光镊捕获的两个珠子之间。加入核苷酸后，RNA 聚合酶沿着 DNA 滑动。在低浓度的盐（KCl）存在下，DNA 和组蛋白携带的相反符号的电荷会强烈吸引。相互作用能的绝对值很高。因此，当 RNA 聚合酶遇到组蛋白结合 DNA 的碱基时，它无法继续进行转录，并在转录的这个阶段保持停滞。另一方面，盐浓度越高，静电相互作用越不稳定。DNA 和组蛋白有时紧密接触，有时局部分离。因此，这种波动的屏障只会使 RNA 聚合酶暂时停止。因此，转录过程中这些停顿的频率和持续时间由溶液的离子强度决定。RNA 聚合酶不需要产生显著的力来解开包裹在组蛋白周围的 DNA；只能"耐心"等待核小体呼吸。

参考文献

[1] S. B. Smith，L. Finzi，C. Bustamante，*Science*，258，1122-1126(1992).

[2] P. Cluzel，A. Lebrun，C. Heller，R. Lavery，J. L. Viovy，D. Chatenay，F. Caron，*Science*，271，792-794(1996).

[3] Lebrun，R. Lavery，*Nucl. Acid Res.*，24，2260-2267(1996).

[4] H. Yin M. D. Wang，K. Svoboda，R. Landick，S. M. Block，J. Gelles，*Science*，270，1853-1857(1995).

[5] M. D. Wang et al.，*Biophys. J.*，72，1335(1997).

[6] C. Hodges L. Bintu，L. Lubkowska，M. Kashlev，C. Bustamente，*Science*，325，626-628(2009).

10.2　药物载体：脂质体和聚合物泡囊

10.2.1　靶向给药载体的一般要求

美容面霜和抗衰老面霜的广告都强调它们含有脂质体。这些脂质体是几十纳米到几百纳米的小泡囊，由一个或多个脂质双层构成（图 10.5，第 6 章 6.3 节和本章 10.3 节），可以将活性物质封装在其水核中，然后这些脂质体就会穿透表皮并释放活性物质。显然，尽管使用者进行了揉擦，但脂质体在渗透之前不被破坏是必要的。如果在化妆品中使用脂质体通常被视为一种营销论据，那么它们在药物应用中的效用就不那么值得怀疑了。

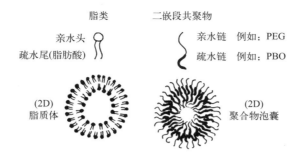

图 10.5 脂质体和聚合物泡囊
PEG—聚乙二醇；PBO—聚苯并异噁唑

针对特定器官的用药不能总是以局部的方式进行。另一方面，直接给药到体内进行靶向治疗的前提是，在药物到达目标部位的过程中，药物不会被检测外来物质的特化细胞（如巨噬细胞）降解，而且药物到达后仍保持活性。要做到这一点，一个自然而简单的策略是将药物封装在纳米载体中，纳米载体对巨噬细胞具有抗性或不可见性，在到达靶器官后可就地降解以释放其内容物。然而，脂质体相对容易被破坏；特别是，它们对血流施加的剪切力没有很强的抵抗力。在这种情况下，21 世纪初出现了一种替代方法，即使用聚合物泡囊（图 10.5）代替脂质体。

10.2.2 刺激响应性聚合物泡囊

聚合物泡囊的膜是由两亲性聚合物组成的，它们自发在双分子层中结合并自行封闭。与脂质体相比，聚合物泡囊中聚合物的分子量更大，膜更厚，流动阻力更大，抗渗性更强，在血液（微）血管中循环时寿命更长[1]。然而，当必须释放封装的活性物质时，这种更大的抗性不应成为不利因素。

由于通过膜铺展的被动释放可能是一个很长的过程，因此通过降解、穿孔或聚合物破裂轻松有效地触发释放非常重要。它是通过利用聚合物化学合成的广泛可能性来实现的。

采取了两种主要的策略，可以使用局部生理参数的变化，例如 pH 值（胃中的 pH 值达到 2）、温度、氧化（通过活性氧化物质）、特定的酶降解，或应用外部刺激，例如光、磁场、超声波或温度[2-3]。

例如，在第一类中，由聚乙二醇-b-聚（2,4,6-三甲氧基亚苄基-戊四醇碳酸酯）的二嵌段共聚物制备的聚合物泡囊，在低 pH 下表现出加速释放。

这里，我们将重点介绍第二类。第一个例子来自波尔多（Bordeaux）的 S. Lecommandoux 团队。将磁性纳米颗粒（磁赤铁矿，γ-Fe$_2$O$_3$）与感兴趣的治疗分子共同封装表明，以 500kHz 频率振荡的交变磁场显著增加了释放动力学，这可能是局部过热导致纳米尺度的渗透性增加的结果。尽管一些磁性颗粒是可生物降解且无毒的，但在人体内使用纳米颗粒常引起强烈的伦理关注。

第二个例子与第 5 章 5.2 节直接相关，来自 M. H. Li 的团队（与本书的两位作者合作）。这个想法是使用对外部物理刺激敏感的向列相液晶。特别是，如第 9 章 9.2 节所述，基于偶氮苯的介晶在使用 365nm 光照射时发生了由反式到顺式的构象变化。M. H. Li 团队合成了一种二嵌段共聚物 PEG-b-PMAazo444（PAzo），它可以自组装成聚合物泡囊

（图 10.6）。但是，令我们惊讶的是，长时间的光照除了轻微的泡囊皱缩，并没有产生任何显著的影响。我们必须调整方法，形成不对称的聚合物泡囊，即两层膜在化学性质上是不同的。外层片材由对紫外线敏感的 PAzo 制成，而内层片材则使用 PEG-b-PBD（"PBD"）（图 10.6）制成惰性片材。在紫外线照射下，所有带有染料的聚合物泡囊都消失并释放出它们的有色成分。

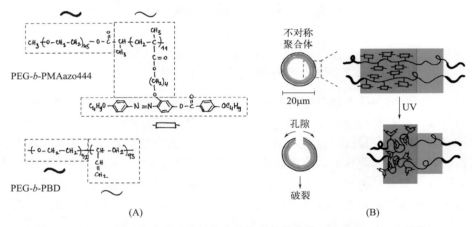

图 10.6　（A）用于生产光响应性聚合物泡囊的聚合物（来自 M. H. Li 团队），PEG-b-PMAazo444 具有紫外线响应性，PEG-b-PBD 对紫外线照射不敏感；（B）在紫外线照射下打开聚合物泡囊，并对膜中聚合物构象进行放大

为了更好地观察破裂过程，我们没有制备 SUV（小单层泡囊，约 100nm），而是用了巨大的泡囊，采用了一种成熟的反相乳化法[2]。这些巨大的聚合物的直径可达 5 至 50μm，因此在光学显微镜下清晰可见。我们观察到，在显微镜灯和合适的 365nm 滤光片的照射下，所有的非对称泡囊在 300ms 内破裂和分解 ［图 10.7（A）］。虽然我们无法探视膜内的分子尺度，但我们已经能够破译其机制。事实上，这个实验可与一个非常简单的实验类比，该简单实验具体说明了所谓的"卷发的不稳定性"。当把一个描图纸长条放置于水面上时，它的末端会迅速弯曲，形成两个圆筒状的卷纸 ［图 10.7（B）］。这种不稳定性是由于纸张表面与水接触时膨胀而产生的双晶效应，而纸张的上表面在最初几秒内保持干燥，因为描图纸的涂层降低了水的浸泡速率。对于聚合物泡囊膜，内层首先为反式构象，然后被拉伸，经历各向同性向列相转变，这导致液晶聚合物嵌段的厚度减小 ［图 10.6（B）］，随后导致外层面的投影面积增大（由于体积守恒，一个维度的减小会产生其他维度的增大）。

因此，聚合物泡囊的膜由两片相互耦合但面积显著不同的膜组成。这会在膜内产生阻力。在能量方面，弯曲膜更有利于拉伸外板（超过面积）和压缩内板（与中值相比面积不足）。因此，液晶聚合物的构象变化改变了膜的自发曲率。

此外，我们可以在快速相机拍摄的快照中看到，一旦孔隙成核（通过弹性能量的积累），它就会通过向外滚动来打开以释放存储的曲率能量。

作为验证，我们显然颠倒了构造。通过把液晶块放置在内层板中，这种向外卷曲消失。虽然很难看到，但我们可以猜测，卷曲是向内的。

简而言之，这项工作展示了如何再次利用向列液晶聚合物的特性来触发远距离聚合物泡囊的破裂，这必须被视为一个概念的证明，因为偶氮苯基团的分散对人体是有毒的，仍

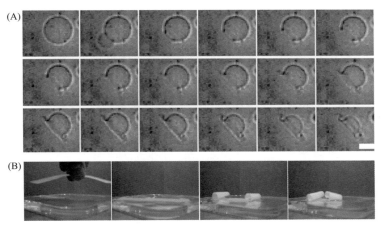

图 10.7 （A）紫外线照射下明亮的聚合物泡囊的显微照片序列，比例尺＝5μm，在第二张照片中，内部液体的排出标志着孔隙形成的初始时刻，人们可以注意到膜向外侧形成了一个"卷"；（B）课堂宏观实验显示了描图纸在水面上的卷曲不稳定性（摘自文献［3］）

然需要进行化学合成方向的努力，以实现可生物降解和无毒的剂型。此外，光作为外部刺激，限制其用于表面处理，因为生物组织吸收大量光，尤其是紫外线。虽然现在有越来越多的开发策略可用于触发聚合物泡囊内容物的释放，但不应忘记，确保聚合物泡囊达到其目标也很重要。为此，普遍采用的方法是通过与靶细胞表面的受体相互作用的配体对聚合物泡囊表面进行功能化，即使它们更具"仿生性"[4]。

参考文献

［1］D. E. Discher，V. Ortiz，G. Srinivas，M. L. Klein，Y. Kim，D. Christian，S. Cai，P. Photos，F. Ahmed，*Prog. Polym. Sci.*，32，838-857（2007）.

［2］S. Pautot，B. J. Frisken，D. A. Weitz，*Langmuir*，19，2870-2879（2003）.

［3］E. Mabrouk，D. Cuvelier，F. Brochard-Wyart，M. -H. Li，P. Nassoy，*Proc. Nat. Acad. Sci. U. S. A.*，7294-7298（2009）.

［4］H. De Oliveira，J. evenot，S. Lecommandoux，*Wiley Interdiscip. Rev.：Nanomed. Nanobiotechnol.*，4（5），525-546（2012）.

10.3 生物膜或仿生膜

细胞和细胞内隔室是由膜隔开，膜结合了以下三个特性：①它们作为细胞或细胞内容物的保护屏障；②允许营养物质进入和废物排出；③它们是灵活的，因此允许细胞生长和分裂。生物膜是由什么制成的？它们最显著的物理特性是什么？

10.3.1 生物膜的组成

图 10.8 显示了动物细胞质膜的示意图。它按质量计由约 50％的脂类、40％的蛋白质

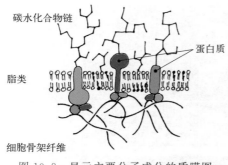

碳水化合物链

蛋白质

脂类

细胞骨架纤维

图 10.8　显示主要分子成分的质膜图

和 10％的碳水化合物组成。糖萼中含有碳水化合物，可防止意外黏附。蛋白质来自两个主要家族：一类是在细胞膜下方，并锚定在膜上的细胞骨架丝的一部分；另一类是构成膜蛋白本身的蛋白质。膜蛋白通常是跨膜蛋白，可以在膜中自由扩散，也可以通过蛋白质复合物与细胞骨架结合。选择性允许离子进入或离开细胞的离子通道和泵是最常见的膜蛋白之一。黏附蛋白也属于这一类，它可以对细胞进行特异性识别。

由于脂质比蛋白质和碳水化合物小得多 [脂质（约 300g/mol）≪蛋白质、碳水化合物（约 $10^4 \sim 10^5$ g/mol）]，因此脂质的数量更多（约 50 个脂质比一个蛋白质），已经记录了 500 到 1000 种脂质[1]。它们可以按浓度递减顺序分为三个大类（图 10.9）：①磷酸脂类，由一个甘油分子，两条脂肪酸链和一个携带极性残基的磷酸基团结合组成；②类固醇（例如胆固醇），含有一系列刚性的芳香环和一个小极性头（羟基—OH）；③糖脂，由两条脂肪酸链与氨基结合连接组成，并带有糖残基。

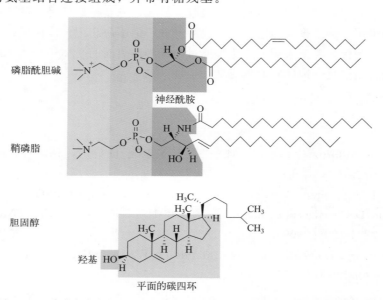

磷脂酰胆碱

神经酰胺

鞘磷脂

胆固醇

羟基

平面的碳四环

图 10.9　质膜中存在的三种主要类型的磷酸脂、糖脂和类固醇的化学结构

正如其化学结构所显示，脂质是两亲分子。超分子组装体的形成，一方面由于极性头之间的空间和静电排斥，另一方面是烃链之间的范德华引力之间的竞争。然而，与单链烷烃不同，表面活性剂由于其包膜呈圆锥形而形成胶束（第 6 章 6.1 节）。磷脂作为生物膜中最丰富的脂类，呈圆柱形并自发形成双分子层，其填充参数 $v/(a_0 l_c)$ 接近 1 [v 为分子体积，a_0 为投影面积，l_c 为分子长度（图 10.10）]。此外，传统表面活性剂如十二烷基硫酸钠（SDS）的 CMC（第 6 章 6.1 节）在 10^{-2} mol/L 内，磷脂的 CMC 约为 10^{-9} mol/L。因此，磷脂作为单体（单个分子）几乎不溶于水。它们都是以双层结构存在。细胞膜中存在多种不同类型的脂质，可能会导致二维相分离（第 6 章 6.2 节）。这是

最近深入研究的主题，因为脂质在纳米尺度的分离（在光学显微镜下不可见）是脂筏（lipid raft）概念的基本假设，并提出富含不同类型脂质（和蛋白质）的区域具有特定的细胞功能。

为了研究生物膜的物理性质，微脂囊作为一种模型系统被广泛使用。

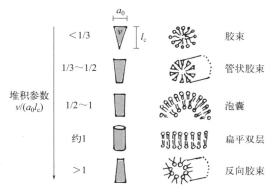

图 10.10　表面活性剂的堆积参数决定于分子的形状（v、$a_0^{-1} \cdot l_c^{-1}$），又反过来决定超分子组装体的结构

10.3.2　脂质双分子层的物理性质：模拟和实验

用化学合成脂质或纯化的天然脂质（如蛋黄卵磷脂）制备微脂囊。通过将它们铺展在载玻片上，然后进行水合作用，双分子层会自发形成并自行闭合以形成微脂囊或泡囊。水合过程越慢，泡囊越大，尺寸可达几十微米。称为巨型泡囊（或用"GUV"表示巨型单层泡囊）。它们有实用价值，因为它们可以用光学显微镜看到。另一种获得 GUV 的方法是所谓的电铸法。将脂质分散在导电板上，并施加交变电场（约 10Hz）。这促进了脂质的分离，加速了 GUV 的形成。

10.3.2.1　流动性

脂质双分子层通常在室温或体温（37℃）下呈流动状态。这一特性对细胞功能很重要。脂质和蛋白质可以在膜平面内扩散。它们的扩散系数是通过荧光漂白恢复（FRAP）来测量的（图 10.11）。该方法包括使用掺杂有荧光脂质的双分子层膜。通过用高强度激光束照射特征膜尺寸为 l 的区域，荧光熄灭。时间 $t=0$ 时，明亮的背景中有一个黑色区域。如果脂质扩散，荧光将重新均匀化分布。通过测量荧光恢复的特征时间 τ，我们可以推导出扩散系数：$D_{\text{lipid}} \sim l^2/\tau$ 约为 $1\mu m^2/s$。

脂质也可以从双层的一层转移到另一层。这种所谓的"触发器"过程适用于泡囊中的大多数脂质（每 10^8 秒发生一次）。在细胞中，称为翻转酶（flippases，将脂质从外部小叶翻转到内部小叶）或反向翻转酶（floppases，将脂质翻转到相反方向）的特殊蛋白质可以加速这一过程，并在双层膜的两层之间形成脂质成分的不对称性，而转运酶可以消除这种不对称性。

当脂质双层的温度降低时，其流动性降低。我们从二维液态转变到液晶状态（第 5 章 5.1 节和 5.2 节）。

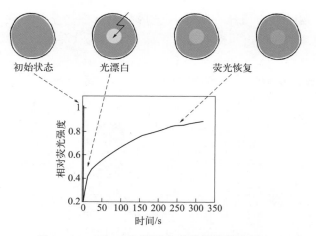

初始状态　　　光漂白　　　荧光恢复

图 10.11　FRAP 法测量脂质扩散系数的原理

10.3.2.2　力学性质

关于膜力学性质的第一批理论著作可以追溯到 20 世纪 70 年代[2-4]。膜或片材的三种形变类型为拉伸（或相反的压缩）、剪切和弯曲（图 10.12）。每一种形变都涉及能量。在两种水介质之间形成界面的膜，也具有表面张力的特征，称为膜张力。下文将详细介绍所有这些物理参数。

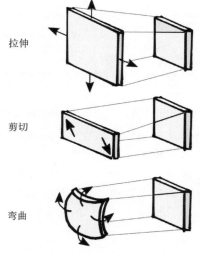

拉伸/压缩：与拉伸相关的单位面积能量由以下公式给出：

$$H_{ext} = \frac{1}{2}\chi\left(\frac{\Delta A}{A}\right)^2 \tag{10.1}$$

我们知道这是弹簧储存弹性能量的一般表达式（胡克定律），并在这里扩展到二维。压缩模量 χ 是线性弹簧刚度的二维模拟，相对表面变化 $\Delta A/A$ 是相对伸长率的模拟值。$\Delta A/A$ 不超过 5%。超过这个值，膜就会裂解。测得的压缩模量（见图 10.13）约为 $0.1 \mathrm{J/m^2}$ 或 $0.1 \mathrm{N/m}$。

图 10.12　膜形变的主要模式

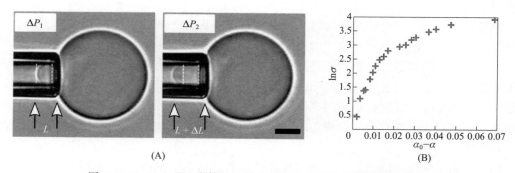

图 10.13　（A）吸入微管的泡囊的显微照片，L 是吸气舌的长度；
（B）在半对数尺度上，表面张力与吸液管中吸入的泡囊多余表面积的函数关系图（以强调低张力下熵主导的区域）

剪切： 流体膜不提供任何剪切阻力。因此，这一项通常被忽略不计。例如，它只与红细胞相关，红细胞膜由血影蛋白（Spectrin）的网络支撑。当红细胞潜入狭窄的毛细血管时（第 2 章 2.2 节），所需的剪切变形主要分配给这个血影蛋白的网络。

弯曲： 弯曲能量密度由以下公式给出：

$$H_{\text{bend}} = \frac{1}{2}\kappa(c_1 + c_2 - c_0)^2 + \kappa_G c_1 c_2 \tag{10.2}$$

式中 $c_1 = 1/R_1$ 和 $c_2 = 1/R_2$ 是膜的两个主曲率（见第 4 章 4.2 节）；c_0 为自发曲率；c_1、c_2 为高斯曲率；κ 为弯曲模量（能量的维度）；κ_G 为高斯弯曲模量。这种情况通常会被简化，因为根据 Gauss-Bonnet 定理，在泡囊表面上积分的高斯曲率积分是一个拓扑不变量。所以，如果膜变形而没有产生孔洞，则高斯曲率不会改变，因此无须明确考虑它。自发曲率表示膜两片的组成可能不对称。第 9 章 9.2 节举例说明了自发曲率的重要性并在实际中得到了应用。但是，对于仿生 GUV，$c_0 \approx 0$。可测量弯曲模量（见图 10.13），其值约为 $10 k_B T$（约 10^{-20} J）。

膜张力： 当表面积为 A 的膜被拉伸时，其面积变化为 ΔA。因此，相关的表面能为：$H_{\text{tens}} = \sigma \dfrac{\Delta A}{A}$，其中 σ 是膜张力。根据式(10.1)，我们得到：

$$\sigma_H = \chi \frac{\Delta A}{A} \tag{10.3}$$

式中张力的来源是焓（因此是 H 指数）。如果泡囊已经处于紧张状态，则关系是有效的。

通常，泡囊和细胞处于无应力和弛豫状态。它们在热涨落作用下变形；它们波动并导致散射光闪烁（这种闪烁效应在很长一段时间内很"神秘"，并最终由 F. Brochard 和 J.-F. Lennon 在 1975 年[5] 用膜涨落解释了红细胞的这种状态）。因此，当拉动一个波动的泡囊时，我们首先要消除膜的波动，这可以被看作是纳米级的皱褶，导致多余面积 $A - A_p$ 的减少，其中 A 是波动膜的面积，A_p 是投影面积。Helfrich 已经证明，随着熵波纹的展开，熵张力 σ_E 呈指数增长：

$$\sigma_E \approx \frac{\kappa}{l^2} \exp\left(-\frac{8\pi\kappa}{k_B T} \times \frac{A - A_p}{A}\right) \tag{10.4}$$

式中 l 是一个微观截止长度。

在一般情况下，Evans[6] 考虑了焓和熵贡献，并将过剩面积 $\Delta\alpha = \left(\dfrac{\Delta A}{A}\right)_{\sigma=0} - \left(\dfrac{\Delta A}{A}\right)_\sigma$ 与两个主要模量 χ 和 κ 关联起来：

$$\Delta\alpha = \frac{k_B T}{8\pi\kappa} \ln(1 + cA\sigma) + \frac{\sigma}{\chi} \tag{10.5}$$

式中 $c = 1/24\pi$。

10.3.2.3 泡囊微管抽吸实验

通过受控的机械力迫使泡囊改变形态，可以测量上一段中定义的力学参数。主要方法由 E. Evans[6] 开发，它包括将巨大的泡囊吸入微量移液管。为此，在液体介质和移液管内部之间施加一个压力差（$\Delta P > 0$）。每增加一次压力，泡囊就会向移液管中多渗透一点，并增加抽吸长度 L（或"舌头"）（图 10.13）。"球体＋舌头"几何结构允许简单测量出过剩面积 $\Delta\alpha$，从压力 ΔP 可以设定膜的张力 σ。事实上，拉普拉斯定律（第 4 章 4.2 节）一方面在囊舌内侧和移液管之间应用，另一方面在泡囊的球形部分和外部溶液之间应用，可得出公式：

$$\sigma = \frac{\Delta P}{2\left(\dfrac{1}{R_p} - \dfrac{1}{R_v}\right)} \tag{10.6}$$

式中 R_p 是移液管的半径；R_v 是泡囊的半径。

非常窄的微量移液管可以放大表面积的变化。泡囊球形部分的大小几乎是恒定的。因此，过剩面积的减少量由以下公式得出：$\Delta\alpha = 2\pi R_p \Delta L$，其中 ΔL 是舌头增加的长度。

10.3.2.4　渗透性

通过其渗透系数 P（单位：cm/s），可以定量评估分子对膜的渗透性，渗透系数 P 是分子穿过膜速度的量度，分子的流动（每秒和每单位面积上的数量）取决于膜两侧的浓度差，P 由流量与浓度差之比得出。一般来说，钠离子、钾离子和氯离子几乎不能通过脂质组成的膜（图 10.14）。在生物学背景下，细胞内和细胞外的浓度受到精细调节，离子进出只能通过输运过程、泵和离子通道实现。另一方面，水的透水性最高。同样重要的是，在渗透震扰的情况下，细胞可以恢复生存所需的渗透平衡。

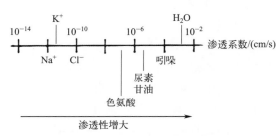

图 10.14　几种分子样品通过脂质双分子层的被动渗透系数

注意，此渗透系数也可以通过微量移液管实验得出[7]，即当泡囊突然浸入低渗透（或高渗透）介质[7] 时，测量泡囊的膨胀（或收缩）。

10.3.3　微脂囊的形态

10.3.3.1　相图

值得注意的是，在泡囊群中存在大量的形态学变化。决定泡囊形状的重要参数是表面积-体积比。通过调节渗透压可以轻松控制体积 V。若总体积接近 $4\pi R^3/3$（给定表面积 A 的极大体积），即约化体积 v（无量纲）接近 1，则泡囊几乎是球形的。如果 v 减小，通过使泡囊放气，可能会出现椭圆形、双凹盘或梨形。从理论角度来看，如果双层膜两片之间的表面积差 $\Delta\alpha_0$（与自发曲率有关）进一步变化，则可以绘制完整的相图（图 10.15），其中大多数形态已在实验中报道过[8]。

10.3.3.2　多组分泡囊

当几种类型的脂质混合形成泡囊时，可能会发生相分离（图 10.16）。主要由一种脂质构成的微区漂浮在另一种脂质构成的"海相"中，可以视为与不混溶溶剂的液滴漂浮在另一种溶剂之中，其不同之处在于，这里的泡囊只是一个"二维滴"，三维中的表面张力正好等价于二维中的线张力，这反映了在膜中创生了一个微区所需的能量。如果泡囊张力高或具有较高的曲率刚性模量，则泡囊平面上会出现分凝区域。然而，如果张力较低和/或弯曲模量较低，则微区可能会萌发并形成各种形状（图 10.16）[9]。

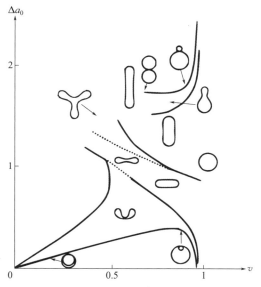

图 10.15　泡囊的相图，相空间参数之一定义为约化；另一定义为双层膜两片间有效表面积的差（摘自文献 [8]）

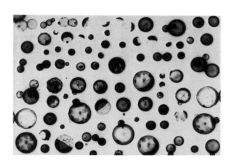

图 10.16　荧光显微镜下两相共存的泡囊图像（由 Aurélien Roux 提供）

10.3.3.3　纳米管形状

外部机械应力对泡囊的作用也会引起泡囊的形状变化。如果我们施加一种点作用力（point force），就会出现一条膜线，或者更精确地说，会出现一条直径为亚微米的管子。例如，可以通过使黏合剂珠与泡囊接触（如图 10.17 所示，置于移液管中）并尝试用光镊将其分离，从而施加这种力。

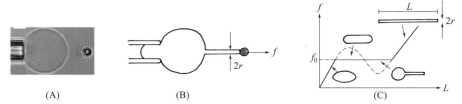

(A)　　　　　　　　(B)　　　　　　　　(C)

图 10.17　（A）相差显微镜图像显示抽吸的泡囊、用光镊操纵的微珠以及其间的纳米管（摘自文献 [10]）；（B）导致膜纳米管形成的实验图；（C）泡囊的力 f 作为伸长率 L 函数的示意图，初始半径为 R_0，张力为 σ，虚线表示一个不稳定区域，f_0 表示管的挤出压力（摘自文献 [11]）

膜是流体。然而，从日常生活观察中，我们知道由水构成的圆柱体是不稳定的。事实上，每个人都已经看到，从水龙头流出的水的射流会破裂成小水滴。这是由于柏拉托-瑞利不稳定性：液柱有一个表面，因此有个界面能（与空气），与具有相同总体积的大量小液滴相比，其界面能更高。为什么蜘蛛网上的露珠不会形成连续的片，而是附着在蜘蛛网上的小水滴？这种不稳定性同样也可以解释。然而，在流体膜的情况下，圆柱体是稳定的。从定性上讲，膜张力的不稳定效应倾向于形成小的球形泡囊，而弯曲能的稳定效应倾向于避免形成这些比圆柱体"更弯曲"的小泡囊，这两种效应彼此平衡。如图 10.17（C）所示，与球体和管共存的情况相比，将球形泡囊变形为椭球体在能量上消耗过大。值得注意的是，在整个膜转变成管之前，伸长是在恒定的力下完成的。我们可以证明，拉伸膜管所需的阈值 f_0 为 $2\pi\sqrt{2\kappa\sigma}$。对于 $\kappa\sim10k_{\mathrm{B}}T$ 和 σ 约为 $10^{-4}\sim10^{-6}\mathrm{N/m}$ 时，我们发现 f_0 为数十皮牛，这与实测结果一致。同时，管的半径为 $r=\sqrt{(\kappa/2\sigma)}$，这给出 r 值的范围为 10nm 到 100nm。

这些纳米管是测量薄膜弯曲刚度的一种简单方法。在动物细胞中也观察到这种膜线，这表明这种奇异的膜形状可能在细胞间的远程通信中发挥作用。

参考文献

[1] M. Edidin, *Nat. Rev. Mol. Cell. Biol.*, 4, 414-418(2003).

[2] P. B. Canham, *J. Theor. Biol.*, 26, 61-81(1970).

[3] W. Helfrich, *Z. Naturforsch. C*, 28, 693-703(1973).

[4] E. A. Evans, *Biophys. J.*, 13, 926-940(1973).

[5] F. Brochard, J. -F. Lennon, *J. Phys. France*, 36, 1035-1047(1975).

[6] E. Evans, W. Rawicz, *Phys. Rev. Lett.*, 23, 2094-2097(1990).

[7] W. Rawicz, K. C. Olbrich, T. McIntosh, D. Needham, E. Evans, *Biophys. J.*, 79, 328-339(2000).

[8] Y. Sakuma, M. Imai, *Life*, 5, 651-675(2015).

[9] T. Baumgart, S. Hess, W. W. Webb, *Nature*, 425, 821-824(2003).

[10] D. Cuvelier N. Chiaruttini, P. Bassereau, P. Nassoy, *Europhys. Lett.*, 71, 1015-1021(2005).

[11] O. Rossier D. Cuvelier, N. Borghi, P. H. Puech, I. Derényi, A. Buguin, P. Nassoy, F. Brochard-Wyart, *Langmuir*, 19, 575-584(2003).

10.4　细胞骨架聚合物

细胞骨架是一个蛋白质丝的网络，它有助于维持细胞完整性和结构刚性，调节细胞形态和形状变化，并施加力促进细胞运动。

10.4.1　不同类型的蛋白质丝

细胞质是指分散各种细胞器（线粒体、高尔基体、溶酶体）和细胞骨架聚合物的细胞内液体。这些生物聚合物分为三大类：肌动蛋白丝、微管和中间丝（图 10.18）。它们的不同之处有以下两方面：

① 化学成分（即蛋白质单体的本质）。

② 微丝的宽度（或表观直径）：肌动蛋白为 7nm，微管为 25nm。

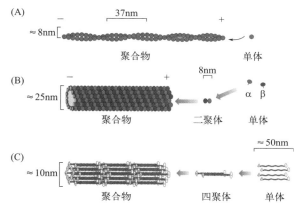

图 10.18　（A）肌动蛋白丝；（B）微管；（C）中间丝及其各自亚单位（"单体"）

10.4.1.1　肌动蛋白［图 10.19（A）］

肌动蛋白丝（或 F 肌动蛋白）由球状肌动蛋白（G 肌动蛋白）单体组成，可与 ATP（三磷酸腺苷）或 ADP（二磷酸腺苷）分子结合，后者通过水解从 ATP 中得到。所有的单体都在同一个方向上缔合。这使双螺旋形状的蛋白质丝具有极性。我们定义了富含 ATP 结合单体的"倒钩"或"正"端，以及富含 ADP 结合单体的"尖"或"负"端。

10.4.1.2　微管［图 10.19（B）］

微管由微管蛋白单元构成。这些单体是 α-微管蛋白和 β-微管蛋白的二聚体，被组织成（线形）原丝。这些原丝中的 13 条随后结合成空心圆柱体。微管蛋白单体具有与三磷酸鸟苷（GTP）或其水解形式二磷酸鸟苷（GDP）的结合位点。

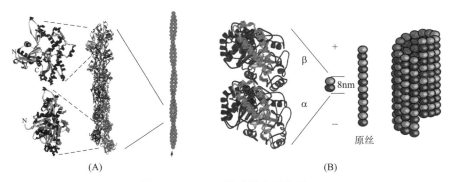

图 10.19　（A）肌动蛋白丝单体；
（B）微管单体，晶体学表现为 α 螺旋和 β 折叠，这是蛋白质二级结构的两种形式

10.4.1.3 中间丝

中间丝包含几类蛋白，如波形蛋白、结蛋白、角蛋白和层粘连蛋白。它们是多肽的二聚体，以反平行方式结合成四聚体，然后通过端到端结合形成原丝。最后，大约八个原丝形成一个中间丝，具有"绳状"结构。它们不是极性的，比微管和肌动蛋白丝的活性小得多。它们对细胞的形态、结构和弹性有重要作用。与肌动蛋白丝和微管相比，其研究较少。

10.4.2 刚性

与许多采用线团结构的合成聚合物或溶液中的 DNA 不同，肌动蛋白丝、微管和中间丝看起来像（轻微波动的）棒状物。它们是半柔性聚合物。一般来说，聚合物的刚性由其在热力学平衡中的相关长度 L_p（第 7 章 7.2 节）来表征。

10.4.2.1 相关长度和刚性之间的关系

让我们考虑一根固定长度 L 和半径 b 的柔性细棒，它受热力作用。它的形状完全由切向量 $\vec{t}(s) \cdot = \mathrm{d}\vec{r}(s)/\mathrm{d}s$ 决定，或等效地由沿棒的切角 $\theta(s)$ 决定，s 为曲线横坐标（图 10.20）。切线相关函数的定义为：$g(s) = \langle \vec{t}(s) \cdot \vec{t}(0) \rangle$。对于 $s \approx 0$，$g(s) \to 1$（相关）和 $s \gg L_p$，$g(s) \to 0$（去相关），这些性质服从指数函数。因此，L_p 被定义为特征弧长，超过该弧长角度 $\theta(s)$ 的热涨落就变得不相关。L_p 还与棒弯曲刚度 κ_f（κ_f 由 $\kappa_f = E \cdot I$ 定义）直接相关，其中 E 是材料的杨氏模量（单位为 Pa），$I = \iint_{\text{section}} y^2 \mathrm{d}A$ 是表征棒形状的几何惯性矩。棒的弯曲能量由下式给出：

$$E_c = \frac{\kappa_f}{2} \int_0^L \frac{1}{r(s)^2} \mathrm{d}s$$

式中 $r(s) = \mathrm{d}s/\mathrm{d}\theta$。

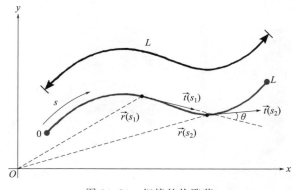

图 10.20 细棒的热涨落

因此我们得到：

$$E_c = \frac{\kappa_f}{2} \times \frac{\langle \theta \rangle^2}{L}$$

式中 θ 是棒长度上的平均夹角。

在热能作用下，我们有：$E_c \approx k_B T/2$，这导致 $\langle \theta \rangle^2 = (k_B T/\kappa_f)L = L/L_p$。这将相关长度定义为：

$$L_p = \frac{\kappa_f}{k_B T} = \frac{EI}{k_B T} \approx \frac{E}{k_B T}b^4 \approx \frac{b^4}{a^3}$$

式中 a 是单体尺寸。L_p 对 b 的这种强烈依赖性一定程度可以解释：从单链到双链时，DNA 的表观（投影）半径适度增加为什么导致相关长度从 2nm 增加到 50nm。我们还可以记住，半径为 $10\mu m$、杨氏模量为 7GPa 的毛发的相关长度约为 10^7 km，它们只会因为重力而弯曲。在零重力环境中，它们是完全笔直的。

10.4.2.2 相关长度的实验测量

在实验上，通过分析肌动蛋白微丝和微管的热涨落，记录它们的形状和所有构型的平均值，来测量它们的相关长度 [图 10.21(A)]。另一种方法是针对微管开发的，包括将一端的微管连接到轴丝（用作手柄，以确保可形成纤毛或鞭毛的微管的生长），并用光镊操纵另一端 [图 10.21(B)]。使微管偏转后，激光器关闭，微管末端向平衡位置弛豫。这种运动由微管的弹性力之间的平衡来描述，$f_e = \kappa_f(\mathrm{d}^4 y/\mathrm{d}x^4)$，以及由施加在长度为 L、半径为 b 的移动圆柱上的黏性力来描述，$f_v = [2\pi/\ln(L/b)]\eta VL$，其中 V 是圆柱体自由端的速度，η 是与圆柱几何有关的数值系数。可以精确计算弛豫时间常数 τ 与弹性常数和流体动力学摩擦系数的比值，即 $\tau \cong \kappa_f/\eta \propto L_p$。

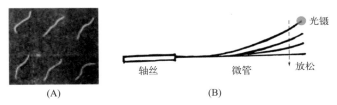

图 10.21 （A）荧光显微镜下肌动蛋白丝的图像（每隔 10 秒拍摄），并显示热涨落（摘自文献 [1]）；（B）实验装置旨在使用光镊（圆点）测量微管的弯曲刚度，光镊允许微管末端偏离其静止位置（摘自文献 [2]）

所有这些实验都表明，肌动蛋白丝的 $L_p \approx 10 \sim 20\mu m$，微管的 $L_p \approx 1 \sim 6$mm。

肌动蛋白和微管的相关长度有两个数量级的差异。这种差异从何而来？要计算几何上的转动惯量，微管可视为内径 $r_i = 9.5$nm、外径 $r_e = 12.5$nm 的空心圆柱体，而肌动蛋白可视为 $r_i = 0$、$r_e = 3.5$nm 的普通圆柱体。

$$I = \iint_{\text{section}} y^2 \mathrm{d}A = \int_{r_i}^{r_e} \int_0^{2\pi} (r\sin\theta)^2 \mathrm{d}r \cdot r \mathrm{d}\theta = \frac{\pi}{4}(r_e^4 - r_i^4)$$

式中 $I_{肌} = 1.2 \times 10^2 \text{nm}^4$ 和 $I_{微管} = 1.28 \times 10^4 \text{nm}^4$。

因为我们发现两者具有相同的 100 倍差异，这意味着微管蛋白"材料"和 G-肌动蛋白"材料"的杨氏模量 E 相似，这并不奇怪，因为两者都是蛋白质，即肽的组装体。因此，细胞骨架聚合物的刚度来源于其形状。此外，对蛋白质"材料"的杨氏模量的估计为 $E \approx 1 \sim 4$GPa，与直觉相反，这比聚乙烯固体的杨氏模量更高。

10.4.3 动力学

肌动蛋白丝和微管具有非常动态的特性（不同于中间丝）。这一特性对于它们的细胞功能至关重要。文献［3］对此进行了详细描述。

10.4.3.1 肌动蛋白踏车行为

肌动蛋白是大多数细胞中含量最丰富的蛋白质（浓度为几克每升）。细胞被铺在基质上，看起来像一个煎鸡蛋，有一个模糊的圆形轮廓。然而，存在化学引诱剂梯度的情况下，它会极化并开始向化学引诱剂的方向移动。这种极化和随后的细胞运动部分是由肌动蛋白丝的聚合引起的。如果化学引诱剂的来源改变了位置，这些细丝就会迅速分解，并朝着新的方向重组（图 10.22）。为了理解调节肌动蛋白组装和拆卸的动力学现象，有必要研究这些生物聚合物的聚合动力学，这是内在可逆的，因为它是基于弱（非共价）相互作用。

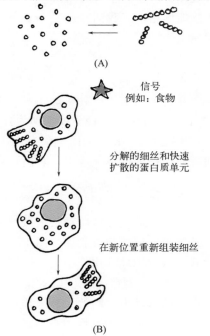

图 10.22 肌动蛋白丝的聚合和解聚在细胞运动中的重要性

一般来说，聚合和解聚可视为一级化学反应，其中单体（P_1）加成到一个有 n 或 $n-1$ 个单元的聚合物（分别表示为 P_n 或 P_n-1）链上，使其加长一个单元。类似地，当单体从聚合物链的末端脱落时，它会减少一个单元。这可以写成：

$$P_n + P_1 \Longleftrightarrow P_{n+1} \qquad [a]$$
$$P_{n-1} + P_1 \Longleftrightarrow P_n \ (n>1) \qquad [b]$$

采用缔合和解离动力学常数（k_{on} 和 k_{off}），则有：

$$\frac{d[P_n]}{dt} = k_{on}[P_{n-1}] \times [P_1] + k_{off}[P_{n+1}] - (k_{on}[P_n] \times [P_1] + k_{off}[P_n]) \qquad (10.7)$$

这种关系式中方括号［ ］表示各种物料的浓度，通过物料产生和消耗之间的平衡，表示出聚合物 P_n 产生的速率。

要得出聚合物链中单体的平均数，应通过获得 n 聚体 P_n 概率的全部 n 值求平均。这个概率与浓度成正比：

$$\langle n \rangle \approx \sum_{n=1}^{\infty} n[P_n] \qquad (10.8)$$

通过对时间求导数并使用式(10.1)，我们在简化后得到：

$$\frac{d\langle n \rangle}{dt} = k_{on}[P_1] - k_{off} \qquad (10.9)$$

因此，通过定义平衡离解常数 $K_d = K_{off}/k_{on}$，我们发现：

① 当 $[P_1] < K_d$ 时，蛋白质丝的平均长度减小。

② 当 $[P_1] > K_d$ 时，蛋白质丝的平均长度增加。

因此，G 肌动蛋白的局部浓度控制肌动蛋白丝的聚合或分解，$K_d = c*$ 是临界浓度。

但对于极性肌动蛋白丝，我们发现"＋"端富含 ATP 结合单体，"－"端富含 ADP 结合单体。因此，应在两端考虑两种不同的聚合/解聚反应［图 10.23（A）］。

$$\frac{\mathrm{d}\langle n^+ \rangle}{\mathrm{d}t} = k_{\mathrm{off}}^+ [\mathrm{P}_1] - k_{\mathrm{off}}^+ \quad \text{和} \quad \frac{\mathrm{d}\langle n^- \rangle}{\mathrm{d}t} = k_{\mathrm{on}}^- [\mathrm{P}_1] - k_{\mathrm{off}}^-$$

这就定义出两个临界浓度：$c_+^* = (k_{\mathrm{off}}^+ / k_{\mathrm{on}}^+)$ 和 $c_-^* = (k_{\mathrm{off}}^- / k_{\mathrm{on}}^-)$。如图 10.23（B）所示，存在一个浓度 c_{TM}，其"＋"端的聚合速率等于"－"端的聚合速率，这意味着端部不断更新，但蛋白质丝的长度保持不变。如果监测的是最初位于链的中间的单体，它有一个明显的走向末端的运动，因此命名为"踏车现象"。

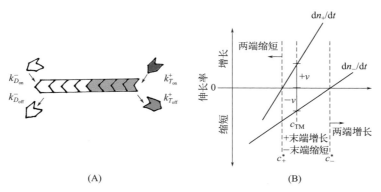

图 10.23　（A）F-肌动蛋白链两端的聚合和解聚示意图；
（B）伸长率随单体浓度变化的曲线图，突出了"踏车现象"浓度的存在

10.4.3.2　微管的动态不稳定性

与肌动蛋白丝一样，微管具有一种特殊的组装特征，其中 GTP-微管蛋白二聚体主要位于"＋"端，而与 GDP 结合的二聚体位于"－"端［图 10.24（A）］。但其动力学情况完全不同，微管的生长是通过向"＋"端添加 GTP 二聚体来实现。随着时间的推移，GTP 被水解为 GDP。远离"＋"端的单体单元是"最老"的单元，因此它们很有可能与 GDP 相连。另一方面，"＋"端的端帽主要由 GTP 结合的单体组成。在浓度为 c_0 的二聚体微管蛋白库中，我们观察到以恒定生长周期为特征的动力学，随之而来的是由解聚所致剧烈塌缩对应的问题［图 10.24（B）］。这些动力学的解释是，GTP 帽对于稳定微管末端是必不可少的。因此，如果 GTP 的水解速率 $v_h = a/\tau$（a 为二聚体尺寸，τ 为水解时间）大于聚合速率，则 GTP 帽的长度减少。根据式（10.3），我们直接得出：

$$v_p = a\frac{\mathrm{d}n}{\mathrm{d}t} = ak_{\mathrm{on}}\left[c_0 - n(t)\frac{G}{V}\right]$$

式中 n 是微管中二聚体单元的平均数量；G 是 $t=0$ 时预成型微管（或胚芽）的数量；V 是溶液的体积。这里忽略了由单体动力学常数 k_{off} 表示的解离。

令 $v_h = v_p$，并求解此一阶微分方程，我们得到了解聚塌缩的临界时间的表达式：

$$t_{\mathrm{crit}} = (V/Gk_{\mathrm{on}})\ln(\tau k_{\mathrm{on}} c_0)$$

浓度越高，单体耗尽所需的时间就越长，因此两次解聚之间的时间就越长。在这里，模型

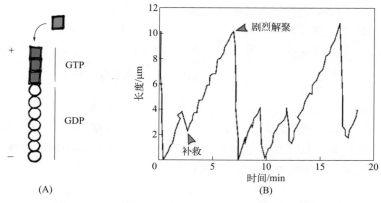

图 10.24 （A）显示 GTP 单体和 GDP 单体的微管丝图；
（B）微管长度随时间变化图，显示存在剧烈解聚（摘自文献［4］）

是确定性的，因此可求出解聚塌缩时间的数值。通过实验，我们观察到临界时间的一种分布。

　　这种动态不稳定性在细胞周期中具有重要的生物学意义。在细胞分裂期间，微管从有丝分裂纺锤体的两极生长（图 10.25），必须通过与着丝粒结合来捕获染色体，着丝点是靠近染色体中心的蛋白质组装体。因此，这是一个在细胞内用杆状物（一维）靶向准正点区域的问题，这并不比大海捞针容易。为了使这种捕获有效，能够进行"试错法"循环是必要的。如果生长中的微管没有达到目标而继续生长，它将没有机会接触着丝点。另一方面，可以预期，快速缩短时间以获得另一个命中目标的机会的过程将是最佳的。

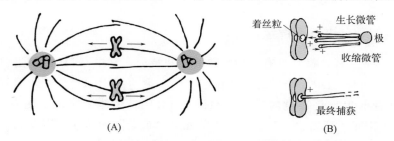

图 10.25 （A）在细胞分裂过程中，母细胞分裂成两个子细胞之前，
染色体在着丝粒水平被微管捕获；（B）专注于捕获过程

参考文献

［1］ A. Ott，M. Magnasco，A. Simon，A. Libchaber，*Phys. Rev. E*，48，R1642-R1645(1993).

［2］ H. Felgner，R. Frank，M. Schliwa，*J. Cell Sci.*，109，509-516(1996).

［3］ R. Phillips，J. Kondev，J. Thériot，H. G. Garcia，*Physical Biology of the Cell*，2nd Edition. Garland Science，2013.

［4］ D. K. Fygenson E. Braun，A. Libchaber，*Phys. Rev. Lett. E*，50，1579(1994).

10.5 生物组织和活性软物质

在生物学和生物物理学中，对培养皿底部的单个细胞进行的研究，使我们能够解析出许多机制，这些机制对细胞作为基本单元的功能和命运至关重要。然而，了解由大量细胞组成的生物组织或器官的行为和进化，仅此就足够了吗？在物理学中，集体和/或合作效应的重要性是众所周知的。在生物学中，这些特性被称为涌现特性（emergent properties），反映了一个事实，即细胞组合可能具有与"基本砖块"（即单个细胞）截然不同的特性。

在最近几十年里，受软物质使用中的概念和方法的启发，进行了许多物理学工作，以研究细胞的集体特性。人们开发并广泛使用了体外模型系统，而不是直接在组织或器官上进行研究。特别是，多细胞球体（图 10.26）可以通过香味珍珠奶茶方法（第 8 章 8.2 节）衍生的技术形成，或者通过让细胞在非黏附基质上分裂而自发地驱动聚集来形成。多细胞球体通常包含上千个细胞，直径为几百微米。现在球体被认为是三维细胞培养的良好模型，这使

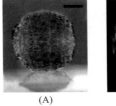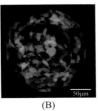

(A)　　　　　　(B)

图 10.26　多细胞球体的观察
(A) 相差显微镜；(B) 共焦荧光显微镜
[由 S. Douezan（A）和 F. Bertillot（B）提供]

得有可能取代或减少动物试验，并避免与培养皿中的二维培养相关的人工制品的影响。

10.5.1 作为液体的多细胞聚集体

细胞聚集体的形成基于这样一个事实：相邻细胞之间的相互作用（特别是由钙黏蛋白诱导的）优于细胞与底物之间的相互作用（例如整合素和纤连蛋白之间的相互作用）。使液体能量最小化的形状是球体。因此，多细胞聚集体形成球体的事实，就是一种初兆，表明这些微组织具有类似液体的行为。

10.5.1.1 组织的表面张力

如果细胞球具有液体性质，则有望定义和测量表面张力（第 4 章 4.2 节）。由 M. Steinberg[1] 首次提出的经典实验是拉普拉斯公式的直接应用（第 4 章 4.2 节）。根据定义，在一般情况下，液体的表面由两个曲率半径 R_1 和 R_2 表征，其表面张力 γ 由下式给出：

$$\gamma = \frac{\Delta P}{\left(\dfrac{1}{R_1} + \dfrac{1}{R_2}\right)}$$

式中 ΔP 是球体内部因曲率而产生的压力。

通过挤压两个平行板之间的球体（图 10.27），并用微天平[2] 或两块板中最灵活的板[3] 的偏转测量力 F，从而测量使球体变平的压力：$\Delta P = F/(\pi R_3^2)$，其中 R_3 是板和球体之间接触面积的半径，由此导出表面张力：

$$\gamma = \frac{F}{\pi R_3^2} \times \left(\frac{1}{R_1} + \frac{1}{R_2}\right)^{-1}$$

测量的聚集体表面张力约为若干 mN/m，即比水和空气之间的界面能低一个数量级，但至少比脂质体的膜张力高一千倍（本章 10.3 节）。

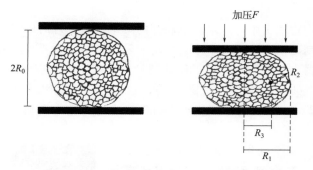

图 10.27　挤压在两个平板之间的细胞聚集体

10.5.1.2　差异黏附假设

细胞聚集体表现出的表面张力是细胞内聚力的定量标志。生物组织的这些液体性质的另一个结果导致了差异黏附假说（DAH），该假说是由 P. Townes 和 J. Holtfreter 在 60 多年前提出的[4]。DAH 假定细胞重组以使聚合体内的内聚相互作用能极大化，并使界面自由能极小化。Steinberg 用一个简单而精美的实验[2] 证明了这个假设。如果将两种类型的细胞混合，表面张力较低的细胞将聚集（隔开）并覆盖那些表面张力较高的细胞，类似于不混溶液体的液滴（图 10.28）。

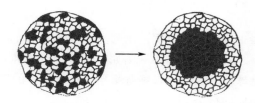

图 10.28　混合聚集体中"暗"和"亮"细胞的分类

最近，通过引入皮质细胞张力[5]，DAH 得到了改进。但基本原理仍然有效，并在实验中得到了观察。

10.5.1.3　活性颤抖液

与使用微量移液管抽吸泡囊，以测量膜张力类似（见本章 10.3 节），细胞聚集体被吸入移液管（图 10.29）[6]。当吸入压力超过阈值时，通过在移液管内形成舌状逐渐吸入球体。这是一个快速渗透区域，然后是恒定速度的渗透。更准确地说，根据舌长 $L(t)$ 曲线，我们得出聚合体具有黏弹性响应。用该模型拟合实验曲线可以导出表面张力的值，其数量级为若干 $mN\ m^{-1}$，弹性模量 E 数量级为 1kPa，以及黏度 η 约为 $E \cdot \tau$，其中 τ 是组织的特征时间（约 1h）。与液滴模型有两个不同之处。首先，γ 并不是严格恒定的，而是随着 P 的增加而增加，这表明组织是活性的，能够抵抗施加的力。其次，P 在 0.5kPa 至 1kPa 的小压力范围内，聚集体会颤抖，这也可解释为细胞的主动响应。

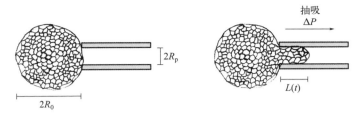

图 10.29   聚集体的微管抽吸

10.5.2   多细胞聚集体的润湿

如前所述，聚集体的内聚性主要由钙黏蛋白确保。通过使用不同的基因工程细胞克隆，细胞表面表达的钙黏蛋白的数量可能会有所不同。这相当于调节细胞之间的黏附能 W_{cc}。

通过将整合素与沉积在基质上的纤连蛋白结合，实现对基质的黏附。通过在基质上涂覆不同数量的纤连蛋白［与聚乙二醇（PEG）混合以避免非特异性相互作用］可以控制细胞-基质黏附能 W_{cs}。W_{cs} 也可以通过调节纤连蛋白涂层基质的硬度来改变。

对于液滴表面的润湿（第 4 章 4.4 节），我们定义了铺展参数 $S = W_{cs} - W_{cc}$。在这里，这个参数可以改变。因此，我们可以定量地研究作为 S 符号函数的球体的行为（或者更精确地说是铺展）（图 10.30）[7]：

对于 $S < 0$，是部分润湿。对于富含 PEG 的基质，具有很强的内聚力。细胞与细胞之间的黏附力大于细胞与基质之间的黏附力。聚集体形成球形帽，以接触角 θ_E 来表征。

对于 $S > 0$ 时，是完全润湿。聚集体变平，由单层细胞形成的前体膜在聚集体周围铺展。根据 W_{cc} 的值，如果 W_{cc} 较大，则该膜在液态时具有内聚力，而在 W_{cc} 值低时，前体膜在气态下具有内聚力，细胞从聚集体中一个一个地逸出。

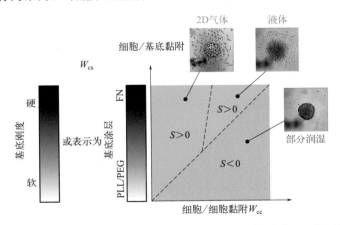

图 10.30   表面上细胞聚集体的湿润作为细胞-细胞 W_{cc} 和细胞-基质 W_{cs} 相互作用能的函数
根据铺展参数 $S = W_{cs} - W_{cc}$ 的标识，从这些长时间拍摄的图像上可以观察到内聚或气态前
体薄膜的部分或完全润湿情况。FN 表示纤连蛋白的表面处理，可诱导强烈的细胞黏附。
PEG-PLL 是一种可吸附在玻璃上，大大降低细胞黏附的共聚物（摘自文献［7]）

10.5.3 作为泡沫的多细胞聚集体

要想描述细胞聚集体和生物组织，还有另一种物理方法即将它们视为泡沫（第 6 章 6.3 节）。的确，组织中细胞的六边形形状让人想起泡沫中的气泡。

F. Graner 及其同事[8] 研究的这个类比得到了事实的支持，即在两块板之间被强烈挤压的球体，载荷被移除后，不能完全恢复其初始的球形形状。这种明显的可塑性也存在于胚胎的形态中，是由于相邻细胞之间存在拓扑重排，而这些拓扑重排与在泡沫中观察到的现象相同（图 10.31）。

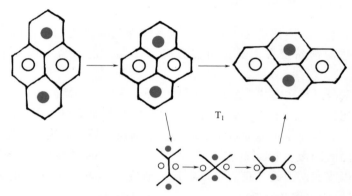

图 10.31 在生物组织和泡沫中观察到的 T_1 拓扑转变

10.5.4 多细胞聚集体的特殊材料特性

与惰性物质相比，活物质（living matter）的一个特点是：一些细胞分裂；另一些细胞死亡。因此，被视为活物质的组织在生长阶段（分裂多于死亡）会自发增加体积。因此，在有机体中，生长中的组织或肿瘤会根据作用和反应的规律对周围组织施加压力，反之亦然。施加在细胞上的压力往往会降低它们的分裂率，增加它们的死亡率[9]。当这两种速率达到平衡时，组织就达到了一种稳态（或内环境稳定态）。这种状态是在一种称为内环境稳定态压力的作用下达到的。在癌症的背景下，肿瘤细胞通常以不受控制的增殖为特征，因此可以被认为会引起高内环境稳定态压力，可能会扩张并可能导致转移。

参考文献

[1] M. S. Steinberg, *Science*, 141, 401-408(1963).

[2] R. A. Foty, C. M. Pfleger, G. Forgacs, M. S. Steinberg, *Development*, 122, 1611-1620(1996).

[3] N. Bufi, P. Durand-Smet, A. Asnacios, *Methods Cell Biol.*, 125, 187-209(2015).

[4] Philip L. Townes, J. Holtfreter, *J. Exp. Zool.*, 128, 53-120(1955).

[5] M. L. Manning, R. A. Foty, M. S. Steinberg, E. M. Schoetz, *Proc. Natl Acad. Sci. USA*, 107, 12517-12522(2010).

[6] K. Guevorkian et al., *Phys. Rev. Lett.*, 104, 218101(2010).

[7] D. Gonzalez-Rodriguez et al., *Science*, 338, 910-917 (2012).

[8] P. Marmottant et al., *Proc. Natl Acad. Sci. USA*, 106, 17271-17275 (2009).

[9] M. Basan et al., *HFSP J*. 3, 265-272 (2009).

10.6 缠结活性物质

10.6.1 定义

生物组织（本章10.5节）和蚁群属于"活性物质"（active matter）的广阔领域，这是最新发现的一类远离平衡态的物质，由许多单独消耗能量并产生集体运动的单元组成。活跃的系统覆盖范围广泛，从分子马达到单个细胞、组织和生物体，以及动物群体。

一个群体的组成部分可以是自由的，例如池塘中的鱼［图10.32（A）］；也可以通过黏性贴片相互绑定，例如蚁群中的蚂蚁［图10.32（B）］。后一种情况是"缠结活性物质"的一个例子，这是最近出现的一个概念，用来统一描述它们的行为[1]。

缠结的物体可以是长的聚合物链或一堆的订书针，由于拓扑约束，它们会形成瞬态网络。这里的重点是自驱动（self-propelled）的黏附实体形成缠结的活性系统，它们通过瞬态键黏附。我们以蚂蚁通过黏性贴片和毛茸茸的腿相互连接这个实例，说明这一类别［图10.32（B）］。

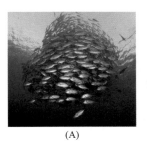

(A)   (B)

图10.32 （A）活性物质：鱼群（版权属于 Shutterstock）；
（B）缠结的活性物质：蚁筏（David L. Hu 提供）

这些瞬时键导致黏弹性行为。当细胞聚集体和蚁群被挤压在两个平板之间时，在压缩下具有弹性，并在短时间的周期内像橡胶一样发生弛豫。从更长时间来看，它们是黏稠的，像蜂蜜一样流动。这种行为反映了在群体中移动的活细胞或蚂蚁产生的高噪声，远高于热搅动，这使它们能够放松施加在它们身上的压力。

10.6.2 自黏蚂蚁

蚂蚁组织和分工协同的方式令人惊喜。一切都围绕着蚁后组织起来，她是唯一能够赋予蚁群生命的个体。有翅膀的雄蚁在交配后立即死亡，经过受精后，蚁后会产下数十万个卵，进而孵化成幼体。护士工蚁照顾幼蚁，工蚁寻找食物，兵蚁保护蚂蚁农庄。研究人员正在试图了解蚂蚁社会是如何建立专业化的：例如，如果工蚁被淘汰，护士工蚁们是否能够获取食物并进化成工蚁？但在这里，我们将用物理学家的眼光来观察蚂蚁。

火蚁起源于巴西的热带雨林，已经入侵了北美，它们会造成多种损害，尤其是对电力设施的损害。它们的专长是组成蚁筏来抗御洪水，使蚂蚁农庄能够存活数月，并保护蚁后。

由于黏性贴片和缠结在一起的毛茸茸的腿，火蚁能够建造塔或爬上它无法黏附的聚四氟乙烯管（由于范德华相互作用较弱）。从塔的轮廓可以计算出每只蚂蚁所支撑其他蚂蚁的数量。同样还可以建造蚁筏：支撑蚁筏结构的水下蚂蚁有一个小气泡，可以让它们在与蚁筏上的蚂蚁交换位置之前呼吸一段时间。哈维飓风❶过后，我们都惊奇地发现，在美国休斯敦被洪水淹没的街道上，许多红蚁群像几公里长的木筏一样漂浮在水面上！

美国佐治亚理工学院的 D. L. Hu[1] 对此进行了研究，他想制造能够在极端条件下工作的自组装微型机器人。

10.6.3　蚂蚁球的力学性质

形成蚂蚁球非常容易：把蚂蚁扔进水里，它们会漂浮，用碗把它们收集起来，再把它们放进玻璃杯中摇晃。蚂蚁黏在一起是因为它们的黏性贴片，其可形成一个大约 1cm 的球。

通过挤压蚂蚁球，可以测量弹性模量 E，并展示蚂蚁球的黏弹性行为：当快速压缩和释放时，球再次变成圆球形。若在释放前保持一段时间的压缩，球将保持扁平。

黏度可以通过将硬币放入装满蚂蚁的容器中来测量。更精确的方法是使用带有两条尼龙搭扣的流变仪，以防止蚂蚁从壁上滑落（图 10.33）。蚂蚁的密度可以变化，这会改变蚂蚁形成的瞬时凝胶的性质。蚂蚁群的黏度约为 10^6 cP，比水的高 100 万倍，但仅为生物组织的 1/100。值得注意的是，它们的密度约为 0.2g/mL，是水的 1/5。

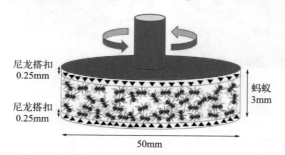

图 10.33　流变仪测量蚁群的黏度作为剪切和密度的函数（摘自文献 [1]）

10.6.4　蚂蚁球的润湿

同样值得注意的是，活蚁群的行为就像液滴。

图 10.34 显示了两个蚂蚁球的合并。合并时间 T_m 由标度律 $V^* T_m = R$ 给出，其中 V^*

---

❶ 哈维飓风（Hurricane Harver）是 2017 年 8 月 25 日登陆美国得克萨斯州的热带气旋，等级为 4 级，死亡人数 83 人，损失高达 700 亿美元。——译校者注

是毛细速度（对于细胞 $V^* = \gamma\eta^{-1} \approx 10^{-8}\,\mathrm{ms}^{-1}$，对于蚂蚁约为 $10^{-3}\,\mathrm{ms}^{-1}$）。融合大约需要 1h。

蚂蚁球在固体基底上铺展的情况下，观察到一种气态的前体膜：蚂蚁从聚集体中一个接一个四处逃逸。在液体上铺展的情况下，前体膜处于液态：蚂蚁必须保持在一起以避免溺水。平均而言，蚂蚁的薄膜由两层半组成，这使得沉入水中的蚂蚁能够与处于空气中的蚂蚁交换位置。

(A)　　　　　　　(B)

图 10.34　蚂蚁球的合并
（David L. Hu 提供）

10.6.5　应用

对红蚁的研究可以应用于农业和机器人方面。它们是美国的入侵物种，被认为是有害生物。由于其对农作物的损害、咬伤和财产破坏，它们每年造成超过 10 亿美元的损失。

蚂蚁的合作性在很大程度上启发了模块化机器人技术，即设计和建造能够连接在一起并形成自组装活性粒子的机器人。事实上，随着技术的进步，机器人被造得越来越小，看起来就像蚂蚁一样。在困难地形的探测中，例如在核电站或外星探测中，模块化机器人技术有潜在的应用价值。

目前，模块化机器人有许多局限性，这使得蚂蚁研究有助于激发并改进它们的新想法。事实上，模块化机器人可以在相对较少的（2 到 1000 个）个体中可靠地相互连接，与构成一个蚁群群体有数十万只蚂蚁相比，这种个体数是很小的。

参考文献

[1] D. L. Hu et al.，*Eur. Phys. J.*，225，629-649(2016).

（刘庆亚　郑　静　钱志勇　译）

第11章　结语

本书旨在概述软物质物理学的主要领域，这也是向德热纳（图 11.1）表达敬意的方式，是他创立了软物质这门学科。笔者遵循德热纳的教学和研究风格来撰写不同的章节，也就是说，通过标度理论使复杂的计算能够为广大读者所接受，并且总是以好奇心为引导。我们探索了许多现象、技术成就和生物过程，软物质物理学的概念都可以应用到其中。在不同章节中插入了某些德热纳的手绘幻灯片和图片。绘画是他的激情所在，他的合成风

图 11.1　1991 年德热纳教授获诺贝尔物理学奖

格也得到了巴黎城的赞誉。他以一种非常独特和艺术的视角，表征出良溶剂或劣溶剂中的聚合物（图 11.2）。

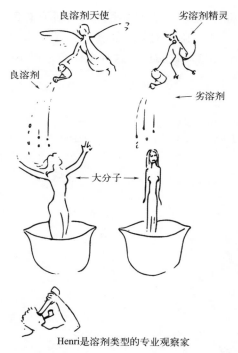

图 11.2　在杰出高分子实验学家 Henri C. Benoit 70 岁生日庆贺会上德热纳教授绘制的一幅卡通图 ❶

---

❶　感谢本书主要作者来信说明，原书附图右上角 Anastasios Dondos 是一位希腊化学家（已隐去，研究大分子劣溶剂的专家）。而良溶剂天使（angel of good solvent）和劣溶剂精灵（elf of bad solvent）是本书主要作者的新注释。——译校者注

最后让我们引用《软物质：概念的诞生和成长》一章[1]的结束语，以他的观点结束本书。

从石器和陶器时代开始，硬物质与软物质共存。在 20 世纪上半叶出现了一连串的"科学超新星"：相对论、量子力学、微观物理学，它们与"硬"系统有更直接的关联；20 世纪下半叶出现了一颗非常不起眼的超新星（分子生物学）；另一颗超新星可能还会爆发（大脑功能），我们天空的某些部分仍然很暗淡（例如完全发展的湍流）。在观测的各个方向上也存在着高噪声水平：一些所声称的发现会崩溃，对自然现象有些不切实际的模拟……。

在这个风雨飘摇的世界里，正如我们所定义的，软物质似乎只是非常小的一个部分，但它代表了日常生活的科学。因此，它应该在我们的教育体系中占据越来越大的份额：直到 20 世纪，绝大多数儿童还生活在农耕环境中，他们学会了很多东西——观鸟、放羊、修理工具。现在这种经验已经快消失了：我们学校的体系忽视了经验的教育，只注重抽象的原则。因此我们需要针对简单事物的一种教育。

昆虫（暂时）失去了对地球的控制，起因于它们既笨拙、又"硬"的外壳；当人类"软"的双手使其能够制造工具，并且能够加以思考，人类就成为赢家：**软即是美**。

参考文献

[1] *Twentieth Century Physics*，eds by L. M. Brown，A. Pais and Sir B. Pippard. IOP Publishing Ltd，AIP Press Inc. ，Vol. Ⅲ，Chapter 21，1995.

（郑 静 译）

附录　西文人名中译对照

　　说明：按照我国目前科技书籍和论文写作惯例，19世纪及之前的著名学者，都有惯用中文名，他们的名字往往与著名的定律和公式联系在一起，如牛顿定律等，本书沿用。但是，在有些以人名命名的公式中，有两位人名，若一位不采用对应的中文名，则全部采用西文，如 Landau-de Gennes 理论等。在本书中，20世纪的名人只列出两位：爱因斯坦和德热纳，前者不用说明，而后者是本书的主角。

牛顿　　Newton

爱因斯坦　　Einstein

德热纳　　de Gennes

其他人罗列如后：

亚里士多德　　Aristotle

泊肃叶　　Poiseuille

拉普拉斯　　Laplace

瑞利　　Rayleigh

高斯　　Gauss

法拉第　　Faraday

范德华（范德瓦尔斯）　　van der Waals

库仑　　Coulomb

玻尔兹曼　　Boltzmann

泰勒　　Taylor

傅里叶　　Fourier

杨氏　　Young

胡克　　Hooke

富兰克林　　Franklin

斯托克斯　　Stokes

泊松　　Poisson

麦克斯韦　　Maxwell

丁达耳（廷德尔）　　Tyndall

柏拉托　　Plateau

哈根　　Hagen

布朗　　Brown

主题词索引